KB133928

한 권으로 끝내는 중학수학 개념83

한 권으로 끝내는 중학수학 개념 83

개정판 2쇄 발행 2023년 8월 8일

글쓴이 하지연
그린이 문진록
감수 배수경

펴낸이 이경민
펴낸곳 (주)동아엠앤비
등록일 2014년 3월 28일(제25100-2014-000025호)
주소 (03972) 서울특별시 마포구 월드컵북로22길 21 2층
전화 (편집) 02-392-6901 (마케팅) 02-392-6900
팩스 02-392-6902
전자우편 damnb0401@naver.com
SNS
홈페이지 www.moongchibooks.com

ISBN 979-11-6363-027-2 (14410)
979-11-6363-041-8 (세트)

※ 책 가격은 뒤표지에 있습니다.
※ 잘못된 책은 구입한 곳에서 바꿔 드립니다.
※ 이 책은 《중학수학 개념 별거 아니야》의 개정판입니다.

수학의 기본 개념을 잡아주는
최고의 중학수학 학습서

한 권으로 끝내는 중학수학 개념83

$c^2=a^2+b^2$

하지연 지음 문진록 그림 배수경 감수

동아엠앤비

중학교 수학을 한눈에 맛보다

여행을 떠나는 사람은 어디에 가서 무엇을 볼지, 그곳에 유명한 음식점은 무엇이 있는지 미리 검색을 해 본 후 동선을 짜고 출발하기 마련이다. 아, 물론 무작정 떠나는 여행도 그 나름의 재미는 있지만 그렇게 떠난 여행의 만족에 대해서는 운에 맡겨야만 한다.

우리가 초등학교를 졸업하고 중학생이 되면서 떠나게 되는 수학에 대한 여행도 마찬가지라는 생각이 든다. 앞으로 3년 동안 무엇을 배울지, 어떤 내용이 더 중요한지, 이전에 배운 것과 앞으로 배울 것이 어떻게 연결고리를 만드는지 안다면 수학에 대한 공부가 더욱 알차게 되지 않겠는가.

그런 의미에서 이 책은 초등학교 졸업을 앞두고 있는 예비 중학생에게 그야말로 딱 맞는 맞춤형 예비학습서라는 생각이 들었다. 무엇보다 아주 다행스럽고 기쁜 것은 이 책이 중고등학교 수학의 가장 중요한 기본을 잡아주고 있다는 것이다. 그건 바로 수학에서 사용하는 용어와 기호에 대한 것인데 그냥 단순히 약속이니까 이렇게 저렇게 사용한다고 하지 않고 그 용어와 기호의 어원이나 기원을 아주 자세히 소개하고 있다. 사실 이 부분만 제대로 짚고 넘어가더라도 중학교 수학의 절반은 품에 안고 가는 셈이다. 중국과 일본을 거쳐 오면서 수학 용어가 한자어로 이루어진 것이 많은데 이것을 일일이 소개하면서 그 뜻을 안내하고 있다.

또 하나 이 책의 장점을 꼽아보면 바로 무학년 개념서라는 것이다.

1학년 내용만을 정리한 것이 아니라 3개 학년 동안 배우는 수학 내용을 전체적으로 간추려 앞으로 우리가 떠나게 될 수학 여행지가 어떤 경치와 역사를 갖고 있는지 아주 적당히 맛볼 수 있게 만들어졌다. 너무 깊이 들어가면 힘들고 너무 얕게 들어가면 안 하는 것만 못한데 아주 적당하게 그 내용을 단원의 주제별로 정리해 놓아서 쉽게 읽고 내용을 파악할 수 있게 했다.

이런 점에서 보자면 예비 중학생뿐만 아니라 2학년, 3학년, 더 나아가 고등학생 중에서도 중학교 개념을 한눈에 정리하고픈 학생들에게는 안성맞춤인 셈이다.

아무리 좋은 여행지라도 여행자의 마음이 그 경치를 누릴 상태가 아니라면 그림의 떡일 뿐이다. 너무 힘들게 이 책의 모든 내용을 소화하려고 하기보다는 천천히 아름다운 경치를 구경하듯이 음미하길 바란다. 여러분의 마음이 이 책을 누리고 여유 있게 맛볼 수 있게 된다면 어느새 여러분은 막강 수학 파워를 지닌 실력자가 되어 있을 것이다.

배수경

추천사

서술형과 논술형 문제를 대비한 필수 개념서

수학 문제가 서술과 논술 위주로 바뀌어 감에 따라 개념이나 원리를 확실히 다지지 못하면 말이나 글로 풀어나가는 데 어려움이 생길 수밖에 없다. 이 책은 학생들이 수학에 대한 자신감을 회복하는 데 꼭 필요한 것이라 믿는다.

– 손은영 학부모, 북서울중학교 2학년 장지석 학생

수학 때문에 답답했던 가슴을 속 시원히 해결해 주는 책

무조건 공식을 외워서 문제를 풀어야 하는 수학은 이제 그만! 책을 읽듯 술술 읽다 보면 어느새 원리가 이해되는 중학수학 개념서. 수학에서 '왜'라는 질문을 달고 사는 학생이 있다면 이 책을 권해 주고 싶다.

– 이정향 학부모, 기안중학교 2학년 김승아 학생

재미를 더한 탁월한 중학수학 예습교재

매력만점 캐릭터들이 등장하는 흥미로운 일러스트 덕분에 수학 개념의 이해가 쏙쏙. 학년이 올라갈수록 수학이 점점 어렵다는 초등학생 딸아이의 중학수학 예습교재로 망설임 없이 선택하고 싶은 책이다.

– 서희경 학부모, 남양 마석초등학교 6학년 황재윤 학생

수학이 어렵다면? 이 책이 해답!

책상 앞에 두고 언제든지 수학 개념을 찾아 이해할 수 있는《한 권으로 끝내는 중학수학 개념 83》이 있다면 더 이상 수학은 어려운 과목이 아니에요.

– 양수경 학부모, 서울 삼전초등학교 6학년 서형석 학생

방대한 내용과 치밀한 구성의 완벽한 조화

이 책은 자연수의 정의부터 시작해서 삼각비까지 중학교 1, 2, 3학년의 수학 개념을 총망라하였다. 그만큼 많은 내용이 담겨 있고, 유익하다. 내용은 크게 대수 부분과 기하 부분으로 나뉘는데 책의 순서를 대수와 기하 순, 학년별 순으로 나눈 것은 참 좋은 배치라고 생각된다. 수학 개념도 이 책만 있다면 별거 아니다.

– 유선재 학부모, 창동중학교 2학년 최상철 학생

초등학교 때에는 성적이 좋던 학생이 중학교에 들어간 후부터 수학 성적이 내리막길을 걷는 경우가 꽤 많다. 또 중학교 초반에는 잘 버티던 학생도 뒤로 갈수록 수학 성적이 떨어지는 경우도 상당히 많다. 그러다 보니 중학교 수학은 아주 어렵고 힘든 거라는 편견이 생길 수밖에 없는데 이것은 사실과 다소 다르다.

실제로 중학교 때 배우는 개념의 대부분은 사실상 초등학교 때 학습한다. 그걸 바탕으로 조금 더 확장된 개념이나 응용된 내용을 중학교 때 학습하게 되는데, 이는 중학교 1학년을 바탕으로 2학년의 내용을, 2학년을 바탕으로 3학년의 내용을 학습할 때에도 마찬가지이다.

그런데 중학교 수학에서는 초등학교 때와 달리 낯선 용어, 기호, 문자를 사용하게 된다. 초등학교 때처럼 간단한 숫자로 생각할 때에는 쉽게 이해했던 내용을 용어, 기호, 문자 등을 이용해서 나타내고 학습하려 하니 그에 적응하지 못하고 중간에 포기를 하기 때문에 어느 순간부터 수학 성적이 급격하게 내려가게 되는 것이다. 또 이처럼 중학교 초반에 수학을 은근슬쩍 포기하면 결국 고등학교 3학년까지 어느 순간 다시 회복하려 해도 쉽지 않은 상황이 된다. 그만큼 중학교 수학에서 학습하는 용어, 기호, 문자들은 지금의 수학 실력뿐만 아니라 이후까지도 막대한 영향력을 행사한다.

용어들은 대부분 영어를 직역한 한자어로 되어 있고, 기호는 처음 보는 모양들이며, 문자들은 알파벳으로 되어 있다. 그런데 용어는 글자의 뜻을 알면 그 내용까지 이해할 수 있다. 또 기호는 그것이 생겨난 원리를 파악하면 자연스럽게 사용할 수 있고, 문자들을 어디서 따온 것인지를 알고 나면 복잡한 공식도 암기하기 훨씬 쉬워진다.

이 책은 교과서나 참고서에서 어렵게 써 놓은 용어, 기호, 문자들의 기원부터 설명하여 저절로 그 의미를 이해하고 활용할 수 있도록 정리하였다. 그동안 수학이 부담스럽게 느껴졌다면 이 책을 통해 수학이 얼마나 쉽고 재미있게 이해되는지 경험할 수 있을 것이다.

2019년 4월

하지연

차례

3장 수학의 언어, **문자와 식**

4장 미지수 x, y의 값을 구하는 **방정식과 부등식**

5장 고등학교 수학 성적을 좌우하는 **함수**

6장 자료를 정리, 분석, 예측하는 **확률과 통계**

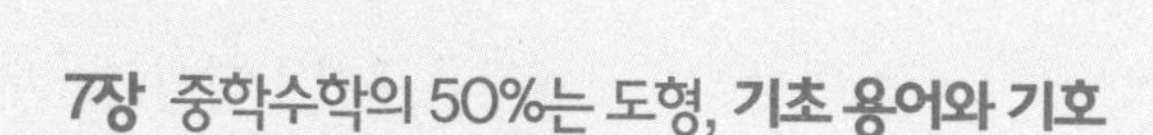

7장 중학수학의 50%는 도형, **기초 용어와 기호**

8장 중학수학의 50%는 도형, **평면도형의 성질과 측정**

이름을 봐.
수(數)는 수학의
기본이라고.
數學
훗~ 이 몸은
훈남의 기본이지.

중학교에서는
초등학교보다
더 많은 수에
대해 배워.
어?
더 많이??
언제든지 준비 OK!

그래 봤자 자연수는 정수에 포함되고
정수는 유리수에 포함되고,
유리수와 무리수는 실수에 포함되니까
결국 실수만 알면 돼.
정수, 유리수, 무리수
컴온! 컴온!
응!!
실수하지
말아야지….

중학수학의 기초 중의 기초, 수의 종류

중학교 수학에서는 초등학교 때 배운 자연수, 분수, 소수뿐만 아니라, 정수, 유리수, 무리수, 실수를 배우는데, 학년이 올라갈수록 점점 넓은 범위의 수를 배운다.

1학년 때는 초등학교 때 배운 0과 자연수에 음수를 더하여 정수에 대해 배우고, 정수를 바탕으로 유리수에 대해 배운다. 초등학교 때 배운 분수나 소수는 유리수를 공부하기 위한 준비인 셈이다. 2학년 때는 유한소수, 순환소수, 유리수와 분수의 관계 등 유리수에 대해 자세히 배우고, 3학년에서 무리수를 배워 실수의 종류를 모두 배운다. 초등학교 때 본 적이 없는 음수, 제곱근, 무리수 때문에 다소 낯설 수도 있지만 수는 수학의 기본 중의 기본이므로 정확하게 이해해야 한다.

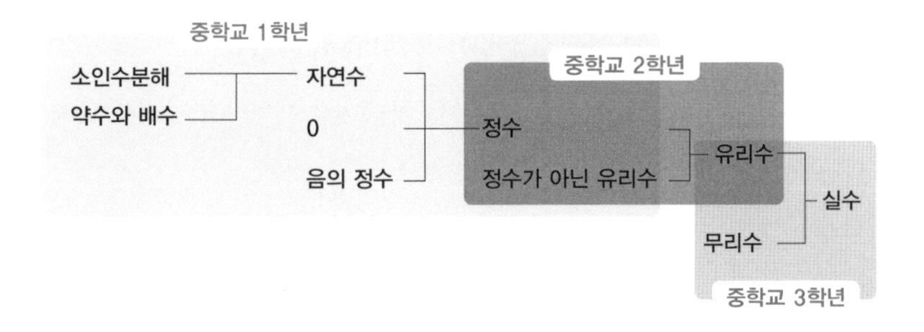

01 정수

방향에 따라 달라지는 수

초등학교에 들어가기 전부터 우리는 고사리 같은 손가락을 꼬물거리며 '1, 2, 3, …'이라고 수를 헤아렸다. '1, 2, 3, …'과 같은 수를 자연수라고 부르는데, 자연수는 물건의 개수를 세거나 순서를 정할 때 사용한다.

그런데 동쪽으로 50m인 지점과 서쪽으로 50m인 지점을 모두 50이라고 표현하면 방향을 알 수 없다. 또 영상 10℃와 영하 10℃를 모두 10이라고 표현하면 기온의 높고 낮음을 알 수 없다. 이렇게 우리 생활에서는 자연수로 표현할 수 없을 때가 있다. 따라서 기준점을 0이라고 할 때, 기준점 0의 양쪽을 나타내는 수가 모두 필요하다.

자연수의 반대쪽 수

자연수는 1부터 시작해서 1씩 커지는 수이다. 따라서 자연수 중 가장 작은 수는 1이고, 가장 큰 수는 알 수 없다. 아주 큰 자연수라 하더라도 1을 더하면 그보다 1만큼 큰 자연수를 만들 수 있기 때문이다.

그런데 0을 기준으로 오른쪽에 자연수를 차례대로 세웠다고 가정해 보자. 그럼 왼쪽에는 어떤 수를 세울 수 있을까?

자연수 '1, 2, 3, …'이 '0보다 1 큰 수, 2 큰 수, 3 큰 수, …'라고 할 때, 반대쪽에는 '0보다 1 작은 수, 0보다 2 작은 수, 0보다 3 작은 수, …'를 차례대로 세울 수 있을 것이다.

부호 '+'와 '−'가 붙은 수

방향에 따라 달라지는 수와 자연수의 반대편에 있는 수를 나타내기 위해 0을 기준으로 해서 0보다 크면 양의 부호 +를, 작으면 음의 부호 −를 붙여 표시한다. 양의 부호 +가 붙은 수를 읽을 때는 숫자 앞에 '플러스'를 붙여 읽고, 음의 부호 −가 붙은 수를 읽을 때는 숫자 앞에 '마이너스'를 붙여 읽는다.

예를 들어, 0보다 3 큰 수는 +3이라고 쓰며 '플러스 삼'이라고 읽고, 0보다 3 작은 수는 −3이라고 쓰며 '마이너스 삼'이라고 읽는다. 이때 +1은 자연수 1과 같고, +2는 자연수 2, +3은 자연수 3, …과 같아서 +가 붙은 수들은 부호 +를 떼고 써도 된다. 그리고 0은 기준이기 때문에 +도 −도 붙이지 않는다. 이를 이용하여 영상 10℃는 10, 영하 10℃는 −10으로 구분할 수 있다.

이렇게 자연수에 −를 붙인 수, 0 그리고 자연수에 +를 붙인 수를 모두 합쳐 정수라고 부른다. 특히 자연수에 −를 붙인 수는 음의 정수, 자연수에 +를 붙인 수는 양의 정수라고 한다.

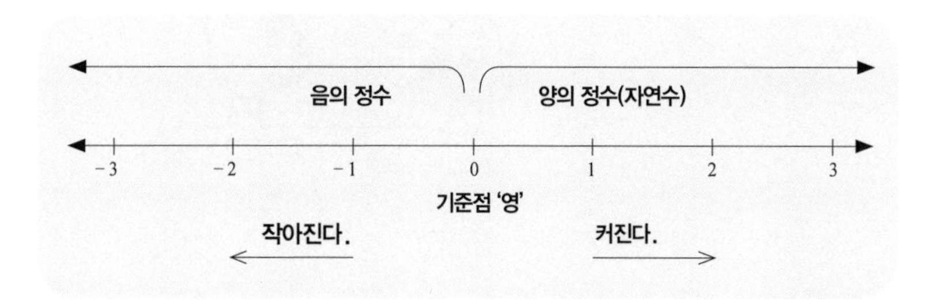

0의 개념과 (–) 부호의 개념을 익혀야 해!

02 유리수

중학교 1학년, 정수와 유리수 단원

유리수(有理數)

유리수라는 용어는 생소하지만, 그 의미는 초등학교 때 배운 분수에서 시작된다. 유리수는 분수로 나타낼 수 있는 수이다.

유리수는 영어로 'rational number'인데, 'ratio'는 비율을 뜻한다. 분모와 분자를 정수로 표현하는 분수는 수나 양의 비율을 나타내기 때문에 'rational number'라는 이름을 붙인 것이다. 그런데 우리나라에서는 'ratio'를 '합리적'이라는 뜻의 'rational'과 착각하여 '이치에 맞는 수'라는 뜻으로 '유리(有理)수'로 오역하는 바람에 '유리수'로 부르게 되었다.

분수로 나타낼 수 있는 수

유리수는 분자가 정수이고, 분모는 0이 아닌 정수인 분수로 나타낼 수 있는 수이다.

$$(\text{유리수})=\frac{(\text{정수})}{(0\text{이 아닌 정수})}$$

즉, 유리수는 분수 $\frac{a}{b}$ (단, a, b는 정수이고 $b\neq0$)의 꼴로 나타낼 수 있는 수이므로 모든 정수는 사실상 유리수이다.

-3, 0, 2와 같은 정수는 분수 꼴이 아니지만, 자연수 2는 $\frac{4}{2}$, $\frac{6}{3}$ 등과 같

이 분수로 나타낼 수 있고 음의 정수 -3도 $-\frac{6}{2}$, $-\frac{9}{3}$ 등과 같이 분수로 나타낼 수 있기 때문에 유리수이다. 0도 $\frac{0}{2}$, $\frac{0}{3}$ 등과 같이 분수로 나타낼 수 있는데 분자가 0이고 분모가 정수이므로 유리수이다.
또한 정수가 아닌 $\frac{1}{2}$, $\frac{8}{3}$, $-\frac{7}{12}$와 같은 수도 모두 유리수이다.
따라서 유리수는 정수와 정수가 아닌 유리수로 나눌 수 있다.

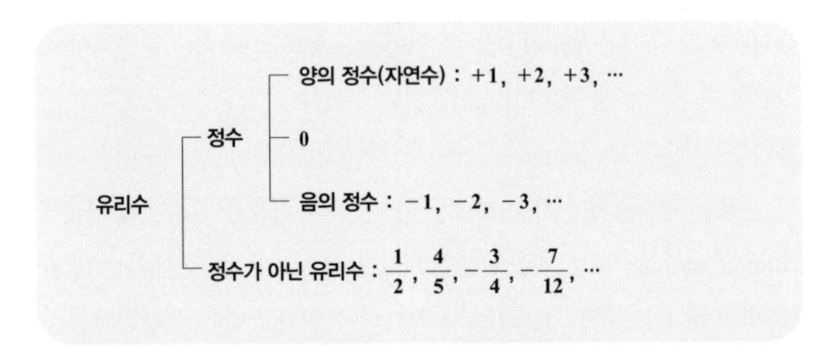

양수와 음수

1, 2, 3, ⋯과 같은 자연수나 $+\frac{1}{2}$, $+\frac{4}{5}$와 같이 양의 부호를 갖는 정수가 아닌 유리수를 통틀어 양의 유리수라고 한다. 자연수에서 부호 +를 떼고 쓰듯이 양의 유리수를 쓸 때도 +는 떼어 버릴 수 있다.
또 −1, −2, −3, ⋯과 같은 음의 정수나 $-\frac{4}{3}$, $-\frac{7}{12}$과 같이 음의 부호를 갖는 정수가 아닌 유리수를 통틀어 음의 유리수라고 한다.
특히 분수 앞에 부호 −를 붙여 쓰는 정수가 아닌 유리수는 음의 정수를 읽을 때와 마찬가지로 '마이너스'를 분수 앞에 붙여서 읽는다. 예를 들어 $-\frac{3}{4}$은 '마이너스 사분의 삼', $-\frac{7}{12}$은 '마이너스 십이분의 칠'과 같이 읽는다.

이때 양의 유리수는 줄여서 '양수', 음의 유리수는 줄여서 '음수'라고 한다.
0은 유리수이지만 양수도 아니고 음수도 아니다.
따라서 정수를 양의 정수, 0, 음의 정수로 나누듯이 유리수 역시 양의 유리수, 0, 음의 유리수로 나눌 수 있다.

03 순환소수

중학교 2학년, 유리수와 순환소수 단원

소수의 종류(유한소수와 무한소수)

우리는 모든 유리수를 분수로 바꿀 수 있다고 배웠다. 그런데 분수는 다시 소수로 바꿀 수 있다.

분수를 소수로 나타낼 때에는 (분자)÷(분모)를 계산하여 구한다.

나눗셈을 이용하여 분수를 소수로 만들어 보자.

분수 $\frac{1}{2}$은 1÷2를 계산하여 0.5로, 분수 $\frac{3}{25}$은 3÷25를 계산하여 0.12로 바꾸어 쓸 수 있다.

분수를 소수로 만들다 보면 크게 두 가지 종류의 소수를 발견하게 된다. 바로 끝이 있는 소수와 끝이 없이 무한히 계속되는 소수이다.

먼저 0.5나 0.12를 살펴보면 소수점 아래의 숫자가 각각 1개, 2개이다. 즉, 소수점 아래의 숫자가 정확히 몇 개인지 알 수 있다. 이처럼 소수점 아래의 0이 아닌 숫자가 유한개인 소수를 유한소수라고 한다.

그런데 분수 $\frac{1}{3}$은 1÷3을 계산하여 소수로 바꿔 쓰면 0.333…과 같이 소수점 아래에 숫자 3이 한없이 계속된다. 또 3.3524165…와 같이 소수점 아래의 숫자가 규칙이 없이 계속 나오는 소수도 있다.

이처럼 소수점 아래의 0이 아닌 숫자가 무한히 많은 소수를 무한소수라고 부른다. 무한소수는 두 가지 종류의 소수, 즉 소수점 아래에 같은 숫자가 계속 반복되는 소수와 숫자가 불규칙적으로 나열되는 소수로 나누어진다.

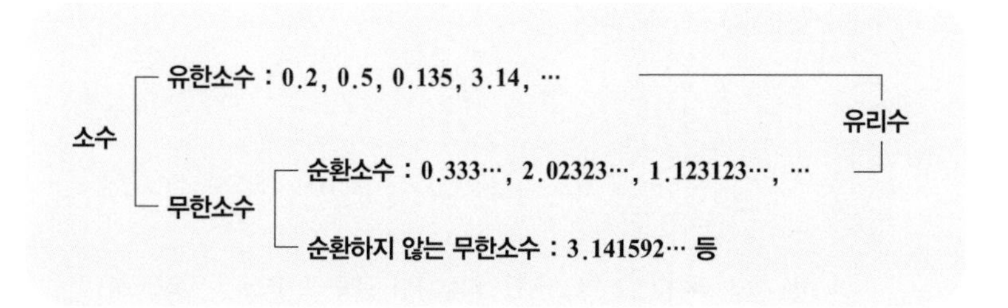

순환소수

분수 $\frac{1}{3}$을 소수로 바꾼 0.333…과 같이 소수점 아래의 어떤 자리에서부터 일정한 숫자의 배열이 한없이 되풀이되는 무한소수를 순환소수라고 한다. 특히 순환소수에서 되풀이되는 한 부분을 순환마디라고 한다.

순환마디의 숫자가 한 개인 경우에는 그 수 위에 점을 찍어 나타내며, 순환마디의 숫자가 여러 개인 경우에는 양 끝의 숫자 위에 점을 찍어 나타낸다.

㉮ $0.\underline{3}33\cdots$ ⇨ 순환마디 : 3 ⇨ $0.\dot{3}$

$2.0\underline{23}2323\cdots$ ⇨ 순환마디 : 23 ⇨ $2.0\dot{2}\dot{3}$

$1.\underline{123}123123\cdots$ ⇨ 순환마디 : 123 ⇨ $1.\dot{1}2\dot{3}$

이때 반드시 첫 번째 순환마디에 점을 찍어야 하며 $0.333\cdots = 0.3\dot{3}$과 같이 불필요한 수를 더 써서는 안 된다. 또, $1.123123\cdots = 1.\dot{1}\dot{2}\dot{3}$과 같이 중간에 점을 찍어서도 안 된다.

순환소수는 분수로 나타낼 수 있기 때문에 유리수이다. 순환소수를 분수로 바꾸는 방법은 다음과 같다.

예 순환소수 $0.\dot{1}\dot{2}$를 분수로 바꾸기

① $\square = 0.\dot{1}\dot{2}$

$100\times\square = 12.\dot{1}\dot{2}$ ⇨ 순환마디 하나 뒤로 소수점이 밀리도록 10, 100, 1000 등을 곱한다.

② $100\times\square = 12.121212\cdots$

$-)\quad \square = 0.121212\cdots$

$99\times\square = 12$ ⇨ 두 식을 빼면 소수점 아래가 모두 사라진다.

③ $\square = \frac{12}{99} = \frac{4}{33}$

순환하지 않는 무한소수

소수를 분수로 나타내려면 소수점의 위치에 따라 분모가 10, 100, 1000, …이라고 생각한 후 약분한다. 예를 들어 0.5는 $\frac{5}{10}$에서 약분하여 $\frac{1}{2}$로, 0.12는 $\frac{12}{100}$에서 약분하여 $\frac{3}{25}$으로 바꿔 쓴다. 이쯤 되면 소수는 모두 유리수라고 생각할 수 있다. 하지만 순환하지 않는 무한소수는 소수점 아래의 숫자가 일정한 규칙 없이 무한히 배열되어 있으므로 분모로 얼마를 생각해야 할지 알 수 없다. 마찬가지로 순환마디가 없으므로 순환소수를 분수로 바꾸는 방법을 써도 분수로 나타낼 수 없다. 따라서 순환하지 않는 무한소수는 분수로 나타낼 수 없고, 유리수가 아니다.

유리수, 분수, 소수의 관계를 정리해!

04 제곱근

중학교 3학년, 제곱근과 실수 단원

제곱

'3 곱하기 3', '2 곱하기 2'를 좀 더 간단하게 표현할 수는 없을까? 같은 수를 반복해서 곱할 때 쓰는 편리한 표현이 바로 제곱이다. 제곱은 간단하게 제곱할 수의 오른쪽 위에 작게 2를 써서 나타낸다. 2의 제곱은 2^2, 3의 제곱은 3^2, x의 제곱은 x^2과 같이 쓴다.

제곱근

그럼 제곱을 이용해서 정사각형의 넓이를 구해 보자.
한 변의 길이가 2인 정사각형의 넓이는 $2\times2=4$, 즉 $2^2=4$이다. 반대로 생각하면 넓이가 4인 정사각형의 한 변의 길이는 2라는 것을 쉽게 알 수 있다.
그렇다면 넓이가 2인 정사각형의 한 변의 길이는 얼마일까?

2
?
?

$1.4\times1.4=1.96$이니까 2와 가깝기는 해도 2는 아니다.
$1.41\times1.41=1.9881$도 1.96보다는 2에 가깝지만 2는 아니다.
$1.414\times1.414=1.999396$은 앞의 두 경우보다는 2에 가깝지만 2는 아니다. 아무리 계속해 보아도 제곱해서 2가 되는 수를 찾기는 쉽지 않다. 그래서 제곱해서 2가 되는 수를 나타내는 방법이 필요하다.

제곱해서 2가 되는 수는 '제곱이 되도록 하는 뿌리'라는 뜻에서 한자 근(根)을 써서 2의 제곱근이라고 부른다. '2의 제곱근'을 제곱하면 2가 되는 것이다. 마찬가지로 '3의 제곱근'을 제곱하면 3, '5의 제곱근'을 제곱하면 5, '7의 제곱근'을 제곱하면 7이 된다.

어떤 수 x를 제곱하여 a가 될 때, x를 a의 제곱근이라고 한다.

$x \times x = x^2 = a$ ⇨ a는 x의 제곱, x는 a의 제곱근

제곱근의 표현과 종류

항상 '○의 제곱근'이라고 말로 풀어서 쓰면 불편하므로 제곱근을 간단하게 써서 나타내는 기호를 만들었다. 바로 뿌리를 뜻하는 영어 'root'의 첫 글자 'r'을 따서 만든 기호 '$\sqrt{\ }$'이다. 이 기호의 이름은 근호(뿌리의 기호)라고 하고, 이 안에 숫자를 적는다.

$\sqrt{2}$ 를 읽을 때는 '제곱근 2' 또는 '루트 2'라고 읽는다.

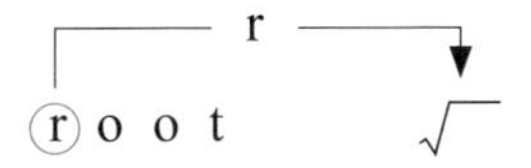

제곱해서 4가 되는 수는 양수 2와 음수 -2이므로, 4의 제곱근은 양수 2와 음수 -2, 두 개이다. 이처럼 제곱해서 어떤 양수가 되는 수는 양수와 음수가 하나씩 있는데, 양수인 것을 양의 제곱근, 음수인 것을 음의 제곱근이라고 부른다.

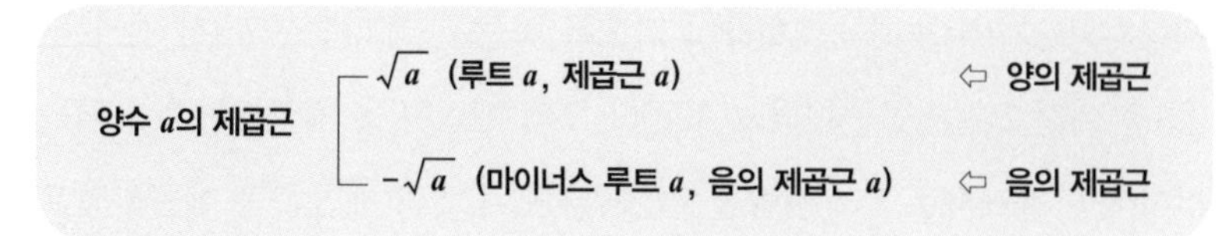

하지만 제곱해서 0이 되는 수는 0 하나뿐이므로 0의 제곱근은 0이다. 또 제곱해서 음수가 되는 수는 없기 때문에 음수의 제곱근은 존재하지 않는다. 즉, -4의 제곱근이나 -2의 제곱근은 없으므로 $\sqrt{-4}$, $\sqrt{-2}$ 등과 같이 쓰지 않도록 주의하자.

2의 제곱근과 제곱근 2를 구별해!

05 무리수와 실수

중학교 3학년, 제곱근과 실수 단원

무리수

제곱해서 2가 되는 수, 즉 $\sqrt{2}$ 가 얼마인지 소수로 나타내 보자.

$1.4 \times 1.4 = 1.96$, $1.5 \times 1.5 = 2.25$이므로 $\sqrt{2}$ 는 1.4와 1.5 사이의 수이다.

또 $1.41 \times 1.41 = 1.9881$, $1.42 \times 1.42 = 2.0164$이므로 $\sqrt{2}$ 는 1.41과 1.42 사이의 수이다.

계속해서 $1.414 \times 1.414 = 1.999396$, $1.415 \times 1.415 = 2.002225$이므로 $\sqrt{2}$ 는 1.414와 1.415 사이의 수이다.

이런 식으로 아무리 계속해도 $\sqrt{2}$ 의 값이 정확히 얼마인지는 알기 어렵다. 따라서 소수뿐만 아니라 분수로 나타낼 수도 없다. 바로 소수점 아래의 숫자가 불규칙적으로 한없이 계속되는 무한소수, 즉 순환하지 않는 무한소수이기 때문이다.

$\sqrt{2}$ 와 같이 순환하지 않는 무한소수는 유리수가 아니다. 이처럼 유리수가 아닌 수를 무리수라고 부른다.

영어로는 비율로 표현되지 않는 수이기 때문에 'irrational number'라고 한다. 이름에서부터 느껴지듯이 비율로 표현되는 유리수(rational number)와 무리수는 절대 어울릴 수가 없다. 유리수는 무리수가 아니고, 무리수는 유리수가 아니다.

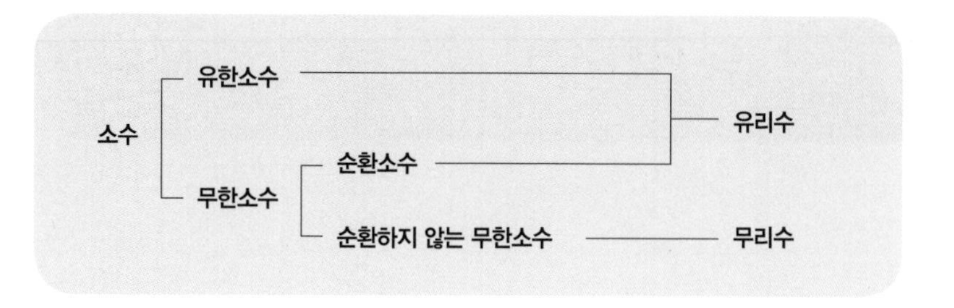

실수

유리수와 무리수를 모두 합하여 '현실의 수, 실제로 존재하는 수'라는 뜻으로 실수(實數)라고 부른다.

무리수 $\sqrt{2}$ 는 분수나 소수로는 나타낼 수 없다. 하지만 넓이가 2인 정사각형의 한 변의 길이가 $\sqrt{2}$ 이므로 $\sqrt{2}$ 는 분명히 현실에 존재하는 수이다. 따라서 무리수는 분명히 현실에 존재하는 수이다.

실수의 분류

실수는 크게 유리수와 무리수, 둘로 나눌 수 있다. 자연수(양의 정수)는 정수의 일부분이고, 정수는 유리수의 일부분이다.

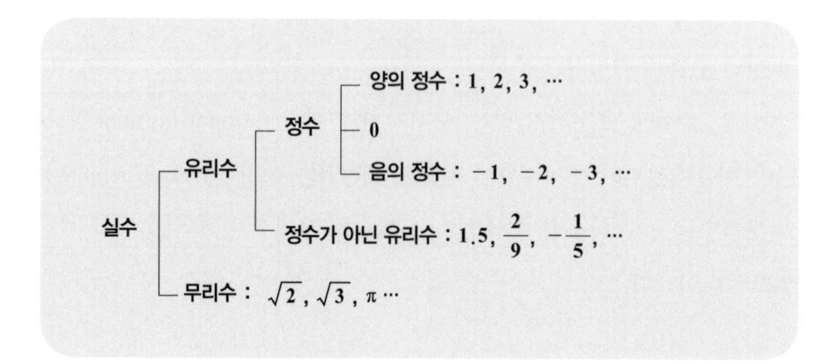

모든 제곱근이 무리수인 것은 아니야!

$\sqrt{2}$는 다른 수로 바꾸어 쓸 수 없지만 $\sqrt{4}$는 2라고 쓸 수 있다. 제곱해서 4가 되는 양수란 결국 2이기 때문이다. 즉, $\sqrt{4}=2$이다. 마찬가지로 $\sqrt{9}=3$, $\sqrt{25}=5$이다. 이처럼 어떤 수의 제곱근이라도 근호($\sqrt{\ }$)를 사용하지 않고 나타낼 수 있는 수는 무리수가 아니라 유리수이다.

06 0과 절댓값

중학교 1학년 정수와 유리수 단원

수직선

직선을 긋고 한 점을 찍어 0이라고 표시한 다음, 같은 간격으로 좌우에 점을 찍는다. 그 다음 0의 오른쪽에는 각 점마다 양수를 쓰고, 왼쪽에는 같은 간격으로 음수를 쓴다. 이렇게 완성된 그림을 수직선(number line)이라고 부른다. 수를 나타내는 직선이라는 뜻이다.

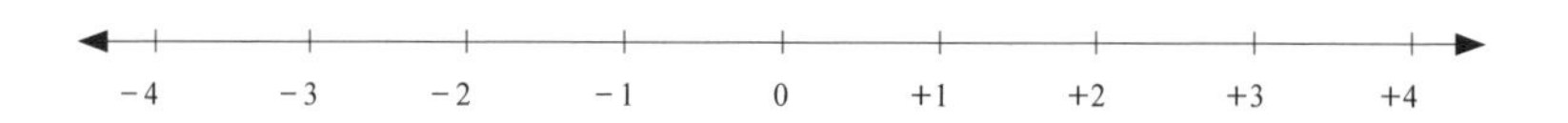

수직선은 위의 그림과 같이 0을 기준으로 좌우가 똑같은 모양이 되도록 그릴 수도 있고 필요에 따라 일부분만 그릴 수도 있다. 또 같은 간격으로 수를 적기만 하면 되기 때문에 정수뿐만 아니라 유리수나 무리수를 적을 수도 있다.

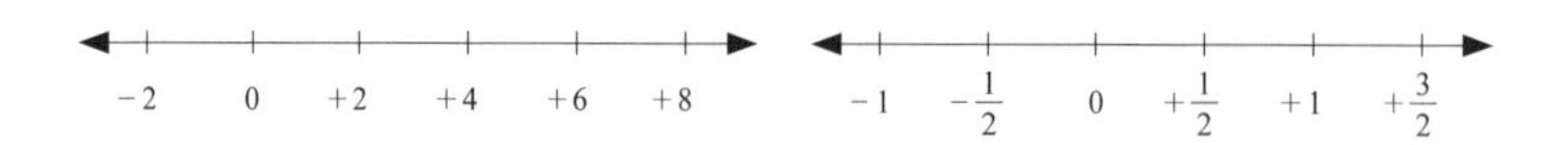

0(영)

0은 다양하게 사용되는 숫자이다. 숫자 100에서의 0은 자릿수를 의미하고, 가진 돈이 0원이라고 하면 하나도 없음을 의미하고, 달리기 경주에서

라면 출발점을 의미한다. 그런데 특히, 정수로서의 0은 양의 정수(자연수)와 음의 정수를 가르는 기준이 된다. 유리수나 실수로서의 0도 양수와 음수를 가르는 기준이 된다.

0에서 점점 커지는 수가 양수, 점점 작아지는 수가 음수이므로 0은 모든 수의 근원인 동시에 기준이 되는 것이다. 따라서 수직선에서 0을 나타내는 점을 '근본'이라는 뜻을 가진 한자 '원(原)'을 써서 원점이라고 부르고 영어로는 'origin'이라고 한다.

절댓값

수직선에서 0을 나타내는 원점으로부터 어떤 수를 나타내는 점까지의 거리를 절댓값이라고 한다. 예를 들어, $+3$의 절댓값은 원점에서부터 $+3$을 나타내는 점까지의 거리이므로 3이다. 또 -3의 절댓값은 원점에서부터 -3을 나타내는 점까지의 거리이므로 마찬가지로 3이다. 즉, $+3$의 절댓값과 -3의 절댓값은 서로 같다. 이처럼 절댓값이 같은 수는 양수와 음수, 두 개이다.

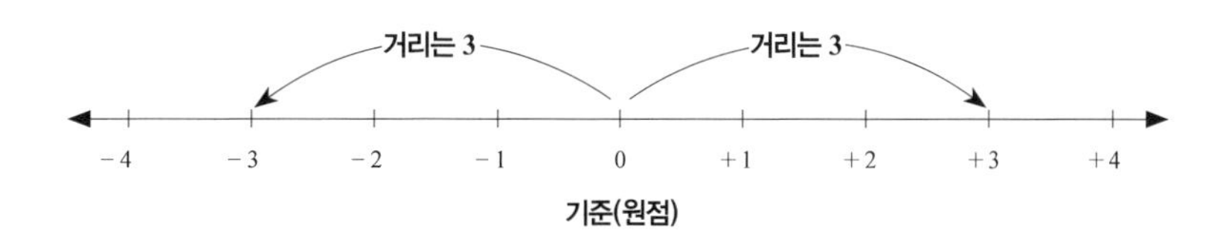

절댓값을 나타낼 때에는 절댓값을 구하는 수의 왼쪽과 오른쪽에 '|'를 붙여 쓴다. 즉, -3의 절댓값은 $|-3|$이라고 쓴다. 따라서 이를 식으로 나타내면 $|-3|=3$이다.

절댓값을 쉽게 생각해 보자. 거리는 항상 양수가 되고 양수는 부호 (+)를 떼고 쓰므로, 양수와 음수에서 각각 부호 (+)와 (−)를 뗀 값이 바로 절댓값이라고 생각할 수 있다. 그런데 0의 절댓값은 원점에서 원점까지의 거리이므로 0이다.

꼭 알아 두어야 할 절댓값의 성질!

07 소수와 합성수

중학교 1학년, 소인수분해 단원

약수와 배수

초등학교에서 자연수 a를 자연수 b로 나눈 나머지가 0일 때, a를 'b의 배수', b를 'a의 약수'라고 배웠다. 즉, 배수는 '나누어떨어지는 수'이고 약수는 '나누어떨어지게 하는 수'이다. 정의에 따라 자연수 12와 6을 예로 들어 보자.

$$\underset{b\text{의 배수}}{a} = \underset{a\text{의 약수}}{b} \times (\text{자연수})$$

예

$$\underset{6\text{의 배수}}{12} = \underset{12\text{의 약수}}{6} \times 2 \qquad \underset{2\text{의 배수}}{6} = \underset{6\text{의 약수}}{2} \times 3$$

12를 6으로 나누면 나머지가 0이 되므로, 12는 '6의 배수'이고, 6은 '12의 약수'이다. 또, 6을 2로 나누면 나머지가 0이 되므로, 6은 '2의 배수'이고, 2는 '6의 약수'이다. 따라서 6은 12의 약수이면서 동시에 2의 배수이기도 하다. 이렇듯 1보다 큰 자연수는 어떤 수의 약수인 동시에 다른 수의 배수가 된다.

소수와 합성수

자연수의 약수를 구하려면 자연수의 곱으로 표현하면 쉽게 알 수 있다. 예를 들어, $6=1\times6$ 또는 $6=2\times3$이므로 6의 약수는 1, 2, 3, 6이고 $2=1\times2$만

가능하므로 2의 약수는 1, 2이다. 2와 같이 1과 자기 자신만을 약수로 가지는 자연수를 소수라고 하고, 6과 같이 1과 자기 자신 외에 또 다른 약수를 가지는 자연수를 합성수라고 한다. 소수는 2 외에도 3이나 5, 7, 11, 13 등이 있고, 합성수는 6 외에 4나 8, 9 등이 있다.

1. 소수

① 1과 자기 자신만을 약수로 가지는 1보다 큰 자연수이다.

② 약수가 2개뿐인 자연수이다.

③ 짝수인 소수는 2 하나뿐이고, 2 이외의 소수는 모두 홀수이다.

2. 합성수

① 1과 자기 자신 외에 또 다른 수를 약수로 가지는 1보다 큰 자연수이다.

② 약수가 3개 이상인 자연수로, 1도 아니고 소수도 아닌 수이다.

자연수는 1, 소수, 합성수로 나눌 수 있어.

소수 찾기

소수를 찾는 방법은 아주 간단하다. 합성수는 1과 자기 자신 외에 또 다른 약수를 가지므로 반드시 어떤 수의 배수이다. 따라서 소수의 배수를 하나씩 지우다 보면 소수만 남는다. 모래를 촘촘한 체에 거르면 작은 알갱이는 떨어지고 큰 알갱이는 남는 것처럼 말이다.

먼저 자연수를 순서대로 쓴다. 1은 소수가 아니므로 지운다. 2는 소수이므로 남겨 두고, 2의 배수를 모두 지운다. 3은 소수이므로 남겨 두고, 3의 배수를 모두 지운다. 4는 이미 지웠고 5는 소수이므로 남겨 두고 5의 배수를 모두 지운다. 이와 같이 계속하여 남은 수들이 소수이다.

~~1~~ 2 3 ~~4~~ 5 ~~6~~ 7 ~~8~~ ~~9~~ ~~10~~
11 ~~12~~ 13 ~~14~~ ~~15~~ ~~16~~ 17 ~~18~~ 19 ~~20~~
~~21~~ ~~22~~ 23 ~~24~~ ~~25~~ ~~26~~ ~~27~~ ~~28~~ 29 ~~30~~
31 ~~32~~ ~~33~~ …

이 방법은 수학자 에라토스테네스가 생각해 낸 것으로, 소수를 체에 걸러 낸 것과 같다는 뜻에서 에라토스테네스의 체라고 부른다.

소수(小數)와 소수(素數)

수학에서 다루는 소수는 서로 다른 한자를 사용하는 두 가지가 있는데, 바로 소수(小數)와 소수(素數)이다.
소수점을 이용하여 3.5나 0.815 등과 같이 어떤 두 자연수 사이의 수를 나타내는 경우는 '작은 수'라는 뜻인 소수(小數)이다.
한편, 1과 자기 자신만을 약수로 가지는 수인 소수는 '바탕, 근본'이라는 뜻의 한자 '素'를 써서 소수(素數)라고 한다. 1보다 큰 어떤 자연수라도 소수들의 곱으로 나타낼 수 있으므로, 소수는 자연수를 만드는 바탕이고 근본이 된다고 볼 수 있다.

08 소인수분해

중학교 1학년, 소인수분해 단원

인수와 소인수

우리는 앞에서 $6=2\times3$이므로 2와 3은 6의 약수라는 것을 배웠다.

약수는 다른 말로 '원인, 쌓다.'라는 뜻을 가지는 한자 '인(因)'을 사용해서 인수라고도 한다. 2나 3이 6을 만드는 '원인이 되는 수'라는 의미이다.

a의 인수 ← b

$$a=b\times c$$

a의 인수 ← c

예

6의 인수 ← 2

$$6=2\times3$$

6의 인수 ← 3

그런데 인수 중에서 소수인 수는 따로 소인수라고 부른다. 글자 그대로 소수인 인수라는 뜻이다.

예를 들어 12의 경우, $12=2\times6$, $12=3\times4$, $12=1\times12$와 같이 나타낼 수 있으므로 12의 인수는 1, 2, 3, 4, 6, 12이다. 이 중에서 소수 2와 3이 12의 소인수인 것이다.

소인수분해

12를 자연수의 곱으로 나타내면 위와 같이 다양하게 표현할 수 있지만, 소인수만을 이용하여 나타내면 $12=2\times2\times3$뿐이다. 이처럼 1보다 큰 자연수를 소수들만의 곱으로 나타내는 것을 소인수분해라고 부른다. 자연수를 소인수분해하면 그 수의 특징을 정확히 알 수 있기 때문에, 최대공약수와 최소공배수를 구하는 데 유용하다.

거듭제곱, 밑, 지수

자연수를 소인수분해해서 복잡한 식이 된다면 오히려 사용하는 데 방해만 될 뿐이다. 예를 들어, 432는 $432=2\times2\times2\times2\times3\times3\times3$과 같이 소인수분해된다. 이렇게 긴 식은 쓰다 보면 하나쯤 빠뜨릴 수도 있고 한눈에 파악되지도 않는다. 따라서 수의 특징은 정확히 알 수 있으면서도 간단하게 나타내는 방법이 필요하다.

어떤 수를 두 번 곱하면 그 수의 제곱, 세 번 곱하면 그 수의 세제곱, 네 번 곱하면 그 수의 네제곱, … 등과 같이 읽는다. 같은 수를 여러 번 곱할 때, 곱하는 수와 곱한 횟수를 이용하여 간단히 나타내는 것을 거듭제곱이라고 한다.

거듭제곱을 나타낼 때에는 곱하는 수를 쓰고 곱하는 횟수를 그 수의 오른쪽 위에 조그맣게 써서 나타내는데, 2를 두 번 곱하면 2^2, 2를 세 번 곱하면 2^3, 2를 네 번 곱하면 2^4, … 등과 같이 쓴다. 이때 곱하는 수를 밑, 곱하는 횟수를 지수라고 한다. 즉 2^3의 밑은 2, 지수는 3이다.

한번 두번 세번 지수

2의 세제곱 ⇨ $2 \times 2 \times 2 = 2^{③}$

밑

이와 같은 방법을 사용해서 432를 나타내면 $432=2^4\times3^3$으로 바꿔 쓸 수 있다. 2를 네 번, 3을 세 번 곱했다는 것을 한눈에 확인할 수 있다.

소인수분해의 유일성

소인수분해하는 규칙은 다음과 같다.

> 1. 크기가 작은 소인수부터 차례로 쓴다.
> 2. 같은 소인수의 곱은 거듭제곱으로 나타낸다.

이 규칙에 따라 자연수를 소인수분해한 결과는 항상 한 가지 꼴로만 나타나기 때문에 어떤 자연수를 소인수분해한 결과는 유일하다.

소인수분해하기

4나 6과 같이 작은 자연수는 단숨에 소인수분해할 수 있다. 그런데 아주 큰 자연수는 어떻게 소인수분해해서 나타낼 수 있을까? 그 방법은 생각보다 쉽고 간단하다. 단지 자연수를 나누어떨어지는 소인수로 계속 나누는 것이다. 예를 들어, 60은 다음과 같이 순서대로 나누면 소인수분해한 결과를 얻을 수 있다.

㉯ 60의 소인수분해

$$\begin{array}{r|l} 2 & 60 \\ \hline & 30 \end{array} \Rightarrow \begin{array}{r|l} 2 & 60 \\ \hline 2 & 30 \\ \hline & 15 \end{array} \Rightarrow \begin{array}{r|l} 2 & 60 \\ \hline 2 & 30 \\ \hline 3 & 15 \\ \hline & 5 \end{array} \Rightarrow 60 = 2^2 \times 3 \times 5$$

잠깐 소인수로만 나누는 거야.

이처럼 맨 마지막에 소인수가 나타날 때까지 계속 소인수로 나누는데, 기왕이면 작은 소인수부터 차례로 나누는 것이 결과를 정리해서 쓸 때 편리하다.

인수와 소인수는 엄연히 달라!

09 최대공약수와 최소공배수

중학교 1학년, 소인수분해 단원

공약수와 최대공약수

우리는 자연수의 약수를 쉽게 구할 수 있다. 12의 약수는 1, 2, 3, 4, 6, 12이고, 18의 약수는 1, 2, 3, 6, 9, 18이다. 이때 1, 2, 3, 6은 12의 약수이기도 하고, 18의 약수이기도 하다. 이처럼 두 개 이상의 자연수의 공통인 약수를 공약수라고 부르는데, 공약수 중에서 가장 큰 수인 6을 두 수의 최대공약수라고 한다.

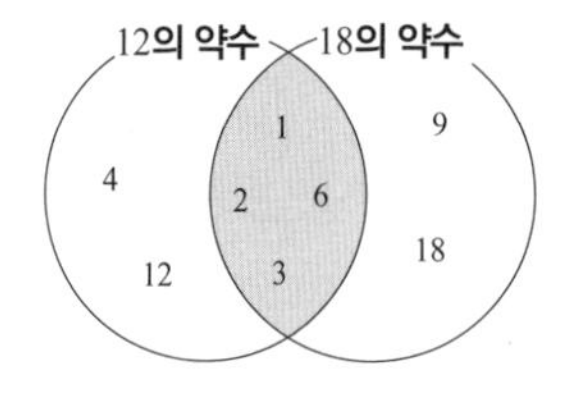

가장 큰 공약수가 최대공약수!
가장 작은 공약수는 항상 1이므로
최소공약수 같은 건 생각하지 않아!

최대공약수를 영어로는 Greatest Common Divisor로 쓰기 때문에 각 단어의 첫 글자를 따서 G.C.D라고 나타내기도 한다.

그럼 12와 35의 최대공약수는 얼마일까? 12의 약수는 1, 2, 3, 4, 6, 12인데, 35의 약수는 1, 5, 7, 35이다. 즉, 12와 35의 공약수는 1뿐이기 때문에 최대공약수가 1이다. 이와 같이 최대공약수가 1인 두 수를 서로소라고 한다. 공약수가 1 하나뿐이므로, 두 수의 공통인 소인수는 하나도 없다.

공배수와 최소공배수

우리는 배수도 쉽게 구할 수 있다. 12의 배수는 12, 24, 36, 48, 60, 72, …이고, 18의 배수는 18, 36, 54, 72, …이다. 이때 36, 72, …는 12의 배수이기도 하고, 18의 배수이기도 하다. 이와 같이 두 개 이상의 자연수의 공통인 배수를 공배수라고 부르고, 공배수 중에서 가장 작은 수인 36을 두 수의 최소공배수라고 한다. 자연수 중에서 가장 큰 수를 알 수 없으므로 최대공배수는 구할 수 없다.

최소공배수를 영어로는 Least Common Multiple로 쓰기 때문에 각 단어의 첫 글자를 따서 L.C.M이라고 나타내기도 한다.

최대공약수와 최소공배수 구하기 ① -소인수로 나누는 방법

최대공약수, 최소공배수를 구할 때에는 두 수를 공통인 소인수로 동시에 나눈다. 더 이상 나눌 수 있는 소인수가 없을 때까지 나눈 다음, 소인수들을 모두 곱한 값이 최대공약수이다. 또, 나눈 소인수들과 마지막에 남은 값들까지 모두 곱한 값이 최소공배수이다.

㉮ 30과 42의 최대공약수와 최소공배수 구하기

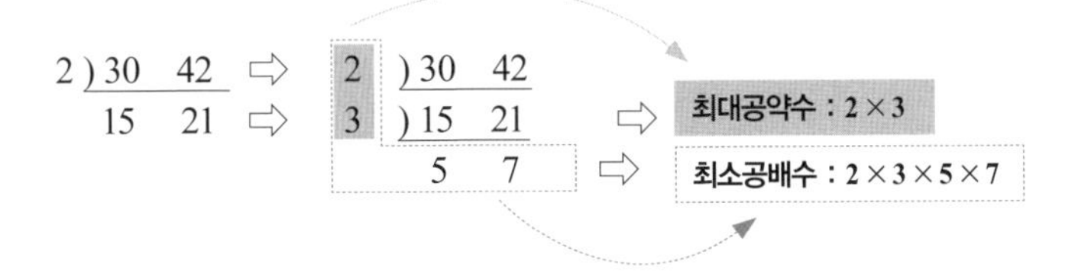

최대공약수와 최소공배수 구하기 ② -소인수분해를 이용하는 방법

각 수를 소인수분해하여 최대공약수와 최소공배수를 구할 수도 있다.

소인수분해한 결과를 세로로 나란히 쓴 다음, 공통인 인수를 모두 곱하면 최대공약수를 구할 수 있고, 공통인 인수들을 한 번씩 곱하고 공통이 아닌 인수들까지 다 곱하면 최소공배수를 구할 수 있다.

㉠ 30과 42의 최대공약수와 최소공배수 구하기

잠깐 같은 소수를 나란히 쓰면 찾기 쉬워.

피타고라스,
신념을 위해 무리수를 버리다

피타고라스(Pythagoras, B.C.582~B.C.497년경)는 고대 그리스의 철학자이자 수학자, 종교가이다. 만물의 근원을 수(數, 자연수를 뜻한다.)라고 생각하여 '모든 것은 수이다.' '1은 모든 것을 낳는다.' '유한은 무한을 지배한다.'라는 주장을 펼쳤다.

피타고라스는 이탈리아 크로톤 섬에 정착해 학파를 세우고 제자들을 길렀다. 수학적, 철학적 토대를 제외하면 피타고라스학파는 비밀 종교단체와 비슷했다. 종교적으로는 영혼의 윤회를 믿고 육식을 금지했으며, 이론 연구에서는 수학과 음악을 중시했다. 또 정오각형의 작도법을 알고 있었기에 별 모양의 휘장을 달고 다녔다.

학파의 규율이 엄격해 피타고라스는 자신의 학파가 연구한 내용을 기록하지도, 다른 곳에서 말하지도 못하게 했다. 그러다 보니 다른 학파와 마찰이 잦았는데, 이로 인해 많은 제자가 죽었다.

피타고라스는 말년에 그 유명한 '피타고라스 정리'를 발견했다. 정리를 발견한 후 매우 기뻐 "이것은 내 힘이 아니다. 내가 믿는 신의 힘이다."라고 외쳤다고 한다. 그런데 이 정리를 증명하는 과정에서 곤란한 문제가 생겼다.

자연수만을 인정하던 그가 무리수의 존재를 발견하고 만 것이다. 피타고라스 정리에 의하면 직각삼각형에서 빗변의 길이의 제곱은 나머지 두 변의 길이의 제곱의 합과 같다. 하지만 만약 한 변의 길이가 1인 정사각형에 대각선을 긋고 삼각형을 만든다면 대각선의 길이는 $\sqrt{2}$ 라는 무리수가 된다.

피타고라스는 가장 처음 무리수를 발견했지만, 자연수만을 믿는 신념을 지키기 위해 이 사실이 절대 밖으로 새어 나가지 않게 했다. 그리고 무리수를 수에서 제외시켜 버렸다.

그럼에도 피타고라스가 수학에 기여한 공적은 이루 말할 수 없이 크다. 그의 학문적 업적은 플라톤, 유클리드를 거쳐 근대에까지 영향을 미치고 있다.

수학의 기본은
더하고 빼고
곱하고 나누는
계산이야.
훗. 내 별명이
걸어다니는
계산기라고~.
야호! 드디어 음수(-)
계산을 배우는구나!
음수(-)?
(+), (-)
응. 하지만 일반적인
덧셈, 뺄셈과 달리
숫자 앞에 붙어 있는
+, -가 중요해.
그리고
이 법칙에 대해서
꼭 알아야 해.
마...많네...
교환법칙
결합법칙
분배법칙
읏~차
규칙대로만 하면
사칙연산과 별다른 건
없으니깐 너무 걱정 마~.
결국 +, -, ×, ÷
하고 비슷하다는
거구만~.
내려와.
교환법칙
결합법칙
분배법칙

몇 가지 법칙만 알면 쉬운 수의 계산

중학교 3년의 과정에 걸쳐 실수 계산법을 모두 배운다. 실수의 계산은 크게 유리수 계산과 무리수 계산으로 나눌 수 있는데, 유리수 계산은 1학년, 2학년 때 배우고 무리수 계산은 3학년 때 배운다.

1학년 때 정수의 이해를 바탕으로 음수의 계산을 배운다. 이때 비로소 작은 수에서 큰 수를 뺄 수 있게 된다. 또 유리수의 이해를 바탕으로 음의 유리수의 계산법도 배운다. 2학년 때 순환소수를 공부하는데, 순환소수도 유리수이므로 1학년 때 배운 유리수의 계산과 크게 다르지 않다. 마지막으로 3학년 때 무리수의 개념과 함께 무리수 계산법을 배운다. 무리수의 계산은 유리수와 조금 다르다.

수의 성질과 마찬가지로 수의 계산은 방정식, 부등식, 함수, 도형 등 모든 단원을 공부하는 데 기초가 되므로, 자유자재로 계산할 수 있어야 한다.

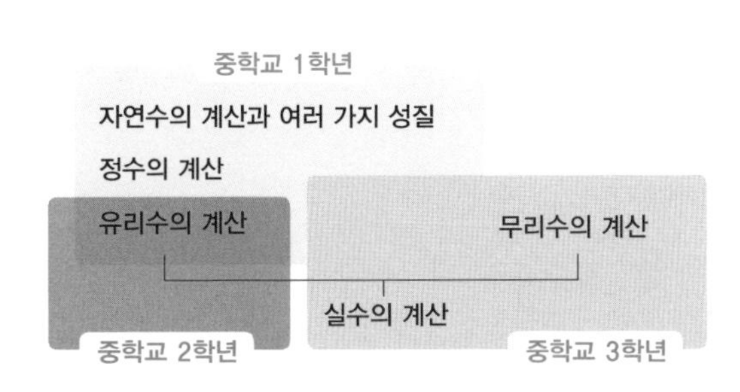

10 정수와 유리수의 대소 관계

중학교 1학년, 정수와 유리수 단원

대소 관계

자연수를 더할 때에는 어떤 수가 크고 어떤 수가 작은지 별로 중요하지 않다. 하지만 0보다 작은 수인 음수를 배우고 나면 두 수 중 큰 수와 작은 수를 구분하는 것이 더하고, 빼고, 곱하고, 나누기를 하기 위한 첫 단계이다. 이때 수의 크고 작음을 비교하는 것을 대소 관계라고 한다.

양수와 음수의 대소 관계

자연수를 포함한 양수의 대소 관계는 굳이 설명하지 않아도 누구나 알 수 있다. 큰 수가 크고 작은 수가 작다. 즉, +2는 +1보다 크고, +3은 +2보다 크다. 이렇게 양수는 +부호 뒤에 붙는 숫자가 클수록 커진다. 다시 말해, 양수에서는 절댓값이 큰 수가 크다.

하지만 음수는 조금 다르다. −1은 0보다 1만큼 작은 수이고, −2는 0보다 2만큼 작은 수이고, −3은 0보다 3만큼 작은 수이다. 즉, 음수는 −부호 뒤에 붙는 숫자가 클수록 작아진다. 음수에서는 절댓값이 작은 수가 크다.

0과의 대소 관계

0은 양수와 음수를 나누는 기준이 되는 수이다. 양수는 항상 0보다 큰 수이고, 음수는 항상 0보다 작은 수이다. 그러다 보니 0은 모든 양수보다 작고, 또 모든 음수보다 크다.

수직선 위에 수를 나타내면 수의 대소 관계를 쉽게 이해할 수 있다.

0을 기준으로 오른쪽으로 점점 커지면서 같은 간격으로 수가 쓰이고 왼쪽으로는 점점 작아지면서 같은 간격으로 수가 쓰이므로, 수직선 위에 수를 표시해 보면 왼쪽에 있을수록 작은 수임을 알 수 있다.

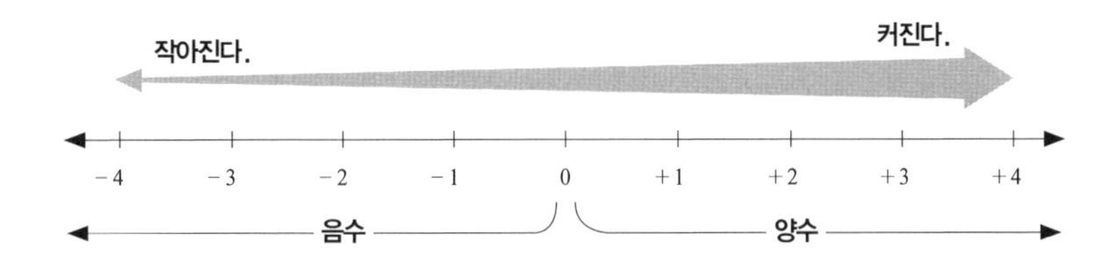

1. 양수끼리의 크기 비교

① +부호 뒤의 숫자가 큰 수가 크다.

② 절댓값이 큰 수가 크다.

2. 음수끼리의 크기 비교

① −부호 뒤의 숫자가 큰 수가 작다.

② 절댓값이 작은 수가 크다.

3. (음수) < 0 < (양수)

실제로 대소 비교하기

여섯 개의 수 '−1, 42, 0, 2, −42, 100'을 제일 작은 것부터 크기순으로 나열해 보자.

0을 기준으로 양수는 0의 오른쪽에 적고 음수는 0의 왼쪽에 적는다. 이때,

양수끼리는 절댓값이 큰 수가 크고 음수끼리는 절댓값이 작은 수가 크므로 작은 것부터 순서대로 쓰면 '-42, -1, 0, 2, 42, 100'이다.

절댓값이 크다고 무조건 큰 건 아니야!

11 정수와 유리수의 덧셈과 뺄셈

중학교 1학년, 정수와 유리수 단원

음수의 덧셈

양수에 양수를 더하거나 큰 수에서 작은 수를 빼는 문제는 누구나 큰 어려움 없이 푼다. 더하는 수만큼 커지고 빼는 수만큼 작아짐을 잘 알고 있다. 하지만 정수나 유리수의 덧셈에서는 양수에 음수를 더하거나 음수에 음수를 더해야 하는 문제도 있고 작은 수에서 큰 수를 빼야 할 때도 있다. 우선 양수에 음수를 더한다는 것은 무슨 뜻일까? 양수 3에 음수 −3을 더한다면 3만큼 작아진다는 뜻이다. 즉, 음수를 더한다는 것은 음수의 절댓값만큼 작아지는 것을 의미한다.

수직선에서 생각하면 더 쉽게 이해할 수 있다. 양수를 더한다는 것은 그 절댓값만큼 커진다는 뜻이므로 수직선에서 오른쪽으로 움직인다고 생각할 수 있다. 반대로, 음수를 더한다는 것은 그 절댓값만큼 작아진다는 뜻이므로 수직선에서 왼쪽으로 움직인다고 생각하면 된다.

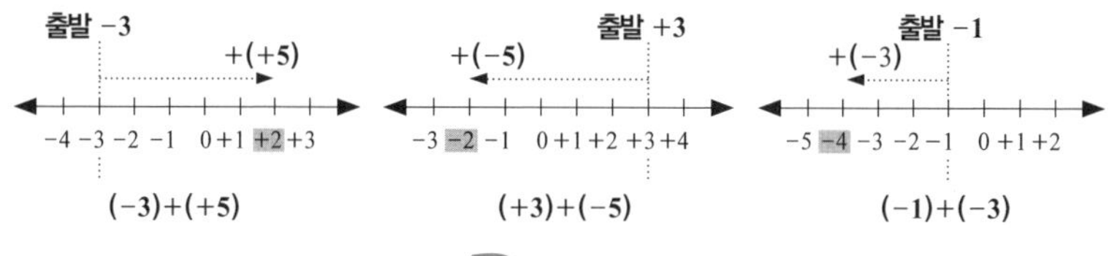

잠깐 아주 간단하지? 양수를 더하면 오른쪽, 음수를 더하면 왼쪽!

덧셈 규칙

덧셈을 할 때마다 수직선을 그리는 것은 무척 불편하므로, 다음 규칙을 이용하여 덧셈을 하자. 그러면 덧셈을 쉽게 할 수 있다.

> **1. 부호가 같은 두 수의 합 ⇨ 절댓값의 합에 공통인 부호를 붙인다.**
> **2. 부호가 다른 두 수의 합 ⇨ 절댓값의 차에 절댓값이 큰 수의 부호를 붙인다.**

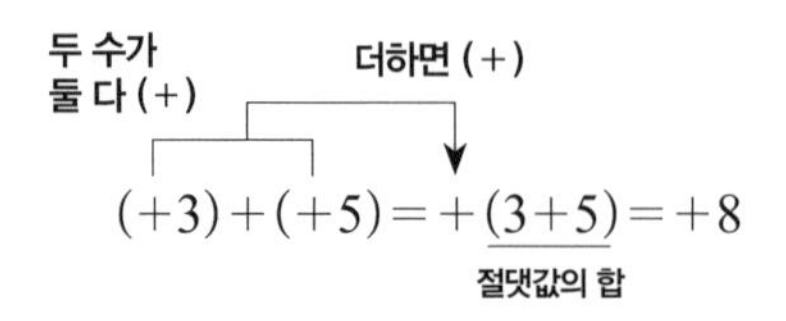

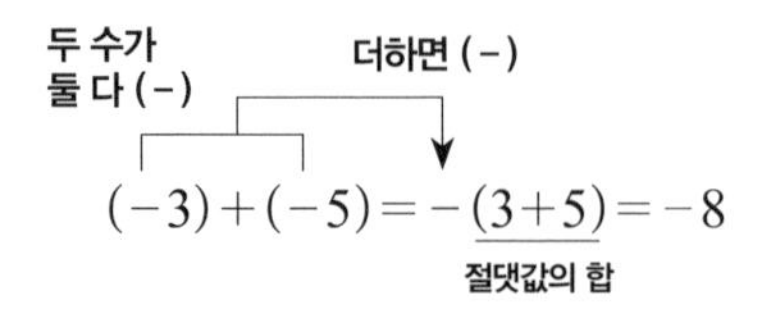

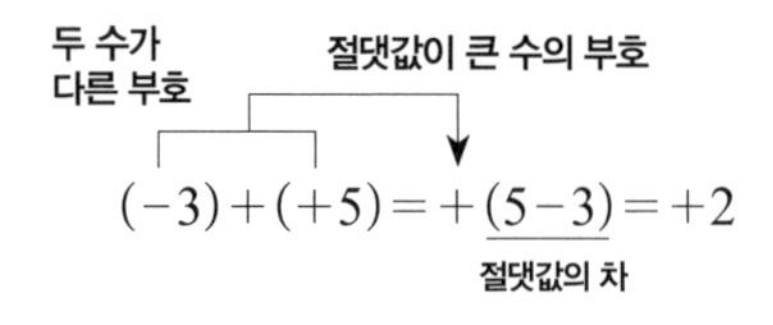

두 수가 다른 부호 / 절댓값이 큰 수의 부호

$(+3)+(-5)=-(5-3)=-2$

절댓값의 차

음수의 뺄셈

양수를 더하면 수가 늘어나고 음수를 더하면 수가 줄어든다. +부호는 늘어남을 의미하고 −부호는 줄어듦을 의미한다. 마찬가지로 덧셈 기호는 양수나 음수가 가진 성질대로 움직이는 것을 의미하고, 뺄셈 기호는 양수나 음수가 가진 성질의 반대로 움직이는 것을 의미한다.

그래서 양수를 빼는 것은 양수의 절댓값만큼 줄어드는 것을, 음수를 빼는 것은 음수의 절댓값만큼 늘어나는 것을 의미한다. 어떤 수에서 음수를 빼는 것은 음수만으로도 수직선에서 왼쪽으로 움직여야 하는데, 거기에 다시 뺄셈의 −가 붙어서 움직이려는 방향과 반대, 즉 오른쪽으로 움직이게 한다.

이와 같이 +, −부호의 성격 때문에 양수를 빼는 것은 수직선에서 왼쪽으로 움직이는 것과 같고, 음수를 빼는 것은 수직선에서 오른쪽으로 움직이는 것과 같다.

뺄셈 규칙

덧셈과 마찬가지로 정수와 유리수의 뺄셈도 두 수의 부호에 따른 규칙이 있다.

뺄셈은 빼는 수의 부호를 바꾸어 더한다.

1. ○ − ⊕ = ○ + ⊖

2. ○ − ⊖ = ○ + ⊕

뺄셈 $(+3)-(+5)$와 덧셈 $(+3)+(-5)$는 같은 값을 얻는다.

또, 뺄셈 $(+3)-(-5)$와 덧셈 $(+3)+(+5)$는 같은 값을 얻는다.

12 덧셈에 대한 계산 법칙

중학교 1학년, 정수와 유리수 단원

덧셈에 대한 교환법칙

3 더하기 5가 8이라는 사실은 누구나 알고 있다. 더하는 숫자의 순서를 바꿔 볼까? 5 더하기 3은? 이 역시 8이다. 그럼 좀 더 복잡한 음수를 넣어 덧셈을 해 보자.

절댓값이 큰 수의 부호

$$(-3)+(+5)=+(5-3)=+2$$

부호가 다르니까 절댓값의 차

절댓값이 큰 수의 부호

$$(+5)+(-3)=+(5-3)=+2$$

부호가 다르니까 절댓값의 차

두 유리수의 더하는 순서를 바꾸어도 결과는 같다. 이를 덧셈에 대한 교환법칙이라고 부른다. 더하는 두 수의 자리를 교환해도 된다는 뜻이다. 여러 개의 수를 더할 때 덧셈에 대한 교환법칙을 이용하면 순서대로 계산하는 것보다 간단해질 때가 많다.

순서대로 덧셈

$$\begin{aligned}&(-3)+(+2)+(+3)\\&=-(3-2)+(+3)\\&=(-1)+(+3)\\&=+(3-1)\\&=+2\end{aligned}$$

덧셈에 대한 교환법칙

$$\begin{aligned}&(-3)+\underline{(+2)+(+3)}\\&=(-3)+\underline{(+3)+(+2)}\\&=0+(+2)\\&=+2\end{aligned}$$

덧셈에 대한 결합법칙

식에 괄호가 있을 때는 먼저 괄호 안의 수를 계산한다. 그런데 여러 수를 더할 때는 괄호의 위치가 바뀔 수 있다. 다음과 같이 괄호 위치를 바꾼 두 경우를 비교해 보자.

절댓값이 큰 수의 부호 / 같은 부호는 그대로

$$\{(-3)+(+5)\}+(+1)=+\underline{(5-3)}+(+1)=(+2)+(+1)=+\underline{(2+1)}=+3$$

부호가 다르니까 절댓값의 차 / 부호가 같으니까 절댓값의 합

같은 부호는 그대로 / 절댓값이 큰 수의 부호

$$(-3)+\{(+5)+(+1)\}=(-3)+\{+\underline{(5+1)}\}=(-3)+(+6)=+\underline{(6-3)}=+3$$

부호가 같으니까 절댓값의 합 / 부호가 다르니까 절댓값의 차

모두가 덧셈일 때, 앞의 두 수를 먼저 더하는 방법과 뒤의 두 수를 먼저 더하는 방법은 계산 과정만 다를 뿐 결과는 같다. 이를 덧셈에 대한 결합법칙이라고 부른다. 여러 수의 덧셈에서 어떤 두 수를 먼저 더하는 것으로 결합해도 상관없다는 뜻이다. 결합법칙을 이용하면 처음 괄호가 묶인 대로 계산하는 것보다 간단해질 때가 있다.

순서대로 덧셈

$$\begin{aligned}&\{(+2)+(-3)\}+(+3)\\&=-(3-2)+(+3)\\&=(-1)+(+3)\\&=+(3-1)\\&=+2\end{aligned}$$

덧셈에 대한 결합법칙

$$\begin{aligned}&\{(+2)+(-3)\}+(+3)\\&=(+2)+\{\underline{(-3)+(+3)}\}\\&=(+2)+0\\&=+2\end{aligned}$$

복잡한 수를 계산할 때 이 두 법칙은 매우 유용하다.

계산이 빨라지는 법칙, 교환법칙과 결합법칙

13 정수와 유리수의 곱셈

중학교 1학년, 정수와 유리수 단원

음수의 곱셈

양수에 양수를 곱하는 문제는 꿈속에서도 외우는 구구단을 이용하여 쉽게 푼다.

구구단 속에 담긴 계산의 원리에 따르면 □×○, 즉 □에 ○를 곱한다는 것은 □를 ○번 더한다는 것이다. 3×1은 3에 1을 곱하는 것으로 3 자체이다. 3×2는 3에 2를 곱하는 것으로 3을 두 번 더하는 것, 즉 3+3과 같다. 3×3은 3에 3을 곱하는 것으로 3을 세 번 더하는 것, 즉 3+3+3과 같다.

그럼, 음수와 양수의 곱셈을 생각해 보자. 3 대신 −3을 넣어 순서대로 곱해 보자.

(−3)×1은 −3에 1을 곱하는 것으로 −3 자체이다. (−3)×2는 −3에 2를 곱하는 것으로, −3을 두 번 더하는 것, 즉 (−3)+(−3)과 같으므로 −6이다. 같은 방법으로 (−3)×3은 (−3)을 세 번 더하는 것, 즉 (−3)×3=(−3)+(−3)+(−3)=−9이다. 따라서 음수와 양수를 곱하면 두 수의 절댓값의 곱에 − 부호가 붙어서 음수가 된다는 것을 알 수 있다.

그럼, 음수끼리의 곱도 추리해 보자.

구구단의 원리처럼 (음수)×○는 (음수)에 ○를 곱하는 것으로, (음수)를 ○번 더하는 것과 같다. 이때 ○에 음수를 순서대로 넣으면 다음과 같다.

$$\begin{array}{cc}
\vdots & \vdots \\
3\times2=6 & (-3)\times2=-6 \\
3\times1=3 & (-3)\times1=-3 \\
3\times0=0 & (-3)\times0=0 \\
3\times(-1)=-3 & (-3)\times(-1)=3 \\
3\times(-2)=-6 & (-3)\times(-2)=6 \\
3\times(-3)=-9 & (-3)\times(-3)=9 \\
\vdots & \vdots
\end{array}$$

3씩 줄어든다. **3씩 늘어난다.**

즉, 음수끼리 곱하면 두 수의 절댓값의 곱에 +부호가 붙어서 양수가 된다.

곱셈 규칙

덧셈과 마찬가지로 두 수의 부호에 따른 곱셈 규칙이 있다.

1. 부호가 같은 두 수의 곱 ⇨ 절댓값끼리의 곱에 +부호를 붙인다.
(+)×(+)⇨(+) (−)×(−)⇨(+)
2. 부호가 다른 두 수의 곱 ⇨ 절댓값끼리의 곱에 −부호를 붙인다.
(−)×(+)⇨(−) (+)×(−)⇨(−)

이 규칙에 따르면 같은 부호를 두 번 곱하면 항상 (+)가 되기 때문에 여러 개의 수를 곱할 때, 그 결과는 (−)의 개수에 의해 결정됨을 알 수 있다. 다시 말해, (−)의 개수가 홀수이면 곱셈의 결과는 (−)가 되고, (−)의 개수가 짝수이면 곱셈의 결과는 (+)가 된다.

예를 들어, $(-1)\times(-2)\times(-3)\times(+4)$에서 음수가 3개로 홀수이기 때문

에 전체 부호는 −가 되어 곱셈의 결과는 −24이다.

1. (음수 홀수 개)×(양수 여러 개) = − (절댓값들의 곱)
2. (음수 짝수 개)×(양수 여러 개) = + (절댓값들의 곱)

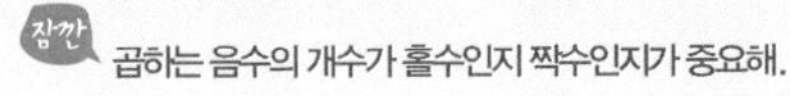

같은 수의 곱셈

(+3)×(+3)이나 (−3)×(−3)처럼 같은 수를 곱하는 경우는 거듭제곱을 사용하면 훨씬 간단하게 표현할 수 있다. 자연수의 거듭제곱과 마찬가지로 거듭제곱을 이용하여 어떤 수를 몇 번 곱했는지 표현한다. 예를 들어, $(+3)\times(+3)=(+3)^2$으로, $(-3)\times(-3)=(-3)^2$으로 나타낸다. 특히, 음수의 거듭제곱의 경우에는 지수가 곱해진 음수의 개수를 가르쳐 주기 때문에 전체의 부호가 +인지 −인지를 쉽게 알 수 있다.

$(\text{양수})^{(\text{지수})}$ = +(절댓값들의 곱)
$(\text{음수})^{(\text{짝수 지수})}$ = +(절댓값들의 곱)
$(\text{음수})^{(\text{홀수 지수})}$ = −(절댓값들의 곱)

14 정수와 유리수의 나눗셈

중학교 1학년, 정수와 유리수 단원

정수의 나눗셈

곱셈 $3\times2=6$으로부터 나눗셈 $6\div2=3$을 할 수 있다면 정수의 나눗셈 또한 쉽게 이해할 수 있다. 정수의 나눗셈과 자연수의 나눗셈은 부호 외에는 큰 차이가 없기 때문이다. 곱셈에서와 같이 나눗셈도 부호에 주의해야 한다. 부호가 같은 두 정수의 나눗셈은 절댓값끼리 나눈 몫에 +부호를 붙이고, 부호가 다른 두 정수의 나눗셈은 절댓값끼리 나눈 몫에 −부호를 붙인다.

$(+)\div(+) \Rightarrow (+)$ $(-)\div(-) \Rightarrow (+)$

$(-)\div(+) \Rightarrow (-)$ $(+)\div(-) \Rightarrow (-)$

같은 부호니까 +

예 $(-14)\div(-2)=+(14\div2)=+7$

$(-18)\div(+6)=-(18\div6)=-3$

다른 부호니까 −

역수

유리수의 나눗셈도 정수의 나눗셈과 같은 방식으로 계산하면 된다. 다만, 유리수에는 $\frac{12345}{3579}$ 등과 같이 복잡한 분수가 포함되어 있기 때문에 몫을 구하기 어려울 때도 있다.

따라서 역수를 이용하여 곱셈으로 바꾸는 방법이 필요하다. 나눗셈을 곱셈으로 바꿀 때 필요한 값을 그 수의 역수라고 한다. 수학에서 역수는 다음과 같이 정의한다.

> **두 수의 곱이 1일 때, 한 수를 다른 수의 역수라고 한다.**
> **즉, $a \times b = 1$일 때, a와 b는 서로의 역수이다.**

피자 한 판을 두 조각으로 나눈 것과, 피자 한 판의 반은 같은 크기이다. 즉, 어떤 수를 2로 나누는 것과 $\frac{1}{2}$을 곱하는 것은 똑같다. 이때 $\frac{1}{2}$은 2의 역수이고 동시에 2는 $\frac{1}{2}$의 역수이다. 분수의 역수란 그 수의 분모와 분자를 바꾸어 쓰는 것과 같다.

예 $\frac{3}{7}$ (분자)(분모) → $\frac{7}{3}$ | $\frac{2}{3}$ → $\frac{3}{2}$ | $\frac{2}{1}$ → $\frac{1}{2}$

유리수의 나눗셈

정수를 포함하여 유리수의 나눗셈에서는 역수를 이용하여 몫을 쉽게 구할 수 있다. 예를 들어, $\div 2$는 $\times \frac{1}{2}$로, $\div \frac{1}{2}$은 $\times 2$로 바꾸어 계산한다.

복잡한 유리수의 혼합 계산에서도 역수를 이용하여 나눗셈을 곱셈으로 바꾸면 계산이 훨씬 간편해진다.

÷(수) ⇨ ×(역수)

예 $(-3)\div(+5)=(-3)\times\left(+\frac{1}{5}\right)=-\left(3\times\frac{1}{5}\right)=-\frac{3}{5}$

$\left(-\frac{9}{2}\right)\div\left(+\frac{3}{2}\right)=\left(-\frac{9}{2}\right)\times\left(+\frac{2}{3}\right)=-\left(\frac{9}{2}\times\frac{2}{3}\right)=-3$

0으로 나누는 건 절대 금지!

15 곱셈에 대한 계산 법칙

중학교 1학년, 정수와 유리수 단원

곱셈에 대한 교환법칙과 결합법칙

덧셈과 마찬가지로 정수와 유리수의 곱셈에서 곱하는 순서가 바뀌어도 구하는 답은 변함이 없다. 이와 같은 곱셈의 계산 법칙을 곱셈에 대한 교환법칙이라고 한다. 다음과 같이 세 개 이상의 수를 곱할 때, 곱셈에 대한 교환법칙을 이용하면 순서대로 곱하는 것보다 훨씬 쉬워질 때가 많다.

순서대로 곱셈

$$\begin{aligned}&(-2)\times(+135)\times(-5)\\&=-(2\times135)\times(-5)\\&=(-270)\times(-5)\\&=+(270\times5)\\&=+1350\end{aligned}$$

곱셈에 대한 교환법칙

$$\begin{aligned}&(-2)\times\underline{(+135)\times(-5)}\\&=(-2)\times\underline{(-5)\times(+135)}\\&=+(2\times5)\times(+135)\\&=(+10)\times(+135)\\&=+1350\end{aligned}$$

잠깐 2와 135를 곱하고 270과 5를 곱하는 것보다, 2와 5를 곱하고 10과 135를 곱하는 것이 훨씬 편하다.

또한, 덧셈과 마찬가지로 여러 개의 수를 곱할 때 괄호의 위치를 옮겨 순서를 바꿔 계산할 수 있다. 다시 말해, 모두 곱셈일 때, 앞의 두 수를 먼저 곱하거나 뒤의 두 수를 먼저 곱하거나 상관이 없다. 계산 과정은 다르지만 결과는 같기 때문이다. 이를 곱셈에 대한 결합법칙이라고 한다. 다음과 같이 여러 개의 수를 곱할 때, 곱셈에 대한 결합법칙을 이용하면 원래 괄호가 묶인 대로 계산하는 것보다 간단해질 때가 있다.

순서대로 곱셈	곱셈에 대한 결합법칙
$(-2)\times\{(-5)\times(+135)\}$	$(-2)\times\{\underline{(-5)\times(+135)}\}$
$=(-2)\times\{-(5\times135)\}$	$=\{\underline{(-2)\times(-5)}\}\times(+135)$
$=(-2)\times(-675)$	$=\{+(2\times5)\}\times(+135)$
$=+(2\times675)$	$=(+10)\times(+135)$
$=+1350$	$=+1350$

a, b, c가 유리수일 때,

1. 곱셈에 대한 교환법칙 : $a\times b=b\times a$

2. 곱셈에 대한 결합법칙 : $(a\times b)\times c=a\times(b\times c)$

교환법칙과 결합법칙은 덧셈과 곱셈에서만 성립하고 뺄셈과 나눗셈에서는 성립하지 않는다.

분배법칙

두 수의 합에 어떤 수를 곱한 결과는 어떤 수를 각각 곱해서 더하는 값과 같은데, 이와 같은 계산 법칙을 분배법칙이라고 한다. 덧셈과 곱셈에서 아주 중요한 법칙이다.

a, b, c가 유리수일 때,

1. $ⓐ\times(b+c)=a\times b+a\times c$

2. $(a+b)\times ⓒ=a\times c+b\times c$

예를 들어, 1004×25를 그냥 계산하는 것보다는 다음과 같이 분배법칙을 이용하여 계산하면 계산 과정이 훨씬 쉬워진다.

$$(1000+4)\times 25=1000\times 25+4\times 25=25000+100=25100$$

이처럼 덧셈과 곱셈에 대한 여러 가지 계산 법칙을 이용하여 정수와 유리수의 계산을 간단히 할 수 있고 그 과정에서 실수도 줄일 수 있다. 법칙의 이름보다는 법칙의 의미를 잘 이해하여 실제 계산에서 자유롭게 활용하는 것이 무엇보다 중요하다.

교환법칙과 결합법칙은 나눗셈에서 바로 사용할 수 없어!

16 무리수 계산의 기초

중학교 3학년, 제곱근과 실수 단원

무리수의 계산은 유리수와 달리 곱셈과 나눗셈이 덧셈과 뺄셈보다 훨씬 쉽다. 다만 이때 제곱근을 자유롭게 다룰 수 있어야 한다.

제곱근 제곱하기

4의 제곱근은 2와 -2이고 2의 제곱근은 근호를 사용하여 $\sqrt{2}$ 와 $-\sqrt{2}$ 로 나타낸다. 이것을 거꾸로 생각하면 2나 -2는 제곱하면 4가 되고, $\sqrt{2}$ 나 $-\sqrt{2}$ 는 제곱하면 2가 된다. 즉, 어떤 수의 제곱근을 제곱하면 그 수가 되므로 다음 식으로 정리할 수 있다.

a가 양수일 때,

$$(\sqrt{a})^2=a \quad (-\sqrt{a})^2=a \quad \sqrt{a^2}=a \quad \sqrt{(-a)^2}=a$$

근호 안에 제곱수

그럼, $(\sqrt{3})^2$, $(-\sqrt{3})^2$, $\sqrt{3^2}$, $\sqrt{(-3)^2}$ 의 값을 구해 보자.

$(\sqrt{3})^2$은 3의 양의 제곱근을 제곱한 것이므로 3이고, $(-\sqrt{3})^2$은 3의 음의 제곱근을 제곱한 것이므로 역시 3이다. 또, $\sqrt{3^2}=\sqrt{9}$ 이므로 9의 양의 제곱근은 3이고, $\sqrt{(-3)^2}=\sqrt{9}$ 이므로 마찬가지로 9의 양의 제곱근

은 3이다.

따라서 $(\sqrt{3})^2=(-\sqrt{3})^2=\sqrt{3^2}=\sqrt{(-3)^2}=3$이다.

많은 학생이 음수를 계산할 때 부호를 헷갈려 한다. 하지만 제곱과 제곱근의 정의부터 생각하면 공식이 쉽게 이해될 것이다. 앞으로 식을 접할 때 그 정의부터 생각하는 습관을 갖자.

특히, 근호 안의 수가 자연수의 제곱수면 근호를 없애고 자연수로 나타낼 수 있으므로, 이를 이용하면 근호를 포함한 어떤 식이 자연수가 되게 하는 값을 구할 수 있다.

예를 들어, $\sqrt{6x}$ 가 자연수라면 $x=6, x=24, x=54, \cdots$일 때 $6x$가 제곱수가 되므로 근호를 없앨 수 있다. 따라서 간단한 제곱수는 외워 두면 편하다.

$$\sqrt{(\text{자연수})^2}=(\text{자연수})$$

제곱근의 대소 관계

제곱근끼리도 어느 값이 더 큰지, 더 작은지를 알 수 있다.

넓이가 a인 정사각형과 넓이가 b인 정사각형의 한 변의 길이는 각각 $\sqrt{a}$, $\sqrt{b}$ 이다. 이때 $a<b$라면 다음 그림과 같다.

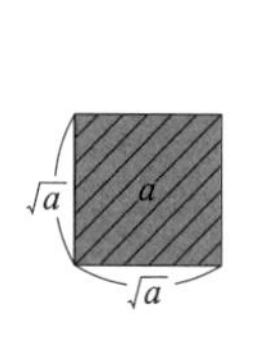

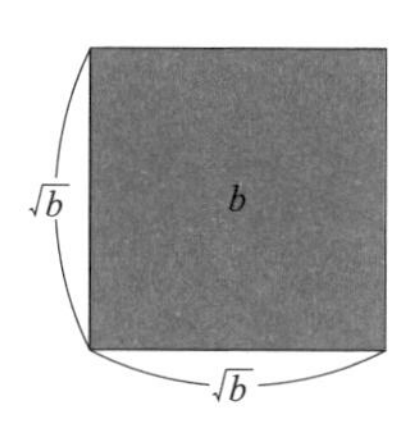

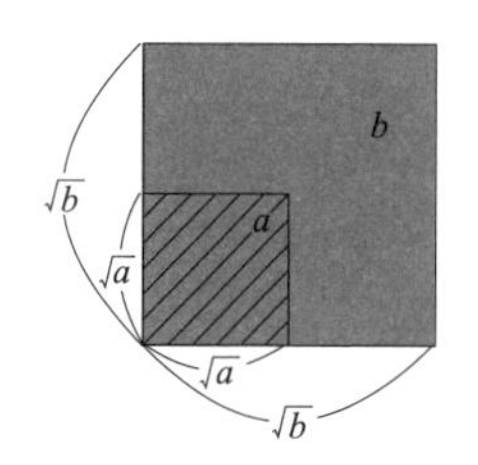

정사각형의 넓이가 넓을수록 한 변의 길이가 길고, 한 변의 길이가 길수록 정사각형의 넓이가 더 넓다. 따라서 다음과 같은 식이 성립한다.

a, b가 양수일 때,

1. $a > b$이면 $\sqrt{a} > \sqrt{b}$이다.

2. $\sqrt{a} > \sqrt{b}$이면 $a > b$이다.

두 양수에 대해서 큰 수의 제곱근이 더 크고 작은 수의 제곱근이 더 작다. 또, 제곱근이 큰 수가 더 크고, 제곱근이 작은 수가 더 작다.

제곱수를 외우자!

$2^2=4$, $3^2=9$, $4^2=16$, $5^2=25$, $6^2=36$, $7^2=49$, $8^2=64$,
$9^2=81$, $10^2=100$, $11^2=121$, $12^2=144$, $13^2=169$, $14^2=196$
$15^2=225$, $16^2=256$, $17^2=289$, $18^2=324$, $19^2=361$, $20^2=400$

17 제곱근의 곱셈과 나눗셈

중학교 3학년, 제곱근과 실수 단원

제곱근의 곱셈

제곱근끼리의 곱셈에서는 제곱근 안의 수끼리 곱한 다음 하나의 근호 안에 그 곱을 써넣는다. 반대로 근호 안이 두 수의 곱으로 되어 있으면 각각 근호를 씌워서 분리할 수 있다.

$$a>0,\ b>0\text{일 때, } \sqrt{a}\times\sqrt{b}=\sqrt{a\times b}$$

예를 들어, $\sqrt{2}\times\sqrt{3}$ 을 $\sqrt{2\times3}$ 으로 계산하고, 반대로 $\sqrt{2\times3}$ 은 근호를 각각 쪼개어 $\sqrt{2}\times\sqrt{3}$ 으로 계산한다.

그런데 $\sqrt{12}=\sqrt{2^2\times3}$ 와 같이 근호 안에 제곱수가 있을 때에는 근호를 쪼개 $\sqrt{2^2}\times\sqrt{3}=2\times\sqrt{3}$ 으로 나타낸다. 이때 근호 없이 표현되는 수와 근호로 표현되는 수를 곱할 때에는 ×기호를 생략하여 쓸 수 있기 때문에 $\sqrt{12}$ 는 $2\sqrt{3}$ 으로 나타낼 수 있다. 거꾸로 $2\sqrt{3}$ 은 $\sqrt{12}$ 로 바꾸어 쓸 수 있다. 이와 같이 근호 안에 어떤 자연수의 제곱수가 곱해져 있을 때에는 그 자연수를 근호 앞으로 끄집어낼 수 있다. 거꾸로, 근호 밖에 곱해진 자연수는 제곱해서 근호 안으로 넣을 수 있다.

$a>0, b>0$일 때, $\sqrt{a^2b}=\sqrt{a^2}\times\sqrt{b}=a\sqrt{b}$

제곱근의 곱셈 원리를 되새겨, 복잡한 곱셈을 해 보자.

예 $\sqrt{2}\times\sqrt{6}\times\sqrt{\frac{1}{2}}\times\sqrt{3}=\sqrt{2\times6\times\frac{1}{2}\times3}$
$=\sqrt{18}=\sqrt{2\times3^2}=3\sqrt{2}$

제곱근의 나눗셈

예를 들어, $\sqrt{6}\div\sqrt{3}$은 $\sqrt{6\div3}=\sqrt{2}$가 된다.
또는 $\sqrt{6}\div\sqrt{3}=\frac{\sqrt{6}}{\sqrt{3}}=\sqrt{\frac{6}{3}}=\sqrt{2}$와 같이 계산할 수도 있다.
이처럼 제곱근을 제곱근으로 나눌 때에도 제곱근 안의 수끼리 나눗셈을 한 몫을 하나의 근호 안에 써넣는다.
거꾸로, 근호 안의 분수는 분모와 분자 각각에 근호를 씌워 분리할 수 있다. 또, 근호 안의 분수의 분모, 분자에 제곱수가 곱해져 있을 때에는 이를 근호 밖으로 꺼낼 수 있다.

$a>0, b>0$일 때, $\sqrt{a}\div\sqrt{b}=\frac{\sqrt{a}}{\sqrt{b}}=\sqrt{\frac{a}{b}}$, $\sqrt{\frac{b}{a^2}}=\frac{\sqrt{b}}{\sqrt{a^2}}=\frac{\sqrt{b}}{a}$

이를 이용하여 복잡한 제곱근의 곱셈과 나눗셈을 해 보자.

예 $\sqrt{\frac{14}{9}}\div\sqrt{2}\times3=\frac{\sqrt{14}}{3}\div\sqrt{2}\times3=\frac{\sqrt{14}}{\sqrt{2}}=\sqrt{\frac{14}{2}}=\sqrt{7}$

18 분모의 유리화

중학교 3학년, 제곱근과 실수 단원

제곱근의 덧셈과 뺄셈의 기초

제곱근의 곱셈과 나눗셈은 근호 안의 수만 계산하면 되지만 제곱근의 덧셈과 뺄셈은 (유리수)$\sqrt{(자연수)}$ 꼴일 때 계산하기 편하다. 그래서 $\frac{\sqrt{7}}{\sqrt{3}}$ 등과 같이 분모에 제곱근이 있는 경우에는 제곱근의 곱셈과 나눗셈을 활용하여 제곱근의 덧셈과 뺄셈에 쓰일 수 있는 형태, 즉 분모가 유리수인 형태로 바꿔서 계산한다.

분모의 유리화

$\frac{3}{2}=\frac{6}{4}=\frac{9}{6}=\cdots$와 같이 분수의 분모와 분자에 0이 아닌 같은 수를 곱해도 분수의 값은 변하지 않는다. 이 원리를 이용하여 분모에 근호가 있을 때 분모와 분자에 0이 아닌 같은 제곱근을 곱하여 분모를 근호가 없는 유리수로 바꾼다.

예를 들어, $\frac{\sqrt{7}}{\sqrt{2}}$의 분모에 근호가 사라지도록 하려면 분모와 분자에 모두 $\sqrt{2}$를 곱하여 $\frac{\sqrt{7}\times\sqrt{2}}{\sqrt{2}\times\sqrt{2}}=\frac{\sqrt{7\times2}}{\sqrt{2\times2}}=\frac{\sqrt{14}}{2}$로 만들면 된다.

$a>0$, $b>0$일 때, $\frac{b}{\sqrt{a}}=\frac{b\times\sqrt{a}}{\sqrt{a}\times\sqrt{a}}=\frac{b\sqrt{a}}{a}$

물론 $\frac{\sqrt{7}}{\sqrt{2}}$ 의 분모와 분자에 반드시 $\sqrt{2}$ 만을 곱해야 하는 것은 아니다. 중요한 것은 분모에 근호가 나오지 않게 하는 것이고, 분모를 자연수가 되게 하는 수는 무엇이든 상관없기 때문에 분모와 분자에 모두 $\sqrt{8}$ 을 곱할 수도 있다. 실제로 $\sqrt{8}$ 을 곱해 보면 다음과 같다.

$$\frac{\sqrt{7}\times\sqrt{8}}{\sqrt{2}\times\sqrt{8}}=\frac{\sqrt{7\times8}}{\sqrt{2\times8}}=\frac{\sqrt{56}}{4}=\frac{2\sqrt{14}}{4}=\frac{\sqrt{14}}{2}$$

즉, 결과는 $\sqrt{2}$ 를 곱한 것과 같지만 계산 과정은 더 복잡하다. 따라서 가능하면 계산이 간단해지도록 가장 간단한 수를 곱하는 게 좋다.

근호 안의 수와 근호 밖의 수, 약분 금지!

19 제곱근의 덧셈과 뺄셈

중학교 3학년, 제곱근과 실수 단원

제곱근의 덧셈과 뺄셈의 규칙

제곱근의 덧셈과 뺄셈의 경우 제곱근의 곱셈과 나눗셈처럼 근호 안의 수끼리 계산할 수 없다. 예를 들어, $\sqrt{2}+\sqrt{3}$ 을 $\sqrt{5}$ 라고 할 수 없다. $\sqrt{2}$ 와 $\sqrt{3}$ 은 그 값을 정확히 알 수 없는 무리수이기 때문에 더한다고 해도 정확한 값을 알 수 없다. 뺄셈도 마찬가지이다.

$a \neq b$일 때, $\sqrt{a}+\sqrt{b} \neq \sqrt{a+b}$ 이고 $\sqrt{a}-\sqrt{b} \neq \sqrt{a-b}$ 이다.

같은 제곱근끼리의 덧셈과 뺄셈

$\sqrt{2}$ 라고 쓴 것은 $\sqrt{2}$ 가 한 개라는 뜻으로, $\sqrt{2}$ 앞에 1이 생략된 것이다. 따라서 $\sqrt{2}+\sqrt{2}=2\sqrt{2}$ 이다. $\sqrt{2}$ 의 개수를 $\sqrt{2}$ 의 앞에 적어서 표현하는데, $3\sqrt{2}$ 는 $\sqrt{2}$ 가 3개, $8\sqrt{2}$ 는 $\sqrt{2}$ 가 8개라는 의미로 생각하면 된다.

$-\sqrt{2}$ 는 $-$와 $\sqrt{2}$ 사이에 1이 생략된 것이다.

근호 안의 수가 같은 제곱근끼리는 근호 앞의 유리수를 더하고 빼면 된다. 즉, $3\sqrt{2}+5\sqrt{2}$ 는 $\sqrt{2}$ 3개와 $\sqrt{2}$ 5개를 더한 것이므로 $\sqrt{2}$ 8개, 즉 $8\sqrt{2}$ 이다. 앞의 3과 5를 더한 값을 $\sqrt{2}$ 앞에 써 주면 된다.

뺄셈도 마찬가지로 $5\sqrt{3}-3\sqrt{3}$은 $2\sqrt{3}$이다. $\sqrt{2}$ 앞의 5에서 3을 빼서 그 값을 $\sqrt{2}$ 앞에 써 주면 된다.

$a>0$이고, m과 n이 유리수일 때,

$$m\sqrt{a}+n\sqrt{a}=(m+n)\sqrt{a} \qquad m\sqrt{a}-n\sqrt{a}=(m-n)\sqrt{a}$$

다르지만 같은 제곱근

근호 안의 수가 다르지만 간단히 정리할 수 있는 특수한 경우가 있다.

$\sqrt{2}+\sqrt{18}$과 같은 경우로, 이때 $\sqrt{18}$은 $3\sqrt{2}$이기 때문에

$\sqrt{2}+\sqrt{18}=\sqrt{2}+3\sqrt{2}=4\sqrt{2}$가 된다.

이처럼 서로 다른 제곱근인 것처럼 보이지만 근호 안의 제곱수를 근호 밖으로 꺼내 놓으면 같은 제곱근일 때도 있다. 따라서 겉모양만 보고 성급하게 판단하지 말아야 한다.

㉠ $5\sqrt{5}+3\sqrt{2}-\sqrt{45}-\sqrt{50}$을 간단히 정리해 보자.

$\sqrt{45}=\sqrt{3^2\times5}=3\sqrt{5}$이고 $\sqrt{50}=\sqrt{5^2\times2}=5\sqrt{2}$이므로

$$\begin{aligned} 5\sqrt{5}+3\sqrt{2}-\sqrt{45}-\sqrt{50} &= 5\sqrt{5}+3\sqrt{2}-3\sqrt{5}-5\sqrt{2} \\ &= (5\sqrt{5}-3\sqrt{5})+(3\sqrt{2}-5\sqrt{2}) \\ &= (5-3)\sqrt{5}+(3-5)\sqrt{2} \\ &= 2\sqrt{5}-2\sqrt{2} \end{aligned}$$

잠깐 $\sqrt{5}$와 $\sqrt{2}$는 근호 안의 수가 서로 달라서 더 이상 간단히 할 수 없으므로 $2\sqrt{5}-2\sqrt{2}$가 답이다.

아름다운 시(詩)로 수학 문제를 만든 **바스카라 2세**

인도는 중세 후기에 많은 수학자를 배출했는데, 그중 바스카라(BhaskaraⅡ, 1114~1185년)는 인도 수학을 활짝 꽃피운 인물이다. 인도의 대표적 수학자이자 천문학자지만 저서만 전해질 뿐 생애에 대한 이야기는 알려진 것이 거의 없다.

바스카라는 시대를 앞서 갔던 인물로 보인다. 그 당시에 이미 어떻게 하면 딱딱한 수학을 대중적인 학문으로 만들까를 고민했기 때문이다. 그는 사람들이 수학에 조금이라도 흥미를 갖고 친근하게 접근하길 바랐다. 마침내 그가 내놓은 비법은 바로 '아름다운 시(詩)로 수학 문제 만들기'였다.

바스카라의 책을 읽는 사람은 남녀노소에 관계없이 모두 책에 푹 빠졌다. 누가 보아도 문학적이고 친근한 그의 시를 사랑하지 않을 수 없었던 것이다. 다음은 바스카라의 저서 《리라바티》에 나오는 한 편의 시이다.

벌 무리의
5분의 1은 목련꽃으로
3분의 1은 나팔꽃으로
그들의 차의 3배의 벌들은 협죽도 꽃으로 날아갔네.
남겨진 1마리의 벌은
케타키의 향기와
재스민 향기에 갈팡질팡하다가
두 사람의 연인에게
말을 시킬 것 같은 남자의 고독처럼
허공을 헤매고 있도다.

벌의 무리는 모두 몇 마리인가?
벌의 전체 수를 □라고 하고, 위의 시를 식으로 나타내면

$\square = \frac{\square}{5} + \frac{\square}{3} + 3\left(\frac{\square}{3} - \frac{\square}{5}\right) + 1$이다.

따라서 식을 풀면 $\square = 15$이므로 벌은 모두 15마리이다.

1학년 때 우조건
문자식이랑
친해져야 해.
오~
뭐 나야,
사교성이
좋으니...
2학년 때
$(-x^2-7)+(x^2+2x)$와 같은
이차식을 계산해야 하거든.
으...응...
뭐... 그 정도야.
2, 3학년 때는 구구단처럼
무조건 곱셈 공식과
인수분해 공식을 외워야 해.
구구단!
곱셈 공식!
인수분해!
악!
그만! 그만!
하지만 걱정 마.
구구단 외우는 노력만큼만 하면
문자식이 구구단처럼
쉬워질 거야.
그...그렇겠지?

수학의 언어, 문자와 식

중학교 3년 동안 차근차근 문자와 식을 다루는 것을 학습한다.
1학년 때는 문자란 어떤 것인지와 문자를 포함한 아주 기본적인 계산을 배운다. 또한 문자식 관련 용어와 일차식을 배운다. 이것을 바탕으로 2학년은 더 높은 차수의 식을 다룬다. 지수법칙과 여러 식들의 덧셈, 뺄셈, 곱셈, 나눗셈 방법을 배운다. 나아가 3학년에서는 훨씬 복잡한 식들을 쉽게 다룰 수 있는 곱셈 공식과 인수분해 공식을 배운다. 곱셈 공식과 인수분해 공식은 반드시 암기해야 한다.
중학교 수학을 어려워하는 이유 중 하나가 이때까지 숫자와 말로 표현했던 것을 문자식으로 표현해야 하기 때문이다. 문자를 쓰는 것도 생소한데 문자로 표현된 수많은 공식들을 이해해야 하는 것이 두려울 수 있다. 하지만 앞으로 모든 단원에서 문자식으로 표현해야 하기 때문에 문자식에 대한 두려움부터 없애야 한다.

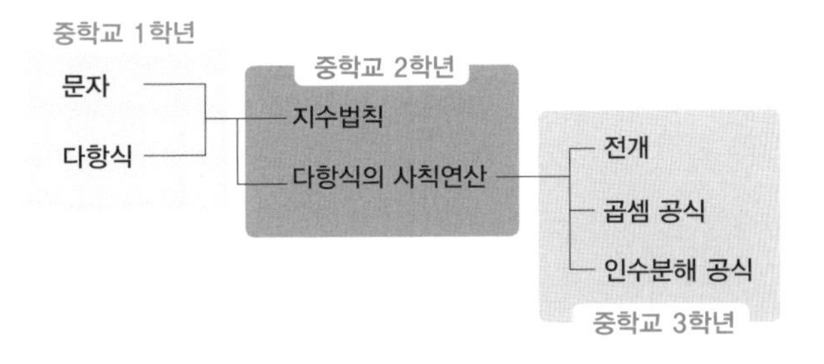

20 문자로 나타내기

중학교 1학년, 문자와 식 단원

문자의 필요성

우리는 하루에도 수십 번씩 친구와 문자 메시지를 주고받는다. 그 문자 메시지 중에는 자주 사용하는 몇 가지 이모티콘이 있다. 매번 같은 메시지를 다 적는 것은 꽤 귀찮은 일이기 때문에 메시지를 다 적지 않고도 의미를 전달할 방법을 찾게 되었고 그 해결책이 바로 이모티콘이다.

이모티콘과 같이 수학에서도 말로 하면 길어지는 것들을 간단하게 표현할 방법을 찾게 되었는데, 그 해결책이 바로 문자와 기호이다.

예를 들어, 직사각형의 넓이를 구하는 방법은 '직사각형의 가로의 길이와 직사각형의 세로의 길이를 곱하는 것'이다.

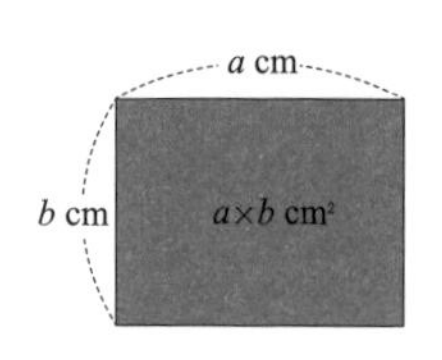

그런데 가로의 길이를 $a$cm, 세로의 길이를 $b$cm라고 하면 직사각형의 넓이를 구하는 공식은 문자 a, b와 곱셈 기호 ×를 이용하여 $a\times b$와 같이 아주 간단하게 나타낼 수 있다.

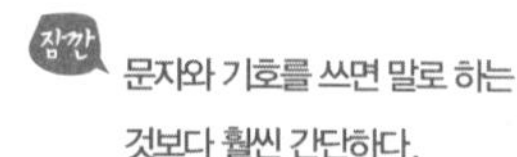

대입과 식의 값

직사각형 넓이 공식은 아주 간단한 공식 중 하나이다. 이렇게 말보다 문자를 써서 공식으로 나타내면 그 내용을 간단하게 나타낼 수 있어 이해하기

쉬울 뿐만 아니라 값을 구하는 방법도 쉽게 알 수 있다.

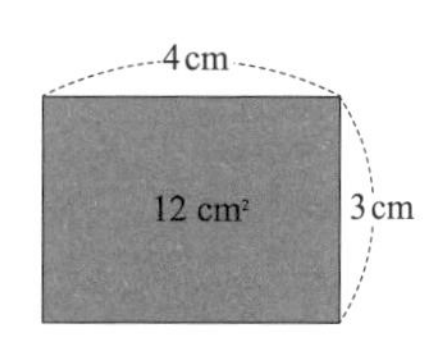

예를 들어, 오른쪽 그림과 같은 직사각형의 넓이를 구할 때, 직사각형의 넓이 공식 $a \times b$의 a에 4cm를, b에 3cm를 넣어서 계산하면 직사각형의 넓이 $12cm^2$를 구할 수 있다. 이처럼 문자를 포함한 식에서 문자 대신에 어떤 값을 넣는 것을 한자로 대신할 '대(代)', 넣을 '입(入)'을 써서 대입이라고 하는데, 문자 대신 넣는다는 뜻이다. 이렇게 대입하여 계산한 값은 식의 값이라고 한다.

21 곱셈 기호 생략 규칙

중학교 1학년, 문자와 식 단원

복잡한 상황을 간단히 나타내고 싶어서 문자를 사용했는데, 오히려 문자식이 $a\times b\times a\times 3\times a\times c$와 같이 길게 만들어진다면 문자를 사용하는 의미가 없다. 그래서 문자를 사용하여 나타낸 식에서는 곱셈 기호를 생략하기로 약속하였다. 하지만 무조건 곱셈 기호를 빼고 $aba3ac$로 쓰는 것은 아니다. 곱셈 기호를 생략하기 위한 몇 가지 규칙이 있다. 이제부터 그 규칙을 알아보자.

같은 문자의 곱셈

같은 수끼리 곱할 때 곱셈 기호 ×를 생략하고 거듭제곱을 사용했듯이, 같은 문자끼리 곱하는 경우도 거듭제곱을 사용한다. 문자를 곱한 횟수를 지수 자리에 써서 표현하는 것이다.

2의 세제곱

한번 두번 세번 지수

$$2 \times 2 \times 2 = 2^{③}$$

밑

a의 세제곱

한번 두번 세번 지수

$$a \times a \times a = a^{③}$$

밑

서로 다른 문자의 곱셈

$a\times b\times c$와 같은 경우는 거듭제곱으로 나타낼 수 없기 때문에 곱셈 기호

만을 생략하여 abc라고 쓴다. 이때, $a\times b\times c=b\times a\times c$이므로 곱셈 기호를 생략하여 bac라고 쓸 수도 있다. 하지만 일반적으로는 알파벳 순서로 쓴다. 즉, $b\times a\times c$에서 곱셈 기호를 생략해야 할 때에도 abc로 나타낸다.

수와 문자의 곱셈

수와 문자가 곱해진 경우나 수와 괄호가 있는 식이 곱해진 경우는 곱셈 기호를 생략하면 수를 맨 앞에 쓴다. 또 $1\times a$는 곱셈 기호를 생략하면서 숫자 1도 함께 생략하여 a라고만 쓴다. $-1\times a$도 $-a$라고 쓴다.
그러나 $-0.1\times a$의 숫자 1은 절대 생략해서는 안 되며, 나타낼 때에는 $-0.1a$로 쓴다. $0\times a$는 그냥 0이다.

곱셈 기호 생략 규칙

1. 같은 문자의 곱셈은 거듭제곱으로 표현한다.
2. 문자끼리 곱한 결과는 일반적으로 알파벳 순서로 쓴다.
3. (문자) × (수)에서는 수를 문자 앞에 쓴다.
4. 1 × (문자) 또는 −1 × (문자)에서 1은 생략하여 나타낸다.
5. (괄호가 있는 식) × (수)에서는 수를 괄호 앞에 쓴다.

나눗셈 기호의 생략

곱셈 기호를 생략한 것처럼 나눗셈 기호도 생략할 수 있다. 그런데 나눗셈 기호는 곱셈 기호처럼 바로 지워 버릴 수는 없다. 나눗셈이 포함된 식은 식의 모양을 곱셈으로 바꾸고 나서 곱셈 기호를 없애야 한다.

1. 나눗셈을 분수의 꼴로 나타낸다.
2. ÷(문자)를 ×(역수)로 바꾸어 곱셈 기호 ×를 생략한다.

$a \div b$와 같이 나눗셈 기호 뒤의 식이 간단하면 첫 번째 방법을 써서 $\frac{a}{b}$처럼 분수로 만드는 것이 쉽다. 하지만 $a \div \frac{x}{yz}$ 와 같이 나눗셈 기호 뒤의 식이 복잡하면 역수를 이용해서 $a \div \frac{x}{yz} = a \times \frac{yz}{x} = \frac{ayz}{x}$ 로 나타낸다.

숫자끼리만 곱할 때는 곱셈 기호를 생략하면 안 돼!

22 지수법칙

중학교 2학년, 식의 계산 단원

우리는 거듭제곱을 공부하면서 곱하는 횟수를 가리키는 지수를 배웠다. 지수끼리는 더하고, 빼고, 곱하고, 나눌 수 있다. 단, 밑이 같을 때만 가능하다. 밑이 같은 거듭제곱의 지수끼리 계산을 간단히 하는 방법이 있는데, 이를 지수법칙이라고 한다. 무조건 암기하기보다는 원리를 이해하자.

밑이 같은 거듭제곱끼리의 곱셈

밑이 같은 거듭제곱끼리의 곱셈, $a^3 \times a^2$을 계산해 보자.

$$a^3 \times a^2 = (a \times a \times a) \times (a \times a) = a \times a \times a \times a \times a = a^5$$

이때 지수 부분만 보면 $3+2=5$가 되는 것을 알 수 있다. 이처럼 밑이 같은 거듭제곱끼리 곱할 때는 지수끼리 더한다.

> $a^m \times a^n = a^{m+n}$ **(단, m, n은 자연수)**

거듭제곱의 거듭제곱 계산

거듭제곱의 거듭제곱, $(a^2)^3$을 계산해 보자.

$$(a^2)^3 = a^2 \times a^2 \times a^2 = a^{2+2+2} = a^6$$

역시 지수 부분만 보면 $2 \times 3 = 6$이 되는 것을 알 수 있다. a를 두 번 곱하면 거듭제곱으로 써서 a^2인데, a^2을 세 번 곱하면 거듭제곱으로 $(a^2)^3$과 같이 쓸 수 있다. 이것은 a를 두 번씩 세 번 곱하는 것이므로 결국 a를 여섯 번 곱하는 것과 같다.

$$(a^m)^n = a^{mn} = (a^n)^m \quad \text{(단, } m, n\text{은 자연수)}$$

밑이 같은 거듭제곱끼리의 나눗셈

밑이 같은 거듭제곱끼리의 나눗셈, $a^4 \div a^2$을 계산해 보자.

$$a^4 \div a^2 = (a \times a \times a \times a) \div (a \times a) = a \times a \times a \times a \times \frac{1}{a \times a} = a^2$$

역시 지수 부분만 보면 $4-2=2$가 되는 것을 알 수 있다. 이처럼 밑이 같은 거듭제곱끼리 나눌 때는 지수의 차를 이용한다.

또 $a^2 \div a^3$과 같이 나누는 쪽의 지수가 큰 경우는 $\frac{1}{a^{3-2}} = \frac{1}{a}$ 과 같이 큰 지수에서 작은 지수를 빼고 그걸 분모로 보낸다. 특히 $a^3 \div a^3$은 a를 세 번 곱한 후 a를 다시 세 번 나눠 주는 것이므로, 결국 아무것도 곱하지 않은 것과 마찬가지다. 즉 $a^3 \div a^3 = 1$이다.

$$a^m \div a^n = \begin{cases} a^{m-n} & (m > n) \\ 1 & (m = n) \\ \frac{1}{a^{n-m}} & (m < n) \end{cases} \qquad \text{(단, } a \neq 0,\ m, n\text{은 자연수)}$$

㈎ $a^2 \times a^4 \div a^3$을 간단히 나타내 보자.

지수끼리 계산하면 $a^2 \times a^4 \div a^3 = a^{2+4-3} = a^3$이다.

곱의 거듭제곱과 몫의 거듭제곱

곱의 거듭제곱 $(ab)^3$을 계산해 보자.

$$(ab)^3 = ab \times ab \times ab = a \times a \times a \times b \times b \times b = a^3 b^3$$

즉, 곱의 거듭제곱은 곱해진 각 문자마다 거듭제곱의 지수를 달아 주는 것과 같다. 몫의 거듭제곱도 같은 방법으로 분모와 분자에 거듭제곱의 지수를 모두 달아 주면 된다. $\left(\frac{a}{b}\right)^3 = \frac{a^3}{b^3}$과 같이 말이다.

$(ab)^m = a^m b^m$, $\left(\frac{a}{b}\right)^m = \frac{a^m}{b^m}$ (단, $b \neq 0$, m은 자연수)

㈎ $(a^3)^2 \times \left(\frac{b}{a}\right)^4$을 간단히 나타내 보자.

$(a^3)^2 \times \left(\frac{b}{a}\right)^4 = a^{3\times2} \times \frac{b^4}{a^4} = a^6 \times \frac{1}{a^4} \times b^4 = a^{6-4} \times b^4 = a^2 b^4$

23 문자식에 관한 용어

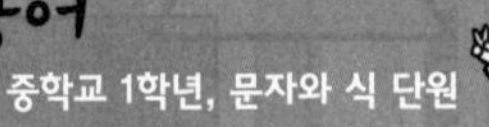

중학교 1학년, 문자와 식 단원

문자로 된 식에는 a와 같이 간단한 식에서부터 보기만 해도 어지러운 $a^2bxy+x^3-y^2z$ 등과 같은 복잡한 식이 있다. 하지만 식이 복잡한 것과 상관없이 사용되는 용어는 동일하다. 문자식에 관한 용어를 알아보자.

항

수와 문자 또는 문자들끼리의 곱셈에서는 곱셈 기호를 생략하고 규칙에 따라 다닥다닥 붙여 한 덩어리로 쓴다. 이 한 덩어리, 즉 수 또는 문자의 곱으로만 이루어진 식을 항이라고 한다. 예를 들어 $2a$, a^2bc, $4xy$ 등은 모두 항이다.

그리고 문자가 하나도 곱해지지 않은 숫자도 하나의 항으로 간주한다. 이처럼 숫자로만 이루어진 항은 특별히 따로 상수항이라고 부른다.

단항식과 다항식

$2x-3y+4$와 같이 여러 개의 항이 덧셈 기호로 연결되어 있을 때, 식 전체를 다항식이라고 한다. 곱셈 기호는 생략할 수 있지만 덧셈 기호는 함부로 생략할 수 없다. 다항식의 각 항은 덧셈 기호(+)에 의해 구분되고 $2x$, $-3y$와 같이 하나의 항으로만 된 식은 단항식이라고 한다.

계수

수와 문자의 곱셈에서 곱셈 기호를 생략하면서 문자 앞에 쓰는 수를 계수라고 한다. 한자로 걸릴 '계(係)'를 사용하는데 문자 앞에 걸린 숫자라는 뜻이다.

즉, $a\times3=3a$에서 a의 계수는 3이고 $b\times(-3)\times b=-3b^2$에서 b^2의 계수는 -3이다. 계수가 음수일 때는 부호까지 함께 계수로 생각해야 한다.

항의 차수

차수는 문자가 곱해진 횟수를 의미한다. 횟수란 뜻의 한자 '차(次)'를 써서 몇 번 곱해져 있는지를 나타내는 숫자이다. 그런데 차수는 반드시 어떤 문자에 대한 차수인지를 생각해야 한다.

예를 들어, a^3은 a에 대한 차수가 3이고, $4x^2$은 x에 대한 차수가 2이다. 그런데 x^2y는 x에 대한 차수는 2이지만 y에 대한 차수는 1이다. 또, 문자가 곱해지지 않은 상수항의 차수는 0으로 생각한다.

다항식에서는 차수가 다른 항들이 덧셈 기호(+)에 의해 묶여 있기 때문에 식의 차수를 정확히 정해야 한다. 차수가 가장 큰 항의 차수를 그 다항식의 차수로 정한다. 다항식은 식의 차수에 따라 이름을 붙이는데, 차수가 1인 다항식은 일차식, 차수가 2인 다항식은 이차식이라고 한다. 예를 들어, $a+6$은 a에 대한 일차식, a^2+3a+4는 a에 대한 이차식이다.

동류항

다항식 안에서 문자와 차수가 모두 같은 항들을 묶어 동류항이라고 한다.

한자로 같을 '동(同)', 무리 '류(類)'를 쓰는데, 같은 종류의 항이라는 의미다. 계수는 그냥 걸어 둔 숫자일 뿐이므로 동류항을 결정하는 데 아무런 힘이 없다. 예를 들어 a^2, $7a^2$과 같이 계수는 다르지만 문자도 같고 문자의 차수도 같으면 동류항이다. a^2과 b^2은 차수는 같지만 문자가 다르므로 동류항이 아니고 a^2과 a^3은 문자는 같지만 차수가 다르므로 동류항이 아니다.

지수, 차수, 계수를 헷갈리지 마!

지수는 수 또는 문자의 오른쪽 위에 붙여 곱한 횟수를 나타내는 수이다. 문자뿐만 아니라 숫자에서도 사용할 수 있다.
하지만 차수라는 용어는 문자에서만 사용한다.
또, 계수는 문자 앞에 쓰이고 문자에 곱해져 있는 수이므로 지수, 차수와는 위치가 다르다. 특히 상수항을 계수로 착각하는 경우가 있는데, 상수항은 계수가 아니다.

24 단항식의 계산

중학교 2학년, 식의 계산 단원

단항식의 덧셈과 뺄셈

2와 3은 더하거나 뺄 수 있지만 문자가 다른 $2a$와 $3b$는 그렇게 계산할 수 없다. 서로 다른 문자는 완전히 다른 종류이기 때문에 더하거나 빼서 하나의 식으로 나타낼 수 없다. 만약 더할 경우, $2a+3b$로 나타내야 한다.

또 문자가 같다 하더라도 차수가 다르면 그 역시 완전히 다른 종류이기 때문에 a와 a^2도 더해서 하나로 쓸 수 없고 $a+a^2$으로 나타내야 한다.

그런데 문자로 된 항을 더할 수 있는 경우가 있다. 바로, 두 항이 문자와 차수가 같은 동류항일 때이다. 그래서 $3a$와 $2a$를 더해서 $5a$라고 쓸 수 있고, $3a$에서 $2a$를 빼서 a라고 쓸 수 있다. 이와 같이 동류항끼리 더할 때에는 계수끼리 합하고, 뺄 때에도 계수끼리 뺀다.

$$\square a + \triangle a = (\square + \triangle)a,\ \square a - \triangle a = (\square - \triangle)a$$

예를 들어, $3a+2b-a+7b$를 계산하면 다음과 같다.

$$\begin{aligned}3a+2b-a+7b &= (3a-a)+(2b+7b)\\ &= (3-1)a+(2+7)b=2a+9b\end{aligned}$$

단항식의 곱셈과 나눗셈

단항식의 곱셈에서는 숫자는 숫자끼리, 문자는 문자끼리 곱한다. 그리고 같은 문자끼리의 곱셈은 지수법칙을 이용한다.

예를 들어, $5a\times2$는 숫자끼리만 계산하여 $(5\times2)\times a=10a$가 된다.

또, $5a\times a$는 문자끼리만 계산하여 $5\times(a\times a)=5a^2$이 된다. 같은 문자끼리의 곱셈이므로 지수법칙을 이용한 것이다.

문자식의 나눗셈은 ÷기호를 생략하고 곱셈으로 바꾸어서 계산한다.

예를 들어, $8a^2\div4a$를 계산하는 두 가지 방법은 다음과 같다.

분수로 바꾸기

$$8a^2\div4a=\frac{8a^2}{4a}=2a$$

나누는 수를 분모, 나누어지는 수를 분자로 생각하여 계산한다.

역수 곱하기

$$8a^2\div4a=8a^2\times\frac{1}{4a}=2a$$

나누는 식의 역수를 곱하여 계산한다.

물론 두 방법 중 어느 것을 사용하더라도 숫자는 숫자끼리, 문자는 문자끼리 계산해야 한다.

25 전개와 식의 정리

중학교 2학년, 식의 계산 단원

다항식의 곱셈

다항식 또한 수의 계산과 마찬가지로 분배법칙을 이용하여 다음과 같이 계산한다. 즉, (단항식)×(다항식)은 (단항식)을 (다항식)의 각 항에 곱해 계산한다.

$$a(b+c)=ab+ac \qquad a(b+c+d)=ab+ac+ad$$

분배법칙을 이용해 $2a(3a+b-2)$를 다항식으로 나타내 보자.

단항식 $2a$를 $3a$, b, -2에 각각 곱하면 되므로 다음과 같다.

$$2a(3a+b-2)=2a\times3a+2a\times b-2a\times2=6a^2+2ab-4a$$

(다항식)×(다항식)의 계산은 분배법칙을 여러 번 사용하여 해결할 수 있다. 예를 들어, $(2a+1)(3b-c)$를 계산하면 다음과 같다.

$$(2a+1)(3b-c)=(2a+1)\times 3b-(2a+1)\times c$$

분배법칙　　분배법칙　　분배법칙

$$=(2a\times 3b+1\times 3b)-(2a\times c+1\times c)$$
$$=6ab+3b-2ac-c$$

다항식의 나눗셈

다항식의 나눗셈 역시 나누는 식의 역수를 곱하고 분배법칙을 이용하여 계산한다. 또는 나누는 수를 분모, 나누어지는 수를 분자로 생각하여 분자의 각 항을 모두 분모로 약분하여 계산한다.

예를 들어, $(6x^2-3x)\div 3x$는 다음과 같이 계산한다.

$$(6x^2-3x)\div 3x=\frac{6x^2-3x}{3x}$$
$$=\frac{6x^2}{3x}-\frac{3x}{3x}$$
$$=2x-1$$

잠깐 다항식인 분자의 모든 항을 분모로 약분해야 해.

다항식의 정리

다항식의 곱셈이나 나눗셈을 이용하여 괄호로 묶여 있던 다항식의 괄호를 없애고 모든 항을 덧셈 기호(+)만으로 연결한 다항식으로 바꾸는 것을 전개라고 한다. 괄호를 열어 펼쳐 놓는다는 뜻이며, 이렇게 만든 다항식은 전개식이라고 부른다.

전개

$$a(b+c)=ab+ac$$

전개식

그런데 식을 전개하면 다양한 문자가 마구 섞여 나타나므로 동류항이 있다면 더해서 간단히 나타내고 각 항의 차수에 따라 순서대로 정리하는 것이 보기에도 깔끔하다. 전개식을 정리하는 방법에는 한 문자에 대하여 차수가 낮은 항부터 높은 항의 순서로 나열하는 오름차순과 한 문자에 대하여 차수가 높은 항부터 낮은 항의 순서로 나열하는 내림차순의 두 가지가 있다.

예 오름차순 : $1+x+x^2$ 내림차순 : x^2+x+1

잠깐 차수가 점점 올라가면 오름차순, 차수가 점점 내려가면 내림차순!

그럼, $2x^2+2+3x(x-1)$을 전개하여 내림차순으로 정리해 보자.

$$\begin{aligned} 2x^2+2+3x(x-1) &= 2x^2+2+3x^2-3x && \text{분배법칙으로 괄호 풀기} \\ &= (2x^2+3x^2)-3x+2 && \text{동류항끼리 모으기} \\ &= 5x^2-3x+2 && \text{내림차순으로 정리하기} \end{aligned}$$

26 곱셈 공식

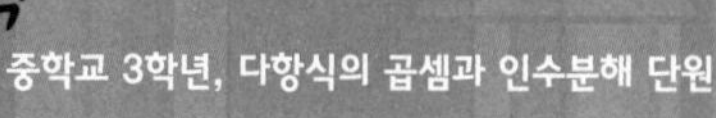

전개의 기본 규칙

다항식을 전개할 때 가장 기본적인 규칙은 분배법칙이다. 분배법칙을 정확히 이용하면 아무리 복잡한 다항식의 곱셈이라도 전개할 수 있다.

하지만 자주 등장하는 형태의 곱셈을 항상 분배법칙으로 전개하려면 시간도 많이 걸리고, 계산할 때 실수도 생긴다. 그래서 곱셈의 결과만을 모아놓은 곱셈 공식을 기억해서 사용하면 훨씬 편하다.

제곱 공식	**합의 제곱**	$(a+b)^2=a^2+2ab+b^2$
	차의 제곱	$(a-b)^2=a^2-2ab+b^2$
합차의 곱 공식		$(a+b)(a-b)=a^2-b^2$

위의 공식에서 등호 왼쪽의 식을 분배법칙을 이용하여 전개한 결과가 등호 오른쪽의 식이다. 즉, 중간의 전개 과정을 다 버리고 시작과 끝만 남긴 것이다.

$$(a+b)^2=(a+b)(a+b)=\overset{①}{a^2}+\overset{②}{ab}+\overset{③}{ba}+\overset{④}{b^2}=a^2+2ab+b^2$$

$ab=ba$이므로 $ab+ba=2ab$

이때 제곱 공식의 등호 왼쪽의 식 $(a+b)^2$, $(a-b)^2$ 등과 같이 어떤 다항식의 제곱의 꼴인 식을 완전제곱식이라 한다.

한편, 합차의 곱 공식도 같은 방법으로 만들 수 있다.

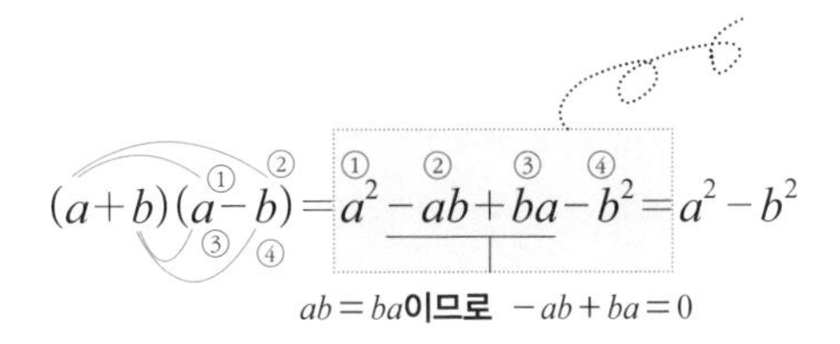

그럼 공식을 이용해 $(3x+4y)(3x-4y)$를 전개해 보자.
합차의 곱 공식에서 a가 $3x$이고 b가 $4y$인 꼴이다.

$$(a+b)(a-b)=a^2-b^2$$
$$(3x+4y)(3x-4y)=(3x)^2-(4y)^2=9x^2-16y^2$$

일차식의 곱 공식

곱셈 공식 중에서 차수가 1인 두 일차식의 곱 공식은 특히 중요하다. 앞으로 인수분해, 이차방정식, 이차함수를 공부할 때도 중요하게 다루기 때문이다.

$$(x+a)(x+b)=x^2+(a+b)x+ab$$ ⇦ x의 계수가 1인 두 일차식의 곱

$$(ax+b)(cx+d)=acx^2+(ad+bc)x+bd$$

공식이 조금 길지만 이를 이용하지 않고 계산하는 것보다 외워서 사용하는 것이 얼마나 편리한지 알 수 있다. 외울 때에도 x, a, b를 이용하는 것보다는 다음과 같이 생각하면 쉽게 기억할 수 있다.

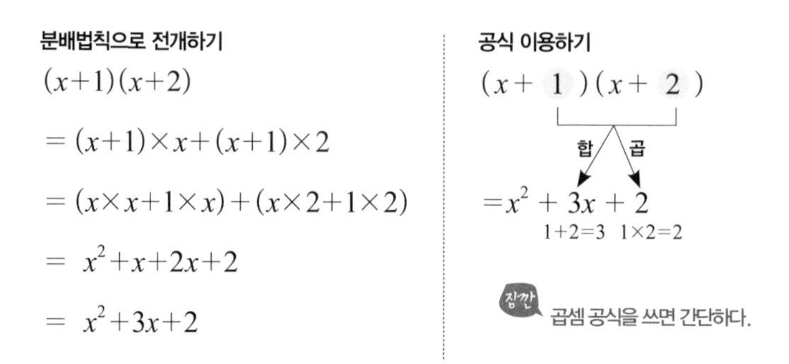

그럼 $(x+5)(x+7)$을 전개해 보자.

일차식의 곱 공식 중 x의 계수가 1인 두 일차식의 곱이므로 첫 번째 공식을 사용할 수 있다. $x^2+(\text{합})x+(\text{곱})$으로 전개하면 합은 $5+7=12$, 곱은 $5\times7=35$이므로 $(x+5)(x+7)=x^2+12x+35$가 된다.

두 번째 공식 $(ax+b)(cx+d)=acx^2+(ad+bc)x+bd$는 분배법칙을 사용하여 전개한 것과 거의 같다. 그래서 공식으로 특별히 외워 둘 필요가 없다고 생각할 수 있다. 하지만 이 공식도 아주 중요한데, 그 내용은 바로 다음에 공부할 인수분해에서 알 수 있다.

27 인수분해 공식

중학교 3학년, 다항식의 곱셈과 인수분해 단원

인수와 인수분해

수를 인수의 곱으로 나타내듯이 다항식도 다항식들의 곱으로 나타낼 수 있다.

즉, 12를 $12=3\times4$로 나타내듯 다항식 $x^2+12x+35$도 $(x+5)(x+7)$과 같이 $x+5$와 $x+7$의 곱으로 나타낼 수 있다.

이처럼 하나의 다항식을 두 개 이상의 다항식 또는 다항식과 단항식의 곱으로 나타낼 수 있을 때, 각각의 처음 다항식을 인수라고 한다.

$x+5$, $x+7$은 $x^2+12x+35$의 인수가 되는 것이다.

또 다항식 $x^2+12x+35$를 $(x+5)(x+7)$과 같이 곱의 꼴로 바꾸는 것을 인수를 사용하여 잘게 분해한다는 뜻에서 인수분해라고 한다.

$$x^2+12x+35$$

전개 ↑↓ 인수분해

$$(x+5)(x+7)$$

잠깐 전개와 인수분해는 서로 역연산!

그러고 보면 우리도 모르는 사이에 우리는 이미 인수분해를 알고 있었던 셈이다. 다항식의 곱셈을 푸는 것이 전개라고 하면 전개된 것을 다시 곱셈으로 바꾸는 것이 인수분해인 것이다. 말하자면 인수분해의 규칙이란 전개의 규칙을 거꾸로 쓰는 것과 같다.

공통인수로 묶어 내기

다항식을 전개할 때 가장 기본적인 규칙은 분배법칙이라고 했다. 그런데 분배법칙을 거꾸로 쓰면 공통인수로 묶어 내어 곱셈으로 바꾸는 과정이 된다.

공통인수로 묶어 내기 ⇨ $\textcircled{m}a+\textcircled{m}b = m(a+b)$

그럼 $3x^2+6xy$를 인수분해해 보자.

$3x$가 공통으로 곱해져 있으므로 분배법칙을 거꾸로 적용하면

$3x^2+6xy=3x\times x+3x\times 2y=3x(x+2y)$로 인수분해된다.

인수분해 공식

우리가 앞에서 곱셈 공식이라고 배운 것들을 등호를 기준으로 뒤집어서 쓰면 인수분해 공식이 된다. 즉, 인수분해 공식은 다음과 같다.

1. $a^2+2ab+b^2=(a+b)^2$, $a^2-2ab+b^2=(a-b)^2$
2. $a^2-b^2=(a+b)(a-b)$
3. $x^2+(a+b)x+ab=(x+a)(x+b)$
4. $acx^2+(ad+bc)x+bd=(ax+b)(cx+d)$

그럼, x^2-4x+4를 공식을 이용해서 인수분해해 보자.

공식이 보이도록 식을 바꿔 쓰면 $x^2-4x+4=x^2-2\times x\times 2+2^2$이므로 첫 번째 공식에 해당한다. 따라서 $x^2-4x+4=(x-2)^2$으로 인수분해할 수 있다.

그런데 $2x^2+3x-2$는 인수분해하는 데 필요한 네 번째 공식 등호 왼쪽의 식 $acx^2+(ad+bc)x+bd$에서 $ac=2$, $ad+bc=3$, $bd=-2$를 만족하는 a, b, c, d를 짐작으로 찾기는 무척 어렵다. 그래서 다음과 같은 방법을 이용한다.

$ac=2$

❶ a, c로 짐작되는 두 수를 적는다.

$2x^2+\ 3x-2$
1
2

→

$bd=-2$

❷ b, d로 짐작되는 두 수를 적는다.

$2x^2+\ 3x-2$
1 $\quad -1$
2 $\quad 2$

→

$ad+bc=3$

❸ 지그재그로 곱하여 확인한다.

$2x^2+3x-2$
1 ╳ $-1 \rightarrow -2$
2 $\quad\ \ 2 \rightarrow \ \ 2\ (+$

$ad+bc=0$은 3이 아니므로 맞지 않다.

→

맞지 않으면 ❷ 로 돌아간다.

$2x^2+3x-2$
1 $\quad 2$
2 $\quad -1$

→

지그재그로 곱하여 확인한다.

$2x^2+3x-2$
1 ╳ $\ \ 2 \rightarrow \ \ 4$
2 $\quad -1 \rightarrow -1\ (+$

$ad+bc=3$이므로 맞다.

따라서 순서대로 $a=1$, $b=2$, $c=2$, $d=-1$을 찾아서

$2x^2+3x-2=(x+2)(2x-1)$과 같이 인수분해한다.

인수분해하기 전에 반드시 공통인수로 찾아서 묶어!

페르마의 정리에 영향을 미친 **디오판토스**

디오판토스(Diophantos, 246~330년경)는 3세기경에 활동한 알렉산드리아의 수학자이다. 정수론과 대수학에 뚜렷한 발자취를 남긴 그를 사람들은 '대수학의 아버지'라고 부른다.
디오판토스의 대표 저서인 《산수론》 13권 중 6권은 현재까지도 전해지고 있다. 이 책에서 다루는 문제는 주로 방정식에 대한 문제와 해법들이다. 또한 거듭제곱과 연산에 대한 생략 기호를 정하여 사용했다(그전까지는 언어로만 수학 문제를 다루었다). 디오판토스는 수 세기 동안 언어로 통용되던 방정식을 생략 기호를 써서 단순화시킨 장본인이다.
그러나 《산수론》에 나타난 아이디어들은 당시 그리스에서 받아들여지지 않았다. 대신 아라비아어로 번역되어 아랍인 학자들에게 큰 영향을 끼쳤다. 시간이 많이 흐른 뒤 중세 말기에 이르러서야 유럽으로 전파되었고 대수학 발달에 큰 기여를 했다. 이 책에 언급된 '주어진 제곱수를 2개의 제곱수로 나누어라.'라는 문제는 뒤에 페르마에게 영향을 끼쳐 '페르마의 정리'가 되었다고 한다.
디오판토스의 묘비는 역사상 가장 유명한 묘비 중 하나인데, 그의 인생 역정을 묘사한 글이 다음과 같이 새겨져 있다.

> 여행자들이여! 이 돌 아래에는 디오판토스의 영혼이 잠들어 있다. 그의 신비스런 생애를 수로 말해 보겠다.
> 그의 일생의 6분의 1은 소년으로 지냈다. 또 일생의 12분의 1은 청년 시절이었다. 그 후 7분의 1을 독신으로 더 지냈다. 결혼한 지 5년이 지나 아들이 태어났는데, 아들은 아버지의 일생의 반밖에 살지 못했다. 그리고 아들이 죽고 난 후 4년을 더 살고 생애를 마쳤다 .

디오판토스의 나이를 x라고 하고 묘비에서 말한 기간을 모두 더하면 $\frac{1}{6}x+\frac{1}{12}x+\frac{1}{7}x+5+\frac{1}{2}x+4$와 같이 나타낼 수 있고 이를 다항식의 계산을 이용하여 간단히 하면 $\frac{25}{28}x+9$가 된다.

$x = \frac{-b \pm \sqrt{b^2-4ac}}{2a}$
요런걸 근의 공식이라고 해.

이, 이거 말한 거 아니었어?!
돼지고기 1근

방정식과 부등식은 반복한다!
반복 연습만이 살길이야!
서걱-
서걱-
서걱-
서걱-

미지수 x, y의 값을 구하는 방정식과 부등식

중학교 1학년 때, 방정식의 기초 용어를 배우고 제일 간단한 방정식인 일차방정식과 그 풀이 방법을 배운다. 이를 바탕으로 2학년에서는 연립방정식과 그 풀이 방법, 부등식의 기초를 다진다. 3학년에서는 이차방정식과 그 풀이 방법을 배운다. 이때, 반드시 외워야 하는 공식인 근의 공식을 배운다.

서술형 문제가 중요한 것은 모두 알 것이다. 방정식과 부등식은 서술형 문제의 대표 형태인 문장제 문제가 가장 많이 출제되는 부분이다. 그러므로 끊임없는 연습이 필요한 단원이다.

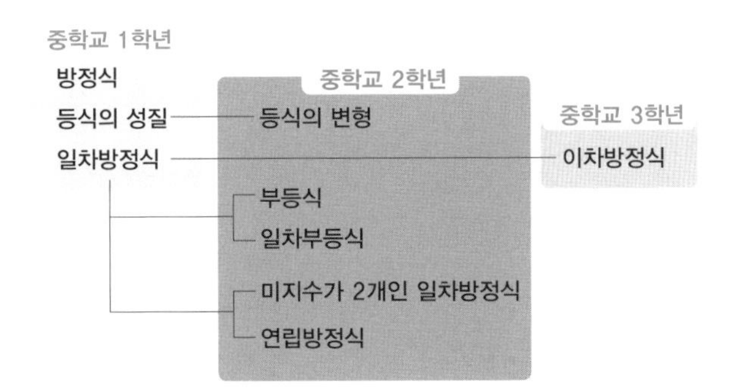

28 방정식의 기본 용어

중학교 1학년, 일차방정식 단원

등호와 등식

계산을 할 때 반드시 나오는 기호는 '='이다. $3+2=5$와 같이 서로 같음을 나타낼 때 사용한다. 기호 =를 '같다.'는 뜻의 한자 '등(等)'을 써서 등호라고 하고 등호를 사용한 식을 등식이라고 한다.

등식에서 등호의 왼쪽을 좌변, 등호의 오른쪽을 우변이라 부르고, 이 둘을 모두 합쳐서 양변이라고 한다.

등식: $3+2=5$, $x+1=5$

등식이 아닌 식: $3+2-a$ (다항식), $3+2<6$ (부등식)

등식: $x+4=5+3$ (좌변: $x+4$, 우변: $5+3$, 합쳐서 양변)

한편, $3+2$와 5는 같은 값을 나타내므로 등호 =를 사용하여 $3+2=5$로 나타낼 수 있지만 $3+1$과 5는 다른 값을 나타내므로 이와 같이 쓸 수 없다. 이런 경우 등호 =에 / 를 겹쳐 만든 기호 ≠를 이용하여 $3+1\neq5$로 쓸 수 있다.

항등식과 방정식

수로만 이루어진 등식은 옳은지 옳지 않은지를 쉽게 알 수 있다. 그런데 문자가 있는 등식은 문자에 들어가는 값에 따라 옳기도 하고 틀리기도 하므로 옳은지 옳지 않은지를 말할 수 없는 경우가 있다.

다음에서 왼쪽의 등식과 같이 어떤 수를 대입해도 항상 옳은 등식을 항등식, 오른쪽의 등식과 같이 어떤 때는 옳기도 하고 어떤 때는 틀리기도 하는 등식을 방정식이라고 한다.

$x+1=1+x$	$2x=4$
⋮	⋮
$x=-2$일 때, $(-2)+1=1+(-2)$	$x=-2$일 때, $2\times(-2)\neq 4$
$x=-1$일 때, $(-1)+1=1+(-1)$	$x=-1$일 때, $2\times(-1)\neq 4$
$x=0$일 때, $0+1=1+0$	$x=0$일 때, $2\times 0\neq 4$
$x=1$일 때, $1+1=1+1$	$x=1$일 때, $2\times 1\neq 4$
$x=2$일 때, $2+1=1+2$	$x=2$일 때, $2\times 2=4$
⋮	⋮

왼쪽의 항등식 $x+1=1+x$를 잘 보면 $+$의 좌우가 바뀌어 있을 뿐 양변이 같은 식임을 알 수 있다. 하지만 오른쪽의 방정식 $2x=4$는 식을 아무리 바꾸어 보아도 양변이 서로 다르다.

이때 x와 같은 문자를 미지수라고 한다. 아직 알지 못하는 수이지만 장차 알게 될 수라는 뜻이다.

방정식의 해 또는 근

그럼 $3(x+1)=2x$는 방정식일까, 항등식일까?

좌변을 전개하면 이 등식은 $3x+3=2x$가 된다. 양변의 식이 서로 다르기 때문에 x에 따라 옳기도 하고 틀리기도 하는 방정식이다.

x가 -3이면 $3\times(-3+1)=2\times(-3)$으로 이 방정식은 옳은 등식이 된다.

이처럼 방정식이 옳은 등식이 되도록 하는 특정한 하나의 x의 값을 방정식의 해 또는 방정식의 근이라고 한다. 따라서 방정식의 해를 방정식의 x에 대입하면 등식이 성립한다.

예를 들어, 방정식 $2x=4$가 옳은 등식이 되도록 하는 값 $x=2$를 대입하면 $2\times2=4$임을 확인할 수 있다. 즉, $x=2$는 방정식 $2x=4$의 해 또는 근이다. 이와 같이 방정식을 풀어서 구한 해를 처음 방정식에 대입해 보면 제대로 풀었는지 확인할 수 있다.

이 값을 구하기 위해 x에 수를 하나하나 대입한 것처럼 미지수 x의 값을 찾아내는 과정을 '방정식을 푼다.'라고 한다. 물론 항상 이렇게 일일이 대입하여 방정식을 풀기는 어려우므로 방정식의 꼴에 따라 푸는 방법을 익혀야 한다.

29 방정식을 푸는 기본 방법

중학교 1학년, 일차방정식 단원

등식의 성질

방정식을 푼다는 것은 주어진 방정식에 맞는 x의 값을 찾아내는 과정이다. 이때 이용되는 가장 기본적인 방법이 등식이 갖는 특별한 성질, 즉 등식의 성질이다. 따라서 방정식을 풀기 위해서는 등식의 성질을 먼저 이해해야 한다.

등식의 성질

1. 등식의 양변에 같은 수를 더하여도 등식은 성립한다.
2. 등식의 양변에서 같은 수를 빼도 등식은 성립한다.
3. 등식의 양변에 같은 수를 곱하여도 등식은 성립한다.
4. 등식의 양변을 0이 아닌 같은 수로 나누어도 등식은 성립한다.

즉, 등식의 양변에 같은 수를 더하거나, 빼거나, 곱하거나, 0이 아닌 같은 수로 나누어도 그 등식은 언제나 성립한다는 것이다. 등식이란 좌변과 우변이 정확히 같아서 평형을 이루고 있는 저울과 같으므로 저울의 양쪽에 똑같은 것을 올려놓거나, 똑같이 덜어 내거나, 몇 배를 하더라도 저울의 평형이 깨어지지 않는 이치와 같다.

특히 등식의 성질 중 네 번째에서, 0으로 나누는 것은 생각할 수 없으므로

0이 아닌 같은 수로 양변을 나누어야 한다는 것을 잊으면 안 된다.

이항

방정식을 푸는 데 기본적으로 이용되는 방법 중 하나가 이항이다.

이항은 등식의 성질을 조금 발전시킨 것으로 '옮긴다.'는 뜻의 한자 '이(移)'를 써서 항을 옮긴다는 의미이다.

그런데 무조건 항을 옮기는 것은 아니고 등식의 성질 중 첫 번째와 두 번째를 원리로 하여 이항한다.

$$4-1=1+2$$
$$4-1+1=1+2+1$$
$$4=1+2+1$$

양변에 1을 더하면 좌변에는 4만 남고 우변에는 +1이 생긴다.

$$3+1=2+2$$
$$3+1-1=2+2-1$$
$$3=2+2-1$$

양변에서 1을 빼면 좌변에는 3만 남고 우변에는 −1이 생긴다.

잠깐

$$3+1=2+2$$
$$3\neq2+2+1$$

+1을 그냥 옮기면 처음에는 성립했던 등호가 성립하지 않게 된다.

이처럼 이항이란 등식의 성질 첫 번째와 두 번째를 이용하여 어느 한 변에 있는 항의 부호를 바꾸어 다른 변으로 옮기는 것으로, 식의 변형에 사용하는 과정을 단축해 주는 방법이다.

이항을 바로 적용하면 계산이 훨씬 간단해진다. 수뿐만 아니라 문자가 포함된 항도 좌변에서 우변으로, 우변에서 좌변으로 자유롭게 이동할 수 있기 때문에 이항은 방정식을 정리하고 푸는 과정에서 아주 중요한 역할을 한다.

등식의 변형

우리는 $3x+2$, $7y-5$와 같이 미지수가 한 개인 식을 공부했다. 이렇게 식에 등장하는 문자가 x 하나뿐인 경우를 x에 대한 식이라고 말한다. $3x+2$는 x에 대한 식, $7y-5$는 y에 대한 식이다.

하지만 $x+2y=8$이나 $x+2y+3z=10$과 같이 미지수가 여러 개인 방정식도 있다. 이때는 등식의 성질을 이용하여 한 미지수를 다른 미지수에 대한 식으로 나타내어 풀어야 한다.

한 문자를 다른 문자에 대한 식으로 나타내는 것을 그 문자에 대하여 푼다고 한다. 예를 들어, 미지수가 x, y 두 개인 방정식 $x+2y=8$에서 등식의 성질을 이용하여 다음과 같이 변형할 수 있다.

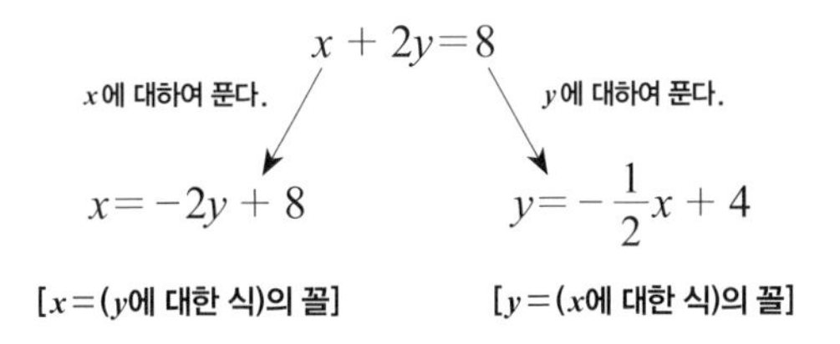

30 일차방정식

중학교 1학년, 일차방정식 단원

일차방정식의 뜻

일차방정식은 미지수의 차수가 1인 방정식이다.

가장 간단한 방정식으로, 처음의 꼴에 상관없이 정리한 후의 모습이 (x에 대한 일차식)$=0$의 꼴이 되면 일차방정식이다.

일차방정식 : $ax+b=0$ (단, a, b는 상수, $a \neq 0$)

정리한 식을 보면 뒤에 꼬리표처럼 단서가 붙어 있다. 이 단서에는 중요한 의미가 있으므로 주의 깊게 보자. 상수는 문자를 포함하지 않은 수이므로, a와 b는 그냥 숫자를 의미한다. 이때 $a=0$이면 x항이 존재하지 않게 되므로 일차방정식이 될 수 없다. 따라서 일차방정식에서는 $a \neq 0$이라는 조건이 꼭 있어야 한다.

일차방정식의 풀이 순서

일차방정식은 등식의 성질을 이용하여 푼다. 즉, 등식의 양변에 같은 수를 더하거나, 빼거나, 곱하거나, 0이 아닌 같은 수로 나누는 성질을 이용해 $ax=b$의 꼴로 만들어 푼다.

1. 괄호가 있으면 먼저 괄호를 풀고 정리한다.
2. x를 포함한 항은 모두 좌변으로, 상수항은 모두 우변으로 이항한다.
3. 양변을 간단히 하여 $ax=b$(a, b는 상수, $a \neq 0$)의 꼴로 만든다.
4. 양변을 x의 계수 a로 나누어 x의 값을 구한다.

㉮ 일차방정식 $3-2x=2(x-1)$을 풀어 보자.

1. 우선, 괄호가 있으므로 풀어야 한다. ⇨ $3-2x=2x-2$

2. x는 좌변, 숫자는 우변으로 옮긴다. ⇨ $-2x-2x=-2-3$

3. 양변을 간단히 정리한다. ⇨ $-4x=-5$

4. 이제 양변을 x의 계수로 나눈다. ⇨ $x=(-5)\div(-4)=\frac{5}{4}$

그런데 x의 계수나 상수항이 분수 또는 소수인 복잡한 일차방정식을 만나면 무척 당황하게 된다. 이때는 분수나 소수를 정수로 바꿔 푼다.

1. 계수가 소수인 일차방정식 : 양변에 10, 100, 1000 등을 곱하여 소수를 정수로 바꾼다.
2. 계수가 분수인 일차방정식 : 양변에 분모의 최소공배수를 곱하여 분수를 정수로 바꾼다.

일차방정식 $0.3x-0.4=0.2x-0.6$는 양변에 10을 곱하여 계수가 정수인 일차방정식 $3x-4=2x-6$으로 바꿔 푼다. 풀면 $x=-2$이다.
또, 일차방정식 $\frac{3x-1}{2}=\frac{2(1-x)}{3}+1$은 양변에 분모 2, 3의 최소공배수인 6

을 곱해 계수가 정수인 일차방정식 $3(3x-1)=2\{2(1-x)\}+6$으로 만들어 푼다. 풀면 $x=1$이다.

꼭 식을 정리한 후 방정식을 풀어!

31 부등식의 뜻과 성질

중학교 2학년, 방정식과 부등식 단원

부등호

'3은 5보다 작다.'와 같이 크기를 비교하여 말하는 문장을 식으로 나타낼 때, 부등호를 사용한다. 부등호에는 $>$, $<$, $\geq$, $\leq$와 같이 네 종류가 있다. 부등호를 쓸 때에는 큰 쪽을 향해 입구가 벌어지게 쓴다.

같지 않음을 나타내는 기호 '$\neq$'를 부등호로 오해하기도 하는데, 이 기호는 부등호에 포함하지 않는다.

1. $x > \square$: x는 □보다 크다. (초과)
2. $x < \square$: x는 □보다 작다. (미만)
3. $x \geq \square$: x는 □보다 크거나 같다. (이상)
4. $x \leq \square$: x는 □보다 작거나 같다. (이하)

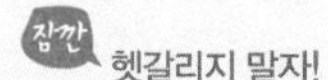

부등식

부등호를 사용해 두 수 또는 두 식의 대소 관계를 나타내는 식을 부등식이라고 한다. 부등식에서도 부등호의 왼쪽을 좌변, 부등호의 오른쪽을 우변이라 하고, 이 둘을 합쳐서 양변이라고 한다.

부등식에 미지수 x가 포함된 경우, 이 x의 값에 따라 부등식이 옳기도 하고 틀리기도 한다. 예를 들어, 부등식 $3x-1>2$를 생각해 보자.

…	$x=0$	$x=1$	$x=2$	$x=3$	…
	⇩	⇩	⇩	⇩	
…	$0-1>2$	$3-1>2$	$6-1>2$	$9-1>2$	…
	틀린 부등식	틀린 부등식	옳은 부등식	옳은 부등식	

잠깐 유리수를 대입해 확인해도 돼.

여기서 $x=2$나 $x=3$과 같이 옳은 부등식으로 만드는 미지수 x의 값들을 부등식의 해라고 부른다.

또, 위에서 계속 4, 5, 6, …을 대입해 보면 모두 옳은 부등식이 됨을 알 수 있다. 이처럼 부등식의 해는 딱 하나로 결정되지 않는다. 부등식을 옳게 하는 미지수 x를 모두 찾는 것을 '부등식을 푼다.'고 한다.

부등식의 성질

미지수가 포함된 부등식을 풀기 위해서는 부등식이 갖는 특별한 성질을 먼저 이해해야 한다.

부등식의 성질은 다음과 같다.

1. 부등식의 양변에 같은 수를 더하거나 빼도 부등호의 방향은 바뀌지 않는다.
2. 부등식의 양변에 같은 양수를 곱하거나 나누어도 부등호의 방향은 바뀌지 않는다.
3. 부등식의 양변에 같은 음수를 곱하거나 나누면 부등호의 방향은 반대가 된다.

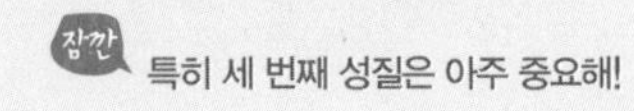

부등식은 어느 한쪽의 무게가 많이 나가서 그쪽으로 기울어진 저울과 같다. 따라서 저울의 양쪽에 똑같은 것을 올려놓거나 덜어 내거나 양수 배를 하거나 양수로 나누어도 저울의 기울어진 쪽은 그대로이다.

그런데 음수를 곱하거나 나누는 경우는 아주 특별하다.

어떤 수에 음수를 곱하면 그 수의 부호가 반대로 바뀌기 때문에 음수는 양수가 되고, 양수는 음수가 된다. 즉, 음수 -2에 -1을 곱하면 양수 2가 되고, 양수 4에 -1을 곱하면 음수 -4가 된다.

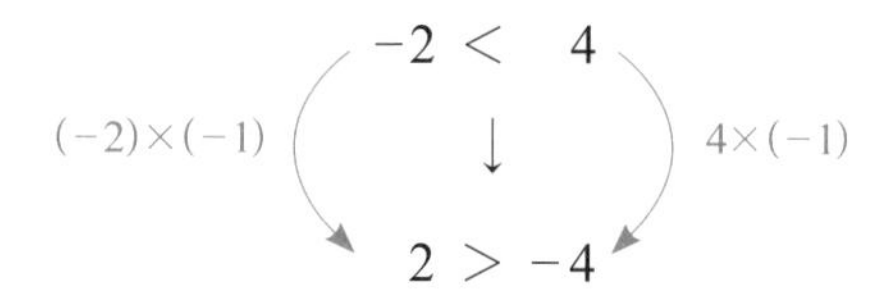

이처럼 부등식의 양변에 같은 음수를 곱하면 원래 컸던 쪽이 작아지고 작았던 쪽이 커진다. 따라서 부등호의 양변에 같은 음수를 곱하면 처음 부등호의 방향과 반대가 된다. 같은 음수로 나눌 때에도 마찬가지로 처음 부등호의 방향과 반대가 된다.

32 일차부등식

중학교 2학년, 방정식과 부등식 단원

일차부등식의 뜻과 풀이 방법

일차부등식은 미지수의 차수가 1인 부등식을 말한다. 일차방정식의 등호가 부등호로 바뀐 것뿐이라고 생각하면 된다. 다만 처음에 주어진 부등식의 꼴과 상관없이 모든 항을 좌변으로 이항하여 정리한 결과가 다음 네 가지 중 하나가 되면 이를 일차부등식이라고 한다.

a, b는 상수이고 $a \neq 0$일 때, 다음 중 하나의 꼴인 부등식

(x에 대한 일차식)>0 : $ax+b>0$　　(x에 대한 일차식)<0 : $ax+b<0$

(x에 대한 일차식)≥ 0 : $ax+b \geq 0$　　(x에 대한 일차식)≤ 0 : $ax+b \leq 0$

잠깐 $a=0$이면 일차항이 없어지므로 $a \neq 0$이어야 해.

어떤 수 k에 대하여 일차부등식의 해는 $x>k$, $x<k$, $x \geq k$, $x \leq k$ 중 한 가지가 되는데, 이들을 다음과 같이 수직선에 나타낸다. 이때, •는 그 수가 부등식의 해에 포함됨을 의미하고, ◦는 포함되지 않음을 의미한다.

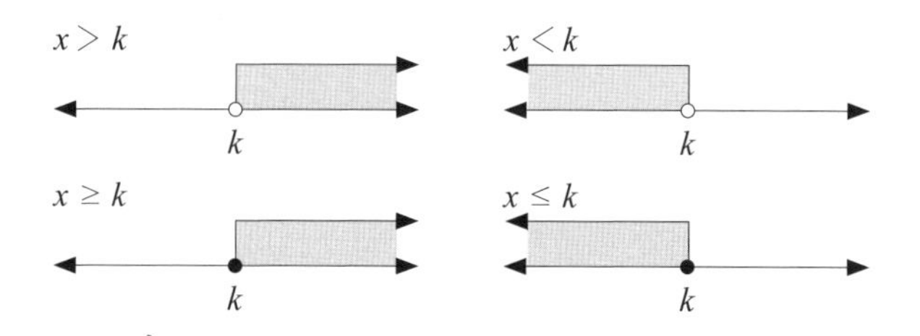

일차부등식의 풀이 순서

1. 괄호가 있으면 먼저 괄호를 풀고 정리한다.

2. x를 포함한 항은 모두 좌변으로, 상수항은 우변으로 이항한다.

3. 양변을 간단히 하여

$$ax>b,\ ax<b,\ ax\geq b,\ ax\leq b\ (a,\ b\text{는 상수},\ a\neq 0)$$

중 하나의 꼴로 만든다.

4. 양변을 x의 계수 a로 나눈다. x의 계수가 양수이면 부등호 방향은 변화 없고, 음수이면 부등호 방향을 반대로 나타낸다.

5. 부등식의 해를 $x>$(수), $x<$(수), $x\geq$(수), $x\leq$(수) 중 어느 한 가지 꼴로 나타내어 구한다.

㉮ 일차부등식 $1-2(x-1)\leq x-3$을 풀어 보자.

1. 좌변의 괄호를 풀어야 한다. ⇨ $1-2x+2\leq x-3$, 즉 $3-2x\leq x-3$

2. x항은 좌변, 숫자는 우변으로 옮긴다. ⇨ $-2x-x\leq -3-3$

3. 양변을 간단히 정리한다. ⇨ $-3x\leq -6$

4. 양변을 x의 계수 -3으로 나눈다.

⇨ 부등호의 방향은 반대가 되므로 $x\geq(-6)\div(-3)$

5. 부등식의 해를 구한다. ⇨ $x\geq 2$

그런데 일차부등식의 x의 계수 또는 상수항이 소수나 분수로 주어질 때가 있다. 이때는 일차방정식과 마찬가지로 양변에 적당한 수를 곱하여 계수를 정수로 바꾸어 푼다.

계수가 복잡한 일차부등식은 계수를 정수로 만들면 돼!

33 연립방정식

미지수가 두 개인 일차방정식

$x+2y=10$과 같이 미지수가 x와 y, 두 개인 방정식이 있다. 이때, 미지수 x와 y의 차수가 모두 1이면 이 방정식을 미지수가 두 개인 일차방정식이라고 한다. 간단히 다음과 같이 정리할 수 있지만, x도 y도 0이 되면 안 되므로 $a\neq0$, $b\neq0$의 조건이 필요하다.

미지수가 두 개인 일차방정식 : $ax+by+c=0$ (단, a, b, c는 상수, $a\neq0$, $b\neq0$)

그런데 이 방정식 $x+2y=10$을 만족시키는 x의 값과 y의 값은 여러 개 존재할 수 있다. $x=2$, $y=4$ 또는 $x=4$, $y=3$ 또는 $x=6$, $y=2$ 또는 $x=8$, $y=1$ 모두 가능하다. 이와 같이 미지수가 두 개인 일차방정식의 해는 여러 개 생길 수 있다.

연립방정식

그런데 x와 y의 합이 7이라는 조건이 추가로 주어지면, x와 y의 값은 $x=4$, $y=3$으로 각각 하나씩 결정된다. 이처럼 미지수가 두 개인 일차방정식 둘을 한꺼번에 묶은 것을 연립방정식이라고 한다. 연립방정식은 보통 $\begin{cases} x+2y=10 \\ x+y=7 \end{cases}$ 과 같이 '{'를 이용하여 묶어서 나타내고 두 방정식을 함께 풀어야 함을 의미한다.

연립방정식의 풀이 방법

연립방정식을 풀기 위해서는 한 개의 미지수를 없애야 하는데, 이를 소거라고 한다. '사라진다.'는 뜻의 '소(消)', '버린다.'는 뜻의 '거(去)'를 써서 지워 없앤다는 뜻이다.

미지수를 소거하는 방법으로는 두 방정식을 적당히 더하거나 빼는 가감법, 방정식 하나를 다른 방정식에 대입하는 대입법이 있다.

연립방정식 $\begin{cases} x+2y=10 \\ x+y=7 \end{cases}$ 을 두 가지 방법을 사용하여 풀어 보자.

가감법	대입법
$\begin{array}{rrcr} & x+2y & = & 10 \\ -) & x+\ y & = & 7 \\ \hline & y & = & 3 \end{array}$	$x+y=7$에서 $y=7-x$를 $x+2y=10$에 대입하면 $x+2(7-x)=10$ $\therefore\ x=4$
이를 두 방정식 중 하나에 대입하면 $x=4$이다.	이를 두 방정식 중 하나에 대입하면 $y=3$이다.

어느 방법을 사용해도 $x=4$, $y=3$으로 답은 똑같다. 따라서 연립방정식을 풀 때에는 자기가 편한 방법을 선택하도록 한다. 보통, 두 방정식 중 하나가 $x=\cdots$이나 $y=\cdots$의 꼴일 때에는 대입법을 선택하는 것이 훨씬 빠르고 나머지 경우에는 비슷하다.

34 이차방정식과 근의 공식

중학교 3학년, 이차방정식 단원

이차방정식의 뜻

일차방정식은 미지수의 차수가 1인 방정식을 말한다. 이차방정식은 물어보나 마나 미지수의 차수가 2인 방정식을 말한다.

처음에 주어진 방정식의 꼴과 상관없이 모든 항을 좌변으로 이항한 결과가 (x에 대한 이차식)$=0$의 꼴이 되면 이차방정식이다.

이차방정식 : $ax^2+bx+c=0$ (단, a, b, c는 상수, $a \neq 0$)

그런데 방정식 $x+3-x^2=-x^2$은 이차방정식일까?

언뜻 보기에는 x^2 항이 있기 때문에 이차방정식이라고 생각할 수 있다. 그러나 모든 항을 좌변으로 이항하여 정리하면 $x+3=0$인 일차방정식이 된다.

이차방정식 $ax^2+bx+c=0$에서 $a=0$이면 $bx+c=0$이라는 식이 되어 일차방정식이 되고 만다. 따라서 이차방정식을 $ax^2+bx+c=0$과 같이 쓰려면 $a\neq 0$이라는 조건이 꼭 필요하다.

이차방정식의 풀이

이차방정식을 참이 되게 하는 미지수 x의 값을 이차방정식의 해 또는 이차방정식의 근이라고 하고, 해 또는 근을 모두 구하는 것을 '이차방정식을 푼다.'고 한다.
일반적으로 이차방정식의 해는 두 개 존재하는데, 가끔 두 개의 해가 같은 값일 때도 있다. 이때에는 이차방정식의 두 근이 중복되어 서로 같은 것이기 때문에 중근이라고 부른다.

풀이 방법 1. 인수분해를 이용한 풀이

인수분해는 하나의 다항식을 두 개 이상의 단항식이나 다항식이 곱해진 꼴로 나타내는 것이다. 인수분해를 이용하면 이차방정식을 풀 수 있다. 이때 이용되는 성질은 다음과 같다.

$AB=0$이면 $A=0$ 또는 $B=0$

잠깐 $0\times3=0$, $3\times0=0$, $0\times0=0$

따라서 이차방정식의 좌변이 인수분해되면 다음과 같이 푼다.

$ax^2+bx+c=0$ ⇨ $a(x-p)(x-q)=0$ ⇨ $x=p$ 또는 $x=q$

(↑ 인수분해) (↑ $x-p=0$ 또는 $x-q=0$)

㉮ 이차방정식 $2x^2-6x+4=0$을 풀어 보자.

$2x^2-6x+4=0$ ⇨ $2(x-1)(x-2)=0$ ⇨ $x=1$ 또는 $x=2$

(↑ 인수분해) (↑ $x-1=0$ 또는 $x-2=0$)

이차방정식 $x^2+4x+4=0$의 경우는 조금 다르다.

$$x^2+4x+4=0 \quad \Rightarrow \quad (x+2)^2=0 \quad \Rightarrow \quad x=-2 \text{ (중근)}$$

인수분해 $x+2=0$

마치 이차방정식의 해가 하나인 것처럼 보인다. 그러나 이 이차방정식의 해는 사실은 $x=-2$ 또는 $x=-2$로, 똑같은 해가 두 번 구해진 것을 한 번만 쓴 것이다. 바로 이런 해를 중근이라고 한다.

풀이 방법 2. 제곱근을 이용한 풀이

어떤 이차방정식은 인수분해보다 제곱근을 이용하면 간단하게 풀 수 있다. $(x-3)^2=6$과 같이 좌변이 완전제곱식인 이차방정식은 전개를 하여 푼 다음에 인수분해하는 과정을 거치면 너무 오래 걸리기 때문에 바로 제곱근을 이용하는 것이 훨씬 편하다. 이때, 양수의 제곱근은 양의 제곱근과 음의 제곱근, 두 개가 존재함을 잊지 말자.

1. $x^2=k$ (단, $k \geq 0$) $\Rightarrow x=\pm\sqrt{k}$

2. $(x-p)^2=k$ (단, $k \geq 0$) $\Rightarrow x-p=\pm\sqrt{k} \Rightarrow x=p\pm\sqrt{k}$

㊕ 이차방정식 $(x-3)^2=6$에서 $x-3=\pm\sqrt{6}$ 이므로 $x=3\pm\sqrt{6}$ 이다.

풀이 방법 3. 근의 공식을 이용한 풀이

기본적으로는 인수분해를 이용해서 이차방정식을 풀지만 인수분해가 안 되거나 어떻게 인수분해를 해야 할지 알 수 없을 때는 이차방정식을 풀기 어렵다.

이럴 때 이차방정식의 근을 쉽게 구할 수 있는 공식이 있다. 이차방정식의 근을 구하는 공식이라는 뜻에서 근의 공식이라고 부른다. 방정식에서는 구구단만큼 아주 중요한 공식이므로 반드시 외워야 하는데 이차방정식 $ax^2+bx+c=0$의 각 항의 계수와 상수인 a, b, c만을 이용해서 x의 값을 계산하는 것이다.

이차방정식 $ax^2+bx+c=0$(a, b, c는 상수, $a \neq 0$)의 근

⇨ $x=\dfrac{-b\pm\sqrt{b^2-4ac}}{2a}$ (단, $b^2-4ac \geq 0$)

㈜ 방정식 $x^2+x-4=0$을 근의 공식으로 풀어 보자.

근의 공식 $x=\dfrac{-b\pm\sqrt{b^2-4ac}}{2a}$에서 $a=1, b=1, c=-4$이므로

$x=\dfrac{-1\pm\sqrt{1^2-4\times1\times(-4)}}{2\times1}=\dfrac{-1\pm\sqrt{17}}{2}$ 이다.

x의 계수가 짝수일 때 쓰면 좋은 근의 공식

파란만장한 드라마 같은 삶을 산
에바리스트 갈루아

에바리스트 갈루아(Evariste Galois, 1811~1832년)는 프랑스의 유명한 수학자이다. 군(群) 개념을 처음 고안했고, '갈루아의 정리'로도 유명하다. 학생 시절의 갈루아는 라틴어와 그리스어는 낙제점을 받았지만, 수학 성적은 아주 좋았다. 보통 학생이 2년 동안 공부하는 교과서를 단 이틀 만에 읽어 버릴 정도였다. 그러나 유명한 수학자를 많이 배출한 에콜 폴리테크니크에 입학시험을 치렀지만 떨어지고 말았다.

1829년, 갈루아는 방정식에 관한 논문을 프랑스 과학 아카데미에 제출하기도 했다. 하지만 이 논문의 제출을 위탁받았던 수학자 코시가 그의 논문을 잃어버렸다. 그는 다시 에콜 폴리테크니크에 입학하고자 두 번째 시험을 치렀지만 또 한 번 떨어졌다. 1830년에 갈루아는 과학 아카데미에 응모할 논문을 제출하지만 이 논문을 가지고 있던 수학자 푸리에가 갑자기 죽는 바람에 갈루아의 논문은 또 한 번 분실되었다.

일련의 사건들로 좌절을 겪은 갈루아는 정치 활동에 적극적으로 가담했고 이로 인해 투옥되기도 했다. 그는 포기하지 않고 다시 논문을 정리해 아카데미에 보냈다. 그러나 갈루아가 받은 것은 "이 논문은 아무도 이해할 수 없다."라는 심사위원 푸아송의 답장이었다.

결국 건강이 나빠진 갈루아는 병을 얻어 요양소로 떠났다. 그는 이곳에서 처음으로 연애 감정을 느끼는 여인을 만났고, 당시에는 결투가 흔한 일이어서 이 여인을 마음에 둔 다른 남성에게 결투 신청을 받았다.

갈루아는 결투 전날에 세 통의 편지를 썼다. 그중 하나가 친구 슈발리에에게 보낸 유서였다. 거기에는 자신의 모든 수학적 연구물을 정리한 내용이 포함되어 있었다. 그리고 아카데미에 제출했으나 퇴짜를 맞았던 논문의 주요 결과를 요약한 내용도 있었다.

결국 갈루아는 결투에서 중상을 입고 바로 다음 날 짧지만 드라마 같은 생을 마감했다.

그래프를 보면 x와 y의 관계를 쉽게 확인할 수 있어.
따라서 함수를 잘하기 위해서는 식을 그래프로 반드시 바꿀 수 있어야 해.

고등학교 수학 성적을 좌우하는 함수

고등학교 수학의 대부분이 함수라고 말할 수 있을 만큼, 함수 단원은 학년이 올라갈수록 더 중요하다. 처음부터 함수의 개념을 정확히 잡지 않으면 결코 고등학교 수학을 따라갈 수 없다. 함수 단원은 용어도 많고 식도 복잡해서 개념을 이해하지 않고 문제를 푸는 데만 신경을 쓰면 학년이 올라갈수록 어려움을 겪기 쉽다. 따라서 중학 수학에서 함수 개념을 반드시 이해하고 넘어가야 한다.

1학년 때 기본 용어와 그래프를 배운다. 이때, 가장 간단한 함수인 정비례와 반비례에 대해 복습한다. 2학년 때에는 일차함수, 3학년 때에는 이차함수에 대해 배운다. 함수는 그래프도 매우 중요하므로, 일차함수의 그래프(직선)와 이차함수의 그래프(포물선)에 대해서도 자세히 알아 둔다.

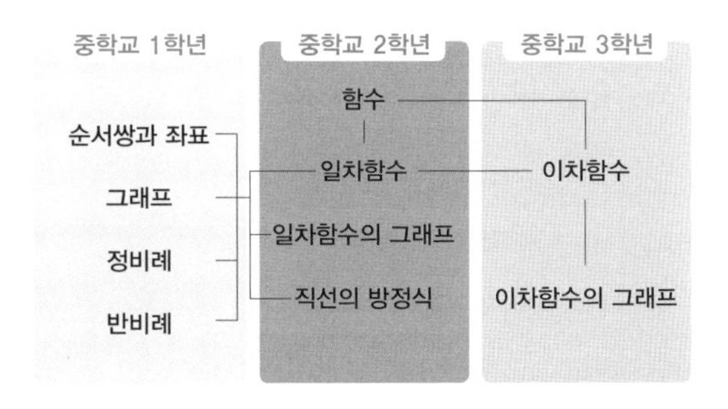

35 순서쌍과 좌표

중학교 1학년, 좌표평면과 그래프 단원

좌표

좌표란 수직선 위의 한 점에 대응하는 수를 말하는데, '자리'라는 뜻의 한자 '좌(座)', '기록'이라는 뜻의 한자 '표(標)'를 써서 그 점의 자리를 표시한다는 의미이다.
다음 수직선을 보자.

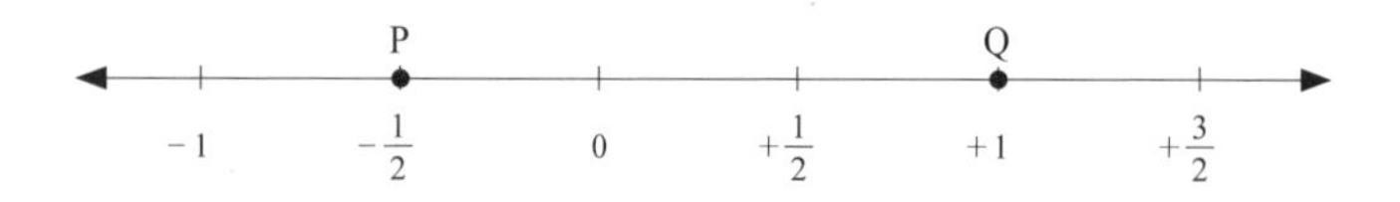

수직선에 표시된 점을 좌표로 나타낼 때는 '점의 이름(수)'의 꼴로 써야 한다. 위의 수직선의 두 점 P, Q의 경우, $P\left(-\frac{1}{2}\right)$, Q(1)과 같이 쓰고 각각 '점 P의 좌표는 $-\frac{1}{2}$', '점 Q의 좌표는 1'이라고 말한다.

순서쌍

앞으로 배울 함수의 그래프는 평면 위에 그림으로 그려지므로 수직선 위에 나타낼 수가 없다. 그래서 그래프를 나타내는 가장 기본 단위가 필요하다. 그 기본 단위를 나타내는 방법이 바로 순서쌍이다.
순서쌍이란 순서를 생각하여 두 수를 짝지어 나타낸 기호로, x, y에 대한 순서쌍은 (x, y)와 같이 나타낸다. 순서쌍 (1, 2)는 x가 1이고 y가 2인 순서쌍인 반면, 순서쌍 (2, 1)은 x가 2이고 y가 1인 순서쌍이다. 두 순서쌍 (1, 2), (2, 1)은 이처럼 완전히 다른 경우를 나타내므로 두 숫자를 이용하여 순서쌍으로 나타낼 때에는 숫자의 순서가 바뀌지 않도록 조심해야 한다.

좌표평면

좌표평면이란 좌표축으로 쪼개어 놓은 평면이다.

이때 좌표축이란 수직선 두 개를 점 O에서 수직으로 만나도록 겹쳐 놓은 것을 말하는데 가로로 그려진 수직선을 x축, 세로로 그려진 수직선을 y축이라고 한다. x축과 y축을 함께 좌표축이라고 부른다.

또한, 두 좌표축이 만나는 점 O는 원점이라고 한다. 기원, 태생의 의미를 가지는 Origin의 첫 글자 O를 따서 원점은 반드시 O라고 써야 한다.

한편, 좌표축으로 만든 좌표평면에서는 점의 위치를 좌표 하나만을 이용하여 나타낼 수 없다. 좌표평면 위의 점에서 x축, y축에 각각 수선의 발을 내려 이 수선과 x축, y축이 만나는 점에 대응하는 수가 각각 이 점의 x좌표, y좌표가 된다. x좌표, y좌표가 각각 a, b인 점의 좌표는 순서쌍 (a, b)로 나타내는 것이다. 원점은 O(0, 0)이다.

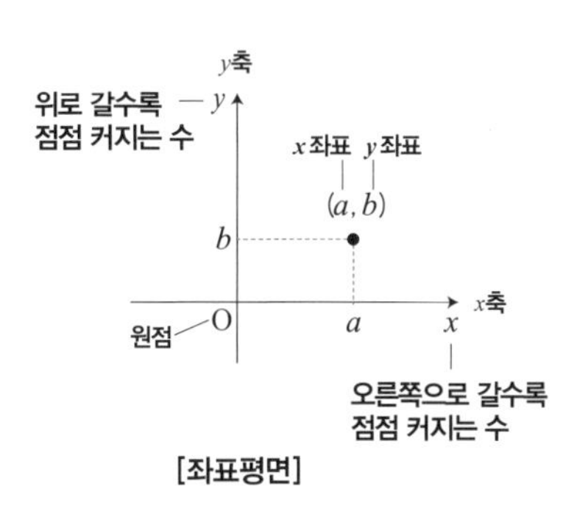

[좌표평면]

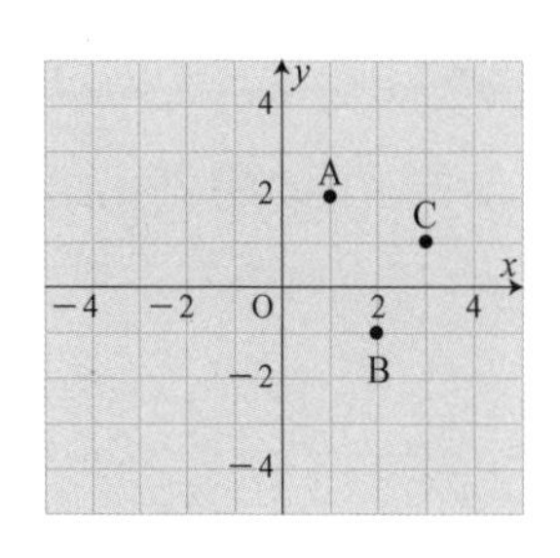

이제, 왼쪽 좌표평면을 보고 실제로 점의 좌표를 한번 구해 보자.

점 A에서 x축, y축에 각각 수선의 발을 내려 이 수선과 x축, y축이 만나는 점에 대응하는 수 1, 2가 각각 점 A의 x좌표, y좌표이므로 A(1, 2)와 같이 나타낼 수 있다. 같은 방법으로 두 점 B, C를 좌표로 나타내면 B(2, -1), C(3, 1)이다.

사분면

좌표평면은 좌표축에 의해 네 개의 부분으로 나누어지는데 이 네 개의 부분을 사분면이라고 한다. 사분면은 숫자 4를 나타내는 '사(四)', 나누다는 뜻의 '분(分)', 평면을 나타내는 '면(面)'을 사용하여 '나누어진 네 개의 평면'이라는 뜻이다.

원점 O를 기준으로 오른쪽 위에 있는 사분면을 시작으로 시계 반대 방향으로 돌면서 순서대로 제 1 사분면, 제 2 사분면, 제 3 사분면, 제 4 사분면이라고 부른다.

좌표평면 위의 점 (x, y)가 각 사분면의 점일 때,

제 1 사분면 ⇨ $x>0$, $y>0$　　**제 2 사분면** ⇨ $x<0$, $y>0$

제 3 사분면 ⇨ $x<0$, $y<0$　　**제 4 사분면** ⇨ $x>0$, $y<0$

이때 x축과 y축은 각 사분면의 경계가 되기 때문에 어느 사분면에도 속하지 않는다. x축 위의 점의 y좌표는 0, y축 위의 점의 x좌표는 0으로, x좌표와 y좌표 중 어느 하나가 0인 점은 좌표축 위의 점이다.

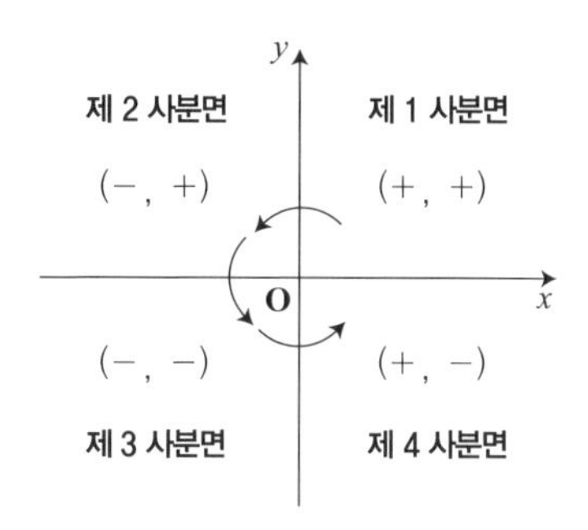

좌표축 위의 점과 원점은 어느 사분면에도 속하지 않아

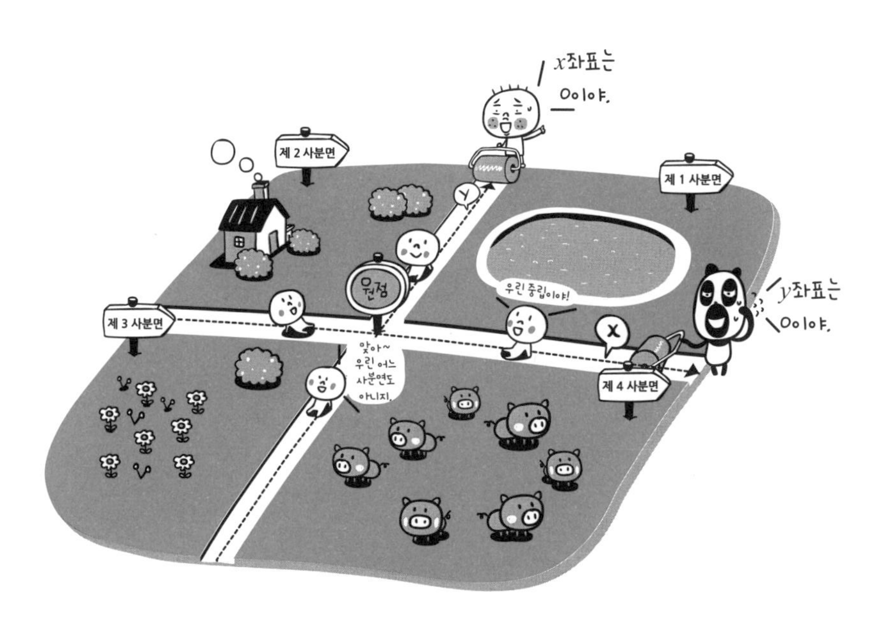

36 그래프

중학교 1학년, 좌표평면과 그래프 단원

산에서는 높이가 1km 올라갈 때마다 기온이 6℃씩 내려간다고 한다. 지면의 기온이 24℃일 때, 높이와 기온 사이의 관계를 다음과 같이 여러 가지 방법으로 설명할 수 있다.

❶ 말로 설명하기

지면으로부터 1km 위인 지점의 기온은 18℃, 지면으로부터 2km 위인 지점의 기온은 12℃, 지면으로부터 3km 위인 지점의 기온은 6℃, 지면으로부터 4km 위인 지점의 기온은 0℃이다.

❷ 표로 설명하기

지면으로부터의 높이	0km	1km	2km	3km	4km
기온	24°C	18°C	12°C	6°C	0°C

❸ 그림으로 설명하기

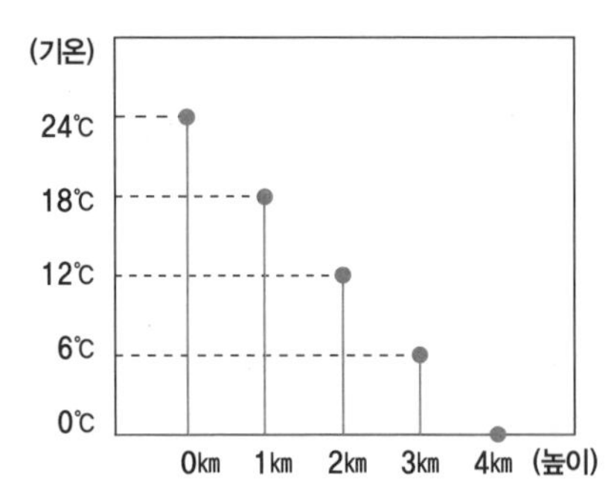

이처럼 말이나 표, 식으로 나타낼 수 있는 상황이라 해도 그림으로 상태의 변화 과정을 나타내면 다른 방법에 비해 한눈에 알아보기가 훨씬 편리하다는 것을 알 수 있다.
그러면 관계를 그림으로 나타내는 그래프에 대하여 알아보자.

변수와 그래프

높이와 기온 사이의 관계에서 지면으로부터의 높이가 $x$km일 때의 기온을 y℃라 하면 ❷의 표에서 x의 값이 0, 1, 2, 3, 4로 변함에 따라 y의 값이 24, 18, 12, 6, 0으로 정해진다. 이때 x와 y같이 변하는 여러 가지 값을 나타내는 문자를 변수라 한다.

이때 x의 값을 x좌표, y의 값을 y좌표로 하는 순서쌍 (x, y)는

$(0, 24), (1, 18), (2, 12),$

$(3, 6), (4, 0)$

이고 이 순서쌍을 좌표로 하는 점들을 좌표평면 위에 나타내면 오른쪽과 같이 ❸과 비슷한 그림을 얻을 수 있다.

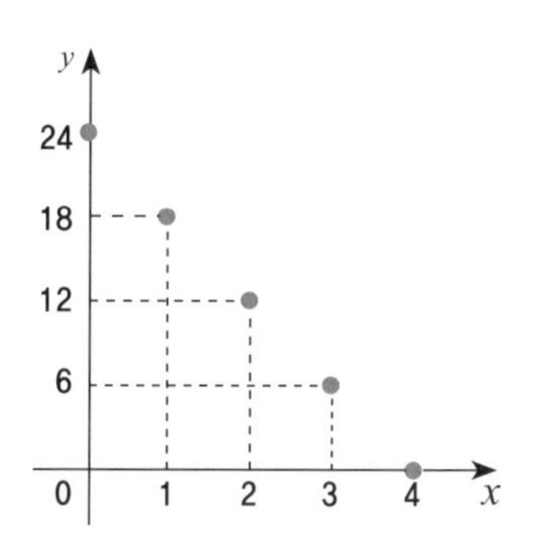

이처럼 서로 관계가 있는 두 변수 x, y의 순서쌍 (x, y)를 좌표로 하는 점을 좌표평면 위에 모두 나타낸 것을 그래프라고 한다.
이때 그래프는 영어의 'graph'를 그대로 읽은 것이다. 원래 'graph'는 '새기다'. 또는 '긁다.'를 뜻하는 그리스어 'graphein'에서 유래된 단어로, 점, 직선, 곡선 등 그림과 비슷한 것을 말한다.

37 정비례와 반비례

중학교 1학년, 좌표평면과 그래프 단원

정비례

변하는 두 양 x, y에서 x의 값이 2배, 3배, 4배, …로 변함에 따라 y의 값도 2배, 3배, 4배, …로 변하는 관계가 있으면 x와 y는 정비례한다고 한다. 한자로 바를 '정(正)'을 사용하여 한쪽 양이 커질 때 다른 쪽 양도 같은 비로 커지는 관계를 말한다.

예) 시속 50km의 일정한 속력으로 달리는 자동차가 x시간 동안 달린 거리를 $y$km라 하면 x, y 사이의 관계는 정비례 관계이다.

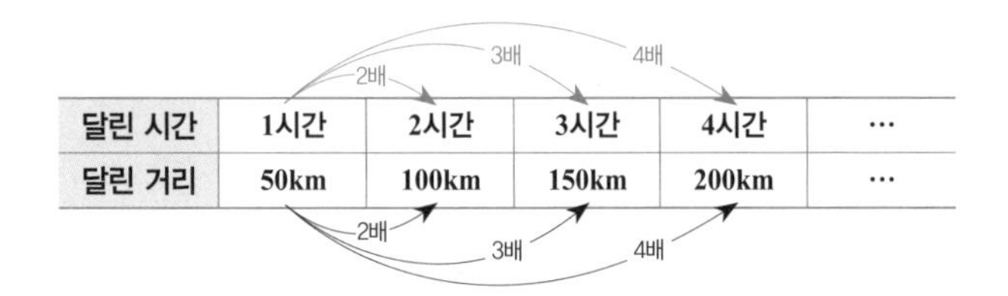

달린 시간	1시간	2시간	3시간	4시간	…
달린 거리	50km	100km	150km	200km	…

이때 x, y의 관계를 식으로 나타내면 $y = 50x$이다.

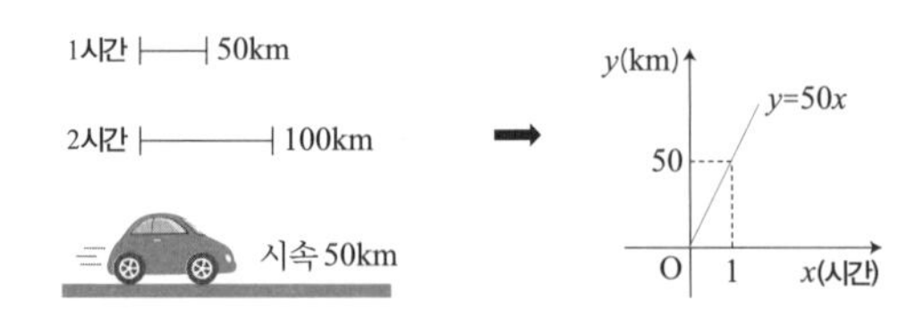

정비례 관계의 그래프

두 변수 x와 y가 정비례 관계일 때, x와 y사이의 관계식은 $y=ax(a\neq 0)$로 나타내어진다. $y=2x$, $y=\frac{1}{2}x$, $y=-3x$ 등은 모두 정비례 관계를 나타내는 관계식이다.

정비례 관계의 그래프는 x가 실수일 때, 원점 O(0, 0)을 지나는 직선이다. $y=ax$에서 a의 값에 따라 지나는 사분면과 그래프의 기울어진 정도만 달라진다.

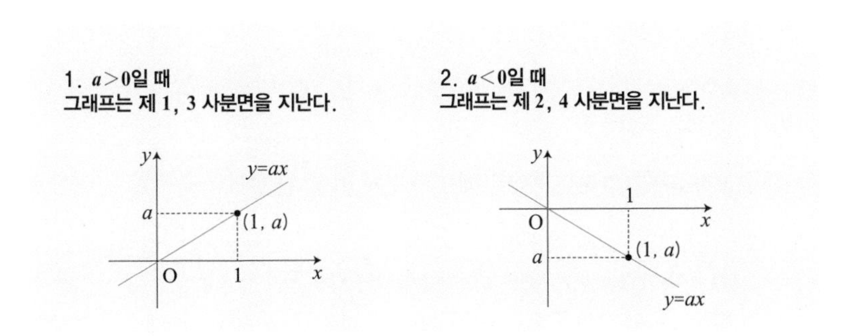

반비례

변하는 두 양 x, y에서 x의 값이 2배, 3배, 4배, …로 변함에 따라 y의 값이 $\frac{1}{2}$배, $\frac{1}{3}$배, $\frac{1}{4}$배, …로 변하는 관계가 있으면 x와 y는 반비례한다고 한다. 한자로 돌이킬 '반(反)'을 사용하여 한쪽 양이 커질 때 다른 쪽 양은 같은 비율로 작아지는 관계를 말한다.

> 예 넓이가 24km^{2}인 직사각형의 가로의 길이가 $x$cm일 때, 세로의 길이를 $y$cm라 하면 x, y 사이의 관계는 반비례 관계이다.

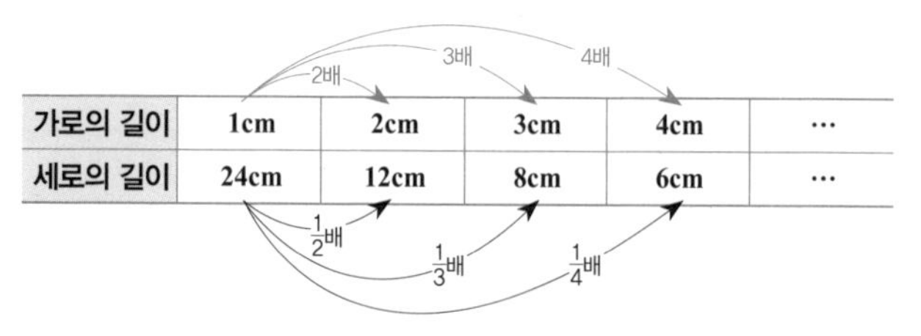

가로의 길이	1cm	2cm	3cm	4cm	…
세로의 길이	24cm	12cm	8cm	6cm	…

이때 x, y의 관계를 식으로 나타내면 $y=\frac{24}{x}$이다.

반비례 관계의 그래프

두 변수 x와 y가 반비례 관계일 때, x와 y 사이의 관계식은

$y=\frac{a}{x}$ $(a\neq0)$로 나타내어진다. $y=\frac{2}{x}$, $y=-\frac{3}{x}$ 등은 모두 반비례 관계를 나타내는 관계식이다.

반비례 관계의 그래프는 x가 실수일 때, 원점에 대하여 대칭인 한 쌍의 곡선이다. $y=\frac{a}{x}$에서 a의 값의 부호에 따라 지나는 사분면이 달라지며 a의 값의 크기에 따라 원점에 가까운 정도가 달라진다.

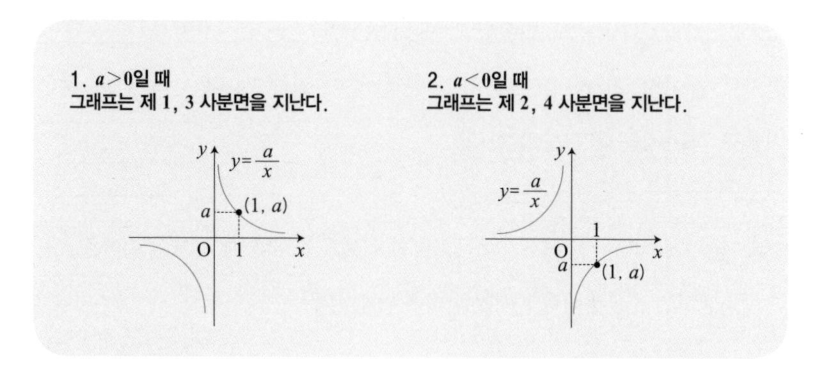

38 함수

중학교 2학년, 일차함수와 그래프 단원

함수

두 변수 x, y에 대하여 x의 값이 변함에 따라 y의 값이 오직 하나씩 정해지는 대응 관계가 있을 때, y를 x의 함수라고 한다.
앞서 학습한 정비례 관계, 반비례 관계에서 y는 x의 함수이다. 그런데 그 대응 관계는 반드시 정비례 관계나 반비례 관계일 필요는 없다. 하나의 x에 대하여 y가 오직 하나 정해지기만 하면 y는 x의 함수이다.

㉮ 무게가 5g인 과자 x개의 총 무게를 yg이라 하면 $y=5x$이고 y는 x에 대한 함수이다.
자연수 x의 약수를 y라 할 때, x의 값이 2이면 y의 값은 1과 2로 두 개 존재하므로 y는 x에 대한 함수가 아니다.

함숫값

정비례 관계 $y=5x$에서 y는 x의 함수이다. 이와 같이 두 변수 x, y에 대하여 y가 x의 함수인 것을 $y=f(x)$와 같이 나타낸다. 정비례 관계 $y=5x$는 $f(x)=5x$로 나타낼 수도 있다.
여기서 $y=f(x)$의 f는 함수를 뜻하는 영어 'function'의 첫 글자 f를 따서 만든 기호이다.

함수 $y=5x$에서 $x=2$에 대응하는 y의 값은 $y=5\times2$이다. 이때 이 값을 기호 f를 사용하여 $f(2)=10$과 같이 나타내고 $f(2)$를 $x=2$일 때의 함숫값이라고 한다. 보통 함수 $y=f(x)$에서 x의 값에 대응하는 함숫값을 기호로 $f(x)$와 같이 나타낸다.

자판기에 동전을 넣으면 음료수가 나오듯이 $f(x)=5x$라는 함수에 $x=2$라는 값을 넣으면 $f(2)=10$이라는 값이 나오는 것이다. '상자'라는 뜻의 한자 '함(函)'을 써서 함수라고 부르는 것은 바로 이와 같은 이유에서이다.

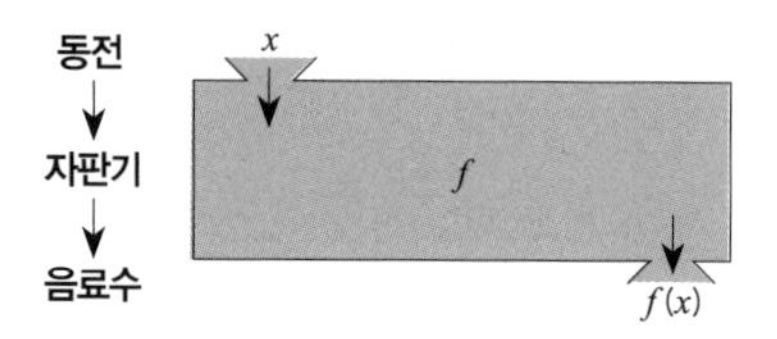

일차함수와 이차함수

중학교 수학에서는 정비례 관계, 반비례 관계 이외에는 일차함수와 이차함수만 배우는데 $y=f(x)$에서 $f(x)$가 x에 대한 일차식이면 일차함수, 이차식이면 이차함수이다.

1. 함수 $y=f(x)$에서 $f(x)$가 x에 대한 일차식, 즉
   $y=ax+b$ (단, a, b는 상수, $a\neq0$)
   로 나타내어질 때, 이 함수 f를 일차함수라고 한다.
2. 함수 $y=f(x)$에서 $f(x)$가 x에 대한 이차식, 즉
   $y=ax^2+bx+c$ (단, a, b, c는 상수, $a\neq0$)
   로 나타내어질 때, 이 함수 f를 이차함수라고 한다.

함수인지 아닌지 구별하는 게 기본!

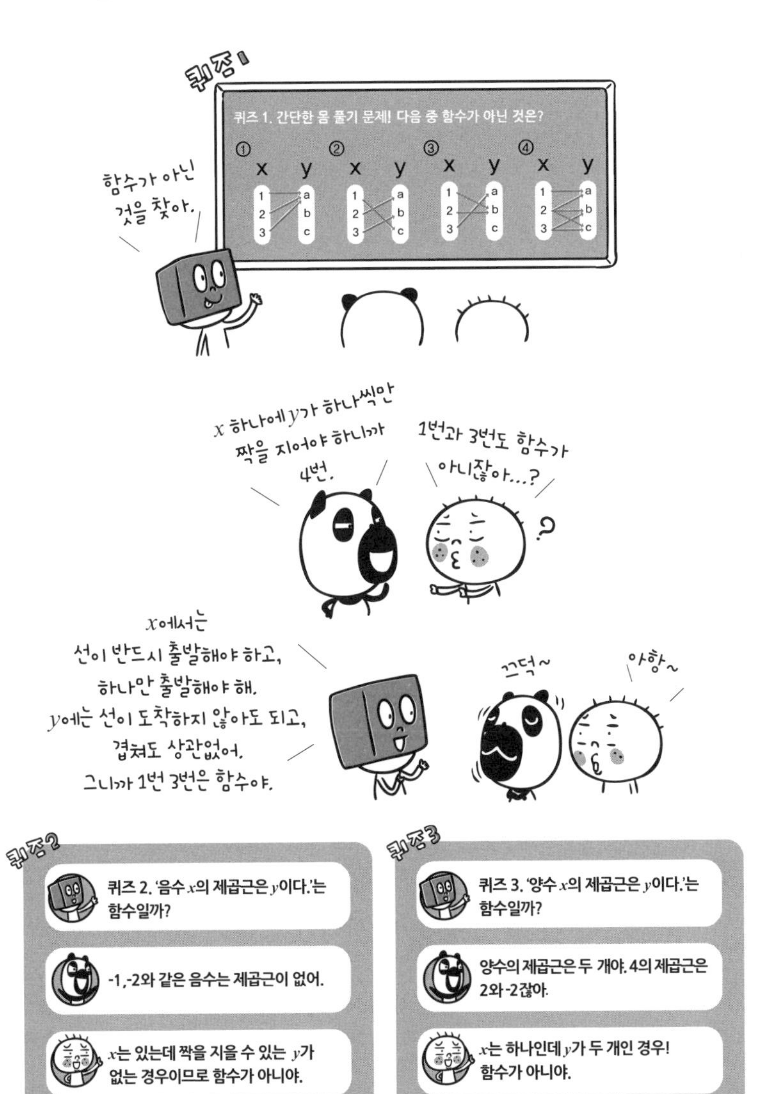

39 평행이동과 대칭이동

중학교 2학년, 일차함수와 그래프 단원

초등학교 때 도형을 규칙에 따라 옮기거나 뒤집거나 돌렸던 것처럼 점과 그래프도 규칙에 따라 움직일 수 있다. 이를 그래프의 이동이라고 한다. 그래프의 이동은 크게 평행이동과 대칭이동으로 나뉜다. 이 중 대칭이동은 고등학교에서 학습하게 될 내용이지만 평행이동과 비교하여 미리 잠깐 보도록 하자.

평행이동

점이나 그래프를 일정한 방향으로 일정한 거리만큼 옮기는 것을 평행이동이라고 한다. 평행이동에서 중요한 것은 '무엇을, 어느 방향으로, 얼마나' 이동하는가이다. 따라서 평행이동을 할 때는 '어느 방향으로 얼마만큼' 평행이동하는지 반드시 밝혀야 한다.

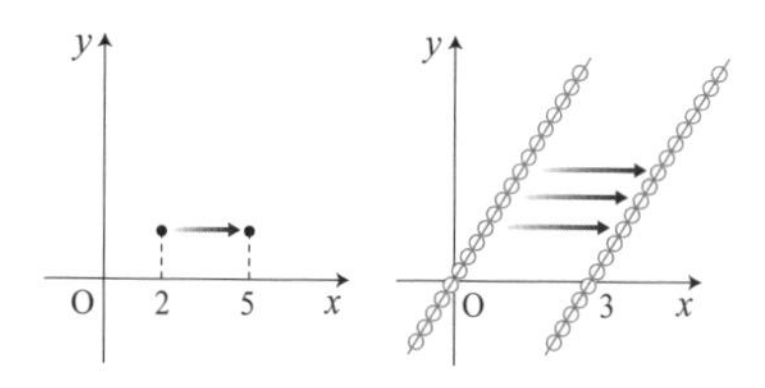

[x축의 방향으로 3만큼 평행이동(좌우 이동)]

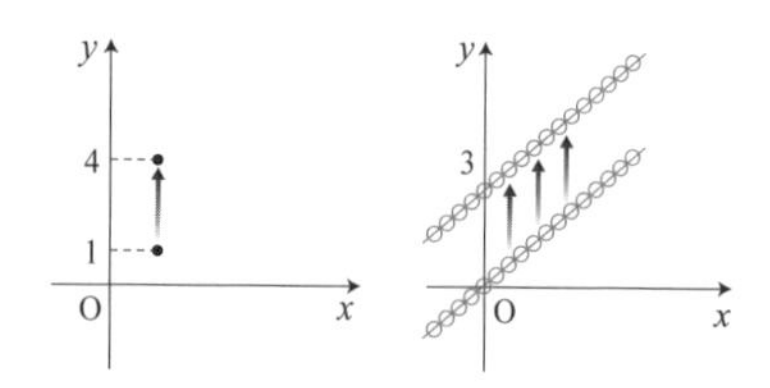

[y축의 방향으로 3만큼 평행이동(상하 이동)]

한편, 점이나 그래프를 x축의 방향으로 평행이동한 다음, 다시 y축의 방향으로 평행이동하면 비스듬히 움직인 것과 같다. 따라서 평행이동만으로 점이나 그래프를 여러 방향으로 움직일 수 있다.

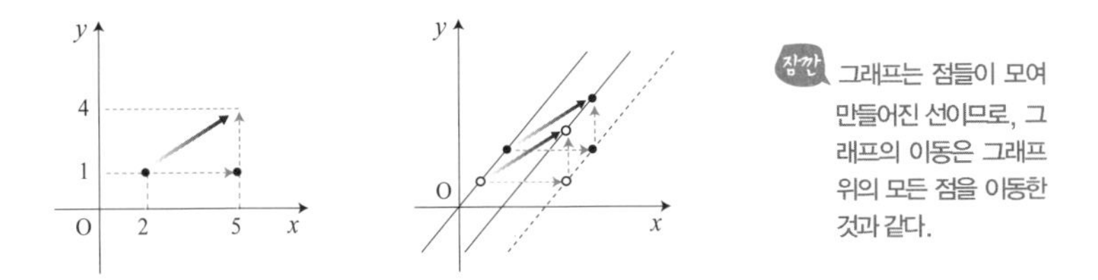

대칭이동

어떤 직선을 중심으로 완전히 겹쳐지는 도형을 선대칭도형이라고 하고, 두 개의 도형을 어떤 직선으로 접었을 때 두 도형이 완전히 포개어진다면 두 도형을 '선대칭의 위치에 있는 도형'이라고 함을 초등학교 때 이미 배웠다. 이때, 두 도형을 대칭이 되도록 하는 직선을 대칭축이라고 한다.

이와 같은 원리로 점이나 그래프를 대칭축을 기준으로 반대쪽으로 이동하는 것을 대칭이동이라고 한다. 모양은 접었다 펼치는 것과 같이 뒤집어진다.

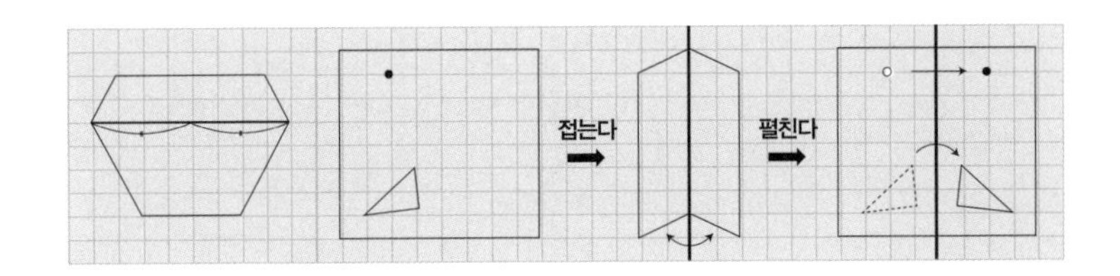

대칭이동에서 중요한 것은 '어떻게 접는가'인데, '어떻게'를 결정하는 것이 대칭축이다. 따라서 대칭이동을 할 때에는 대칭축을 꼭 밝혀야 한다.

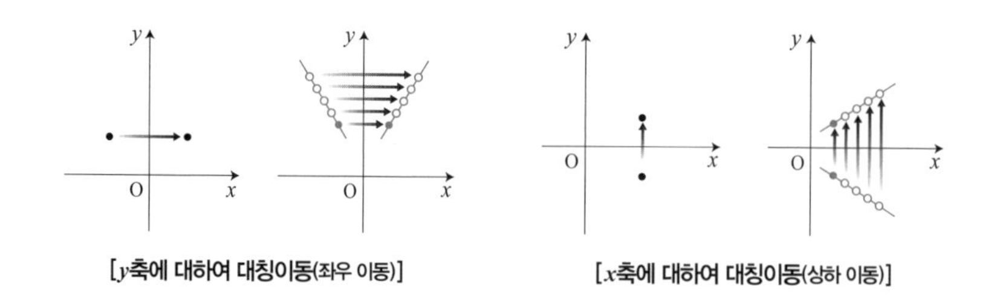

[y축에 대하여 대칭이동(좌우 이동)] [x축에 대하여 대칭이동(상하 이동)]

그런데 점이나 그래프를 x축에 대하여 대칭이동한 다음, 다시 y축에 대하여 대칭이동하면 실제로는 원점에 대하여 대칭이동하는 것과 같다.

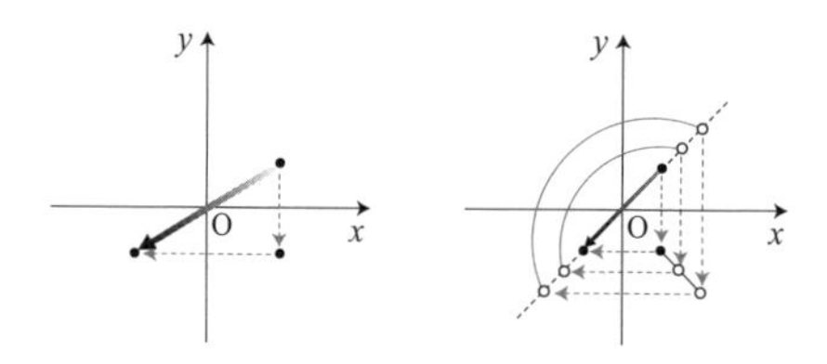

즉, 하나의 사분면에 있는 점이나 그래프는 x축, y축, 원점에 대한 대칭이동에 의해 나머지 사분면으로 모두 옮길 수 있다.

40 일차함수의 그래프

중학교 2학년, 일차함수와 그래프 단원

일차함수 $y=x$의 그래프

x가 가질 수 있는 값을 특별히 따로 정하지 않은 함수에서는 x가 모든 실수값을 가질 수 있는 것으로 생각한다. 따라서 일차함수의 그래프는 직선이다.

x가 가질 수 있는 값이 -2, -1, 0, 1, 2인 일차함수 $y=x$의 그래프는 다섯 개의 점으로 그려지고, x가 가질 수 있는 값이 -2, $-\frac{3}{2}$, -1, $-\frac{1}{2}$, 0, $\frac{1}{2}$, 1, $\frac{3}{2}$, 2인 일차함수 $y=x$의 그래프는 9개의 점으로 그려진다. 더 촘촘하게 잡으면, 점들 사이의 간격이 더 좁아져서 결국 x의 값의 범위가 수 전체일 때, 일차함수 $y=x$의 그래프는 원점을 지나는 직선이 된다.

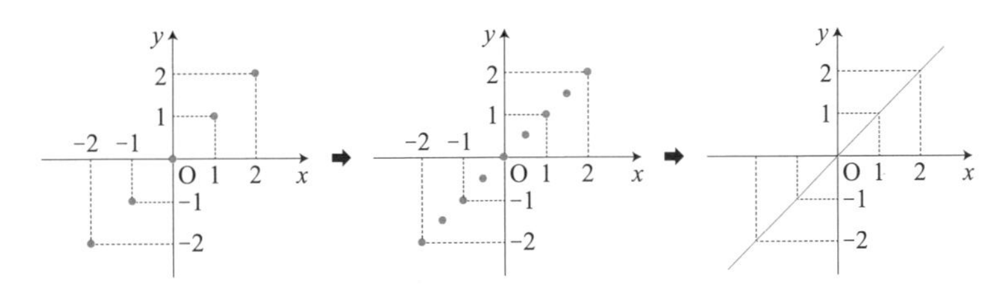

일차함수 $y=ax$와 $y=ax+b$의 그래프

일차함수 $y=ax$의 그래프는 원점을 지나는 직선이다. a의 절댓값이 클수록 y축에 가깝게 그려지고, 절댓값이 작을수록 x축에 가깝게 그려진다.

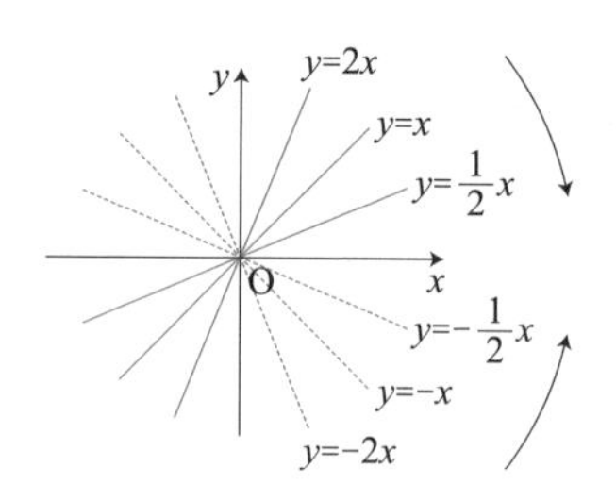

일차함수 $y=ax+b$는 ax에 b를 더해 놓은 꼴이다.

즉, 일차함수 $y=ax+b$의 함숫값은 $y=ax$의 함숫값에 모두 b씩 더한 값과 같기 때문에 일차함수 $y=ax$의 그래프를 y축의 방향으로 b만큼 평행이동한 것과 같다.

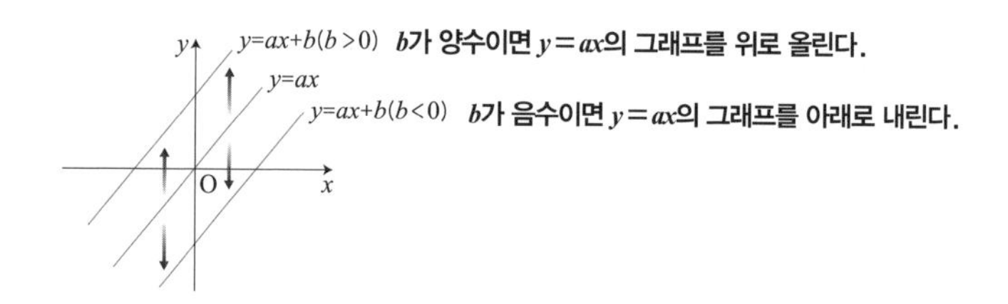

x절편과 y절편

일차함수의 그래프를 그릴 때 직선이 x축이나 y축과 만나는 점을 안다면 값을 일일이 대입하지 않아도 그래프를 쉽게 그릴 수 있다.

좌표평면 위에서 함수의 그래프가 x축과 만나는 점의 x좌표를 **x절편**이라고 하고, y축과 만나는 점의 y좌표를 **y절편**이라고 한다.

그래프가 x축과 만나는 점은 x축 위의 점이기 때문에 y좌표는 0이다. 따라서 x절편은 $y=ax+b$에 $y=0$을 대입해서 구할 수 있다. 또, 그래프가 y

축과 만나는 점은 y축 위의 점이기 때문에 x좌표가 0이다. 따라서 y절편은 $y=ax+b$에 $x=0$을 대입해서 구할 수 있다.

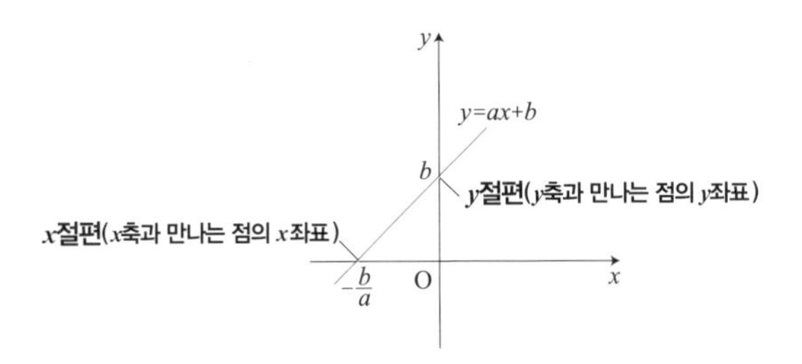

기울기

일차함수 $y=ax+b$의 그래프가 기울어진 정도를 나타내는 값을 기울기라고 한다. 이때 기울어진 정도는 x의 값의 증가량에 대한 y의 값의 증가량의 비율, 즉 $\frac{(y\text{의 값의 증가량})}{(x\text{의 값의 증가량})}$으로 계산한다. 이 기울기는 실제로 $y=ax+b$에서 x의 계수 a와 같다.

따라서 일차함수 $y=ax+b$에서 a가 양수이면 오른쪽 위로 올라가는 직선, a가 음수이면 오른쪽 아래로 내려가는 직선이 된다.

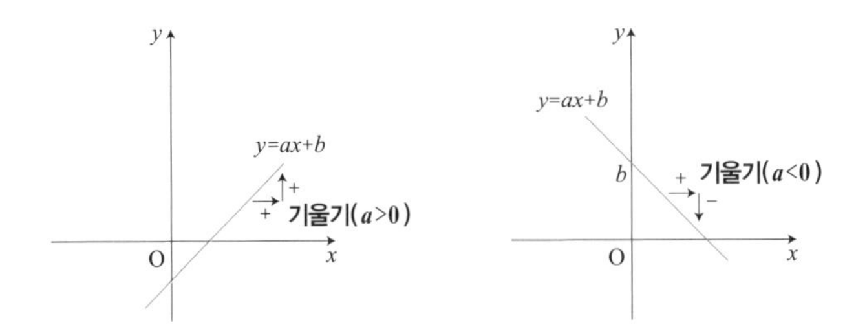

일차함수의 식과 직선의 방정식

일차함수의 식은 $y=ax+b$이다. 이때 y를 이항하여 정리하면 $ax-y+b=0$, 즉 미지수가 두 개인 일차방정식의 꼴이 된다. 그런데 일차함수의 그래프는 직선이다. 따라서 일차함수의 식을 직선의 방정식이라고도 부른다.
x, y의 관계를 나타내는 함수로 쓰일 때는 함수의 식의 꼴 $y=ax+b$로, 어떤 직선의 방정식으로 쓰일 때에는 방정식의 꼴 $ax-y+b=0$으로 나타낸다.

함수		직선의 방정식
$y=ax+b$	⇨	$ax-y+b=0$

식의 쓰임새에 따라 표현 형태가 다르긴 하지만 어떤 꼴로 나타내더라도 동일한 식임을 기억하자.

41 이차함수의 그래프

중학교 3학년, 이차함수와 그래프 단원

이차함수의 그래프 용어

일차함수의 그래프는 직선이지만 이차함수의 그래프는 부드러운 곡선이다. 이 모양을 포물선이라고 하는데, 포물선은 선대칭도형으로, 좌우대칭의 기준이 되는 대칭축이 있다. 이를 포물선의 축이라 하고, 축과 포물선이 만나는 점을 꼭짓점이라고 한다. 대포를 쏘거나 공을 던질 때처럼 위로 동그랗게 그려지는 포물선은 위로 볼록, 거꾸로 아래로 동그랗게 그려지는 포물선은 아래로 볼록하다고 한다.

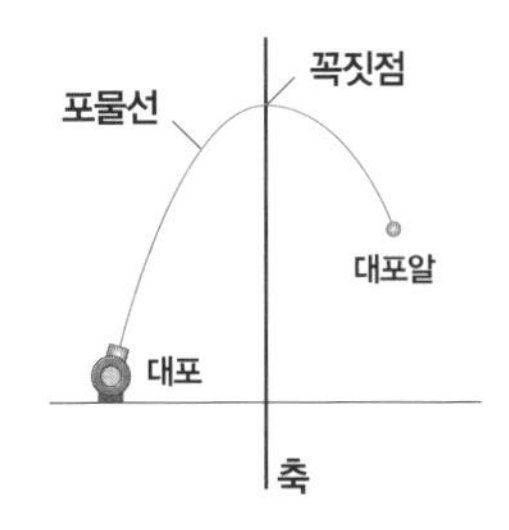

이차함수 $y=x^2$와 $y=-x^2$의 그래프

x가 가질 수 있는 값이 -2, -1, 0, 1, 2인 이차함수 $y=x^2$의 그래프는 다섯 개의 점으로 그려진다. x의 값을 조금씩 촘촘하게 잡아 그리면 결국 x의 값의 범위가 수 전체일 때, 이차함수 $y=x^2$의 그래프는 원점을 지나고 아래로 볼록한 포물선이 된다.

또, 같은 방법으로 이차함수 $y=-x^2$의 그래프도 그려 보면 원점을 지나고 위로 볼록한 포물선이 된다.

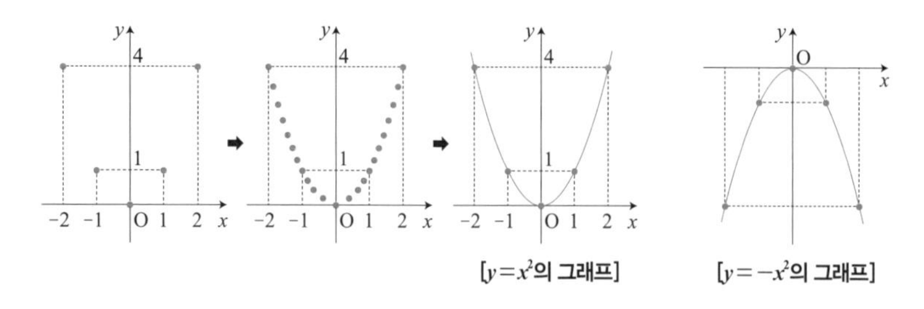

[$y=x^2$의 그래프]　[$y=-x^2$의 그래프]

이차함수 $y=ax^2$의 그래프

실제로 이차함수 $y=2x^2$, $y=x^2$, $y=\frac{1}{2}x^2$의 그래프와 $y=-2x^2$, $y=-x^2$, $y=-\frac{1}{2}x^2$의 그래프를 각각 같은 좌표평면에 모두 그려서 비교하면 다음과 같다.

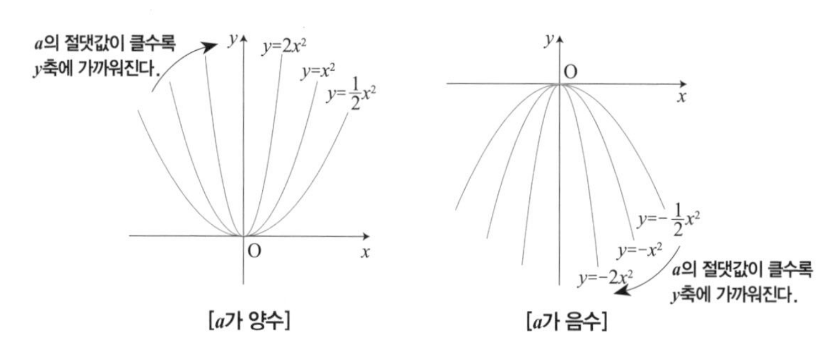

[a가 양수]　[a가 음수]

1. 이차함수 $y=ax^2$의 그래프는 원점 (0, 0)을 지나는 포물선이다.
2. 꼭짓점은 (0, 0)이다.
3. a가 양수이면 아래로 볼록하고, a가 음수이면 위로 볼록하다.
4. a의 절댓값이 클수록 y축에 가까워지고 날씬해진다. 반대로, a의 절댓값이 작을수록 x축에 가까워지고 평퍼짐해진다.

여러 가지 이차함수의 그래프

이차함수 $y=a(x-p)^2$의 그래프는 이차함수 $y=ax^2$의 그래프를 x축의 방향으로 p만큼 평행이동한 것이다. 다음 그림처럼 x축에 딱 붙어서 움직인다.

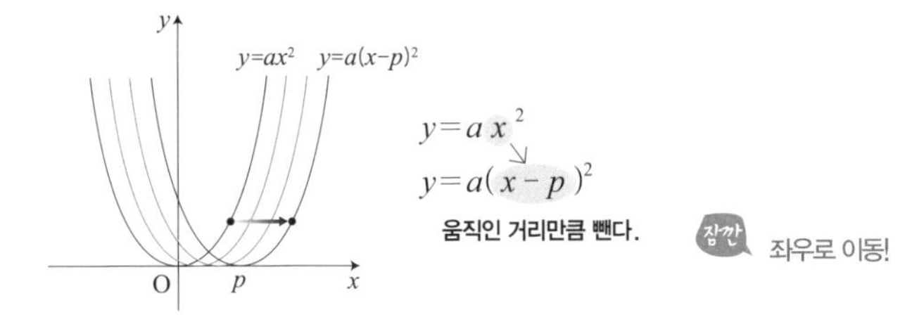

이차함수 $y=ax^2+q$의 그래프는 이차함수 $y=ax^2$의 그래프를 y축의 방향으로 q만큼 평행이동한 것이다. 꼭짓점을 y축에 꿰어서 아래위로 당기거나 미는 것과 똑같다. 즉, 포물선의 축은 항상 y축이다.

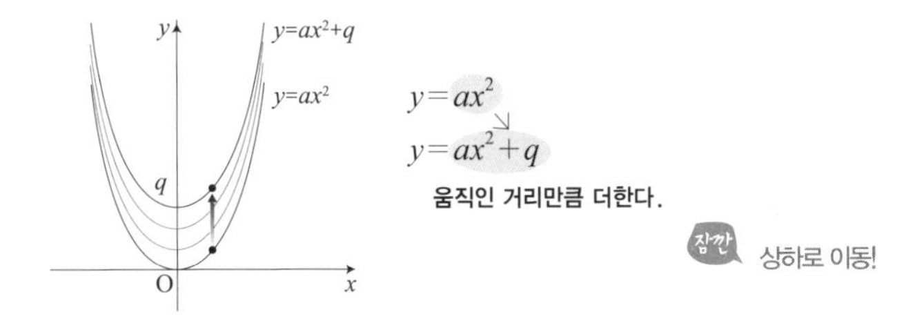

이차함수 $y=a(x-p)^2+q$의 그래프는 이차함수 $y=ax^2$의 그래프를 x축의 방향으로 p만큼, y축의 방향으로 q만큼 평행이동한 것이다.

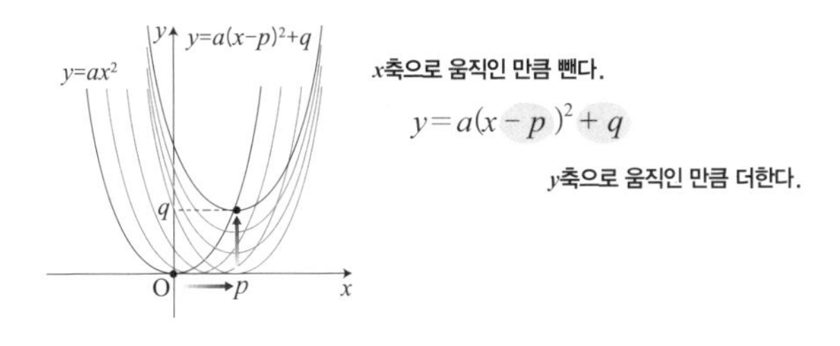

이차함수 $y=a(x-p)^2+q$의 그래프를 쉽게 그리는 법

현대 수학의 근원을 세운 함수의 아버지,
오귀스탱 코시

오귀스탱 코시(Augustin L. Cauchy, 1789~1857년)는 19세기 프랑스를 대표하는 수학자 중 한 사람이다. 그는 프랑스 대혁명이 일어나고 얼마 후, 관리의 아들로 태어났다. 아버지와 친분이 있었던 수학자 라그랑주나 라플라스의 영향으로 어려서부터 자연스럽게 수학과 친해질 수 있었다.

코시는 16세에 에콜 폴리테크니크에 입학하여 토목기사 자격을 얻었다. 그러나 건강이 좋지 않아 일을 그만두고 수학 연구에 몰두했다. 1815년에 수학적인 업적이 인정되어 에콜 폴리테크니크의 교수가 되었고, 이듬해 과학 아카데미의 회원 자격을 얻었다.

하지만 코시의 삶은 1830년 7월에 일어난 혁명으로 극적인 전환을 맞는다. 혁명으로 왕이 된 루이 필립이 모든 정치가, 귀족, 학자에게 "왕에게 충성을 맹세하라."라는 명령을 내렸는데, 코시는 이를 단호히 거부한 것이다. 그 결과 교수직을 박탈당하고 국외로 추방되었다.

1838년에 다시 파리로 돌아왔으나 공직에 오르지 못하다가, 1848년에 나폴레옹 3세가 즉위한 뒤에야 소르본 대학의 교수로 복귀했다. 그리고 1857년에 죽음을 맞을 때까지 대학에서 학생들을 가르쳤다.

코시는 가르치는 것을 즐거워했고, 무려 789편의 논문을 썼다. 30페이지에 달하는 논문을 일주일에 여러 개 제출하는 코시 때문에 과학 아카데미는 '논문 1편당 4쪽 이내'라는 제한을 만들기도 했다고 한다.

코시의 가장 큰 업적은 함수론의 정립이다. 그는 함수에 대해 현대적인 정의를 내렸으며, 연속성을 정의하고, 복소변수 함수론과 방정식론을 세워 후세 수학자들에게 많은 영향을 끼쳤다.

코시는 '함수의 아버지'로 불리며, 가우스와 함께 현대 수학의 근원을 세운 인물로 평가된다.

확률과 통계는
초등학교 때
배워 알고 있지?
훗~
껌이지!
아…아, 응…
초등수학
날씨 예보나 선거 등
생활과 밀접한 관련이 있지.
많은 양의
자료를 다룰 거니깐
기대해도 좋아.
끌끔
그, 그래
참 쉬워
보이네…
너… 무슨
결벽증 있는 건
아니지?

자료를 정리, 분석, 예측하는 확률과 통계

초등학교 때에는 단순한 자료를 표와 그래프로 정리하였다면 중학교 때는 많은 자료가 어떻게 분포되어 있는지를 한눈에 알아볼 수 있게 정리하고 해석한다. 1학년 때 도수분포표와 도수분포그래프, 상대도수를 학습하고, 2학년 때는 경우의 수와 확률에 대해, 3학년 때는 대푯값과 산포도, 상관관계 등을 학습한다.

확률은 고등학교 수학에서 순열과 조합 등으로 연결되고, 통계 역시 고등학교 수학에서 확률분포에 대한 내용으로 확장된다. 따라서 중학교 수학에서 다루는 확률과 통계의 기본적인 용어와 개념을 탄탄히 다져 두어야 한다. 확률과 통계는 정치와 경제 등 여러 분야와 밀접한 관계가 있기 때문에 통합적 사고력을 요하는 문제로 많이 출제된다.

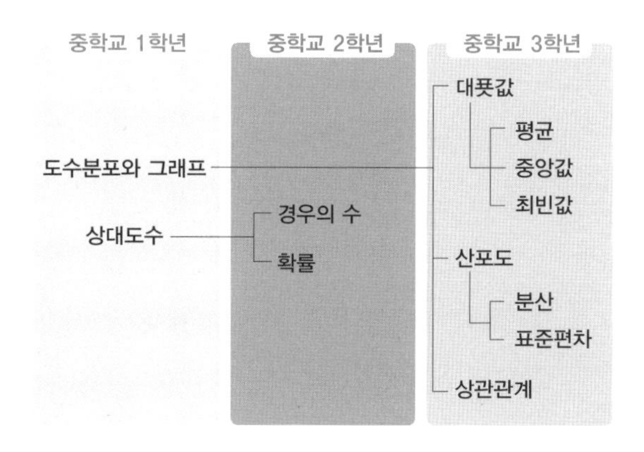

42 분포를 나타내는 표

중학교 1학년, 자료의 정리와 해석 단원

분포와 자료의 정리

분포(分布)란 일정한 범위 안에서 흩어져 퍼지는 것을 의미한다. '우리 반 학생들의 수학 점수의 분포', '우리 동아리 학생들의 몸무게의 분포' 등과 같이 사용한다.

이때 점수나 몸무게 중 가장 높은 값이나 가장 낮은 값은 얼마인지 또는 어떤 값이 많고 적은지 등을 쉽게 알아내려면 점수나 몸무게를 그냥 늘어 놓기보다는 어떤 기준에 따라 정리하는 것이 좋다.

점수, 사람 수, 키, 몸무게 등과 같이 자료를 수량으로 나타낸 것을 변량이라고 하는데 변량을 그 분포가 한눈에 보이도록 정리하는 방법으로는 줄기와 잎 그림, 도수분포표가 있다.

줄기와 잎 그림

자료의 정리 방법 중 줄기와 잎 그림은 중심을 이루는 줄기가 있고, 각 줄기마다 잎이 달려 있는 모양과 같다고 하여 붙여진 이름이다.

줄기와 잎 그림을 만드는 순서는 다음과 같다.

1. 자료를 줄기와 잎으로 구분한다. 이때 줄기는 십의 자리 이상의 숫자, 잎은 일의 자리의 숫자로 정한다.

2. 세로선을 긋고, 세로선의 왼쪽에 줄기에 해당하는 수를 크기순으로 쓴다.
3. 세로선의 오른쪽에 각 줄기에 해당되는 잎을 크기순으로 쓴다. 이때 중복된 자료의 값은 중복된 횟수만큼 나열한다.

어느 반 20명의 학생들의 수학 성적이 다음과 같을 때, 다음 자료를 이용하여 줄기와 잎 그림을 만들어보자.

79	92	81	69	72	74	85	99	75	77
72	93	78	89	88	85	98	76	65	66

(단위 : 점)

1. 가장 낮은 점수가 65점, 가장 높은 점수가 99점이므로 줄기는 6, 7, 8, 9로 하고 잎은 일의 자리의 숫자로 한다.
2. 세로선을 긋고, 세로선의 왼쪽에 6, 7, 8, 9를 크기순으로 쓴다.
3. 세로선의 오른쪽에 각 줄기에 해당되는 잎을 크기순으로 쓴다. 이때 72점, 85점이 두 명씩이므로 줄기 7의 잎 2, 줄기 8의 잎 5는 두 번씩 쓴다.

이렇게 만든 줄기와 잎 그림은 다음과 같다.

수학 성적

(6|5는 65점)

줄기	잎
6	5 6 9
7	2 2 4 5 6 7 8 9
8	1 5 5 8 9
9	2 3 8 9

줄기와 잎 그림으로 자료를 정리하면 원래의 자료 하나하나의 값을 알아 볼 수 있고 그래프를 따로 그리지 않아도 분포 상태를 쉽게 알아 볼 수 있다는 장점이 있다.
반면, 자료의 개수가 많을 때는 모든 자료를 일일이 나열하기 불편하다.
이 불편을 해소할 수 있는 정리 방법으로 도수분포표가 이용된다.

도수분포표

도수(度數)란 '거듭되는 횟수'를 뜻하는 한자어로, 해당하는 범위의 값이 몇 번 나오는지를 알려 주는 수이다. 도수분포표는 도수가 어떻게 분포되어 있는지 알아보기 쉽게 만든 표이다.
변량을 일정한 간격으로 나눈 구간을 계급이라 부르고 구간의 폭을 계급의 크기라 한다.
일반적으로 계급은 '얼마 이상 얼마 미만'과 같이 정해서 서로 겹치지 않도록 하는데 계급의 크기는 5 또는 10 정도 되도록 잡는다. 이때 계급의 개수가 너무 적으면 자료의 분포 상태를 알기 어렵고, 계급을 너무 잘게 쪼개어 많이 잡으면 각 계급의 도수가 적으므로 정리하는 의미가 없어진다. 어떤 계급에 속하는 변량의 수를 그 계급의 도수라고 하고 단위를 떼고 나타낸다.
도수분포표를 만드는 순서는 다음과 같다.

1. 가장 작은 변량과 가장 큰 변량을 찾는다.
2. 계급의 개수가 많지 않도록 계급의 크기를 정하여 몇 개의 계급으로 나눈다.
3. 각 계급에 속하는 변량의 수를 세어 계급의 도수를 구한다.
4. 표로 정리하고 도수의 총합을 구해서 변량의 총 개수와 같은지 확인한다.

앞에서 줄기와 잎 그림을 만들 때 사용한 자료를 이용하여 이번에는 도수분포표를 만들어 보자.

(단위 : 점)

79	92	81	69	72	74	85	99	75	77
72	93	78	89	88	85	98	76	65	66

1. 가장 낮은 점수가 65점, 가장 높은 점수가 99점이다.
2. 60점부터 시작해서 계급의 크기가 10점이 되도록 계급을 정할 수 있다. 즉, 60점 이상 70점 미만, 70점 이상 80점 미만, 80점 이상 90점 미만, 90점 이상 100점 미만으로 4개의 계급을 만들 수 있다.
3. 이번에는 각 계급에 속하는 점수의 학생 수를 세어 보자.
   60점 이상 70점 미만인 학생은 3명, 70점 이상 80점 미만인 학생은 8명, 80점 이상 90점 미만인 학생은 5명, 90점 이상 100점 미만인 학생은 4명이다. 따라서 단위를 떼고 순서대로 3, 8, 5, 4가 각각 그 계급의 도수이다.
4. 이를 표로 정리하고 도수와 총합과 총 학생 수가 같은지 확인하면 도수분포표가 완성된다.

이렇게 만든 도수분포표는 다음과 같다.

점수(점)	학생 수(명)
60 이상 ~ 70 미만	3
70 ~ 80	8
80 ~ 90	5
90 ~ 100	4
합계	20

도수분포표로 자료를 정리하면 계급의 개수를 원하는 만큼 정할 수 있고, 각 계급의 도수를 한눈에 알아보기 쉽다. 또한 자료의 개수가 많거나 자료가 분포하는 범위가 넓을 때, 많은 자료를 정리하기 좋다.

반면, 각 자료의 값을 정확하게 알 수 없으며 계급의 개수가 너무 많거나 적으면 자료의 특성이 명확히 드러나지 않을 수 있다.

만점
공략

계급값도 알아 둬!

계급값도
있잖아?
엑!
그런 것도
알아야 해?
각 계급을 대표하는
값으로, 계급의
딱 가운데 값이야.
60점 이상 70점 미만인 계급의 계급값은
$\frac{60+70}{2}$ = 65(점)이다.
70점 이상 80점 미만인 계급의 계급값은
$\frac{70+80}{2}$ = 75(점)이다.
아~ 난
천잰가 봐~
도수분포표를 만들 때는
필요 없어. 평균을
구할 때 이용해.
아항~

43 분포를 나타내는 그래프

중학교 1학년, 자료의 정리와 해석

자료의 분포 상태는 표보다 그래프로 나타내면 더 쉽게 알아볼 수 있다. 도수분포를 나타내는 그래프는 히스토그램과 도수분포다각형, 두 종류가 있다.

히스토그램

히스토그램은 계급의 크기를 가로로 하고, 도수를 세로로 하는 직사각형을 차례로 그린 그래프이다. '조직'이라는 뜻을 가진 'histo'와 '기록, 그림, 문서' 등의 뜻을 가진 'gram'이 합쳐져 만들어진 말이다.

히스토그램을 그리는 순서

1. 가로축과 세로축을 그린다.
2. 가로축에는 계급의 양 끝값을, 세로축에는 도수를 차례로 나타낸다.
3. 각 계급의 크기를 가로로 하고, 각 계급의 도수를 세로로 하는 직사각형을 차례로 그린다.

앞에서 사용했던 수학 성적 자료를 이용하여 히스토그램을 만들어 보자.

79	92	81	69	72	74	85	99	75	77
72	93	78	89	88	85	98	76	65	66

(단위 : 점)

1. 도수분포표를 만들 때와 마찬가지로 60점에서 시작하여 크기가 10점이 되도록 계급을 정하고 순서대로 도수를 구하면 3, 8, 5, 4이다.
2. 먼저 평면에 가로축과 세로축을 그린다.
3. 가로축에는 각 계급의 양 끝값 60, 70, 80, 90, 100을 표시하고, 세로축에는 도수를 차례로 나타낸다.
4. 이제 순서대로 각 계급의 크기를 가로로 하고, 도수를 세로로 하는 직사각형을 그리면 히스토그램이 완성된다.

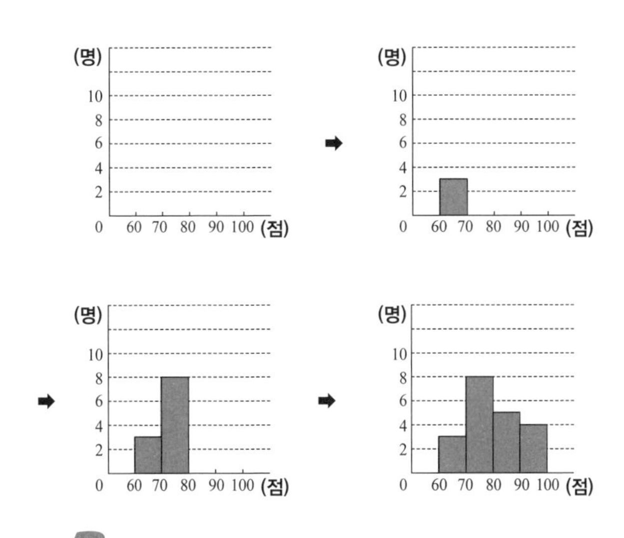

잠깐 히스토그램의 각 직사각형의 가로의 길이는 계급의 크기 10으로 모두 같고, 세로의 길이는 각 계급의 도수에 정비례한다.

도수분포다각형

도수분포를 다각형 모양으로 나타낸 그래프를 도수분포다각형이라고 한다. 히스토그램의 각 직사각형 윗변에 중점을 찍고, 중점을 선분으로 연결하여 그린 것이다. 이때 양 끝에 도수가 0인 계급을 하나씩 추가하여 연결하면 완성된다.

도수분포표, 히스토그램, 도수분포다각형은 모두 자료의 분포 상태를 알아보기 쉽게 정리하는 방법이다. 필요에 따라 맞추어 만들어 사용한다.

점수(점)	학생 수(명)
60 이상 ~ 70 미만	3
70 ~ 80	8
80 ~ 90	5
90 ~ 100	4
합계	20

[도수분포표]

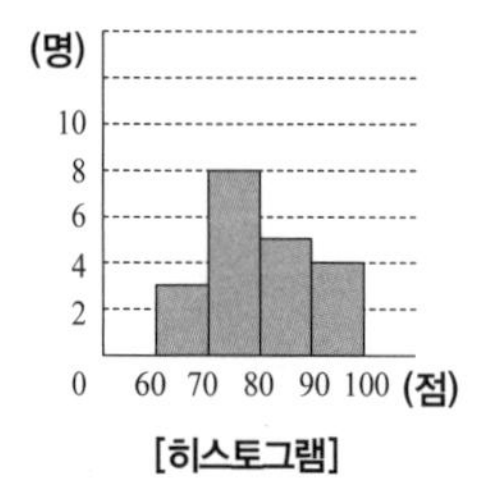

[히스토그램]

[도수분포다각형]

44 상대도수

중학교 1학년, 자료의 정리와 해석 단원

상대도수

한 명은 100점 만점에 80점을 받았고 다른 한 명은 60점 만점에 50점을 받았다면 단순히 80점과 50점을 비교해서는 누가 성적이 더 좋은지 알 수 없다. 이처럼 수치만으로는 실제의 가치를 알 수 없기 때문에 비율을 사용해야 할 때가 있다. 이런 때를 수학적으로는 '도수의 총합이 다른 두 가지 이상의 자료를 비교할 때'라고 한다.

상대도수는 비율을 따져서 도수를 나타내는 것으로, 각 계급의 도수가 전체에서 차지하는 비율이다. 상대도수를 분수의 꼴로 나타내면 비교할 때 통분하는 과정이 필요하므로, 보통 소수로 나타낸다.

$$(\text{어떤 계급의 상대도수}) = \frac{(\text{그 계급의 도수})}{(\text{도수의 총합})}$$

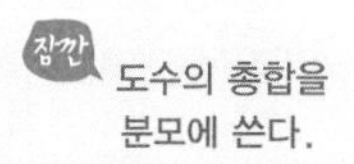

상대도수의 분포표

도수분포표에서 도수 대신 상대도수를 나타내어 만든 분포표를 상대도수의 분포표라고 한다. 도수의 총합이 다른 두 가지 이상의 자료를 비교할 때 두 자료의 상대도수의 분포표를 만들어 사용한다.

앞에서 구한 도수분포표를 상대도수의 분포표로 바꿔 보자.

점수(점)	학생 수(명)
60 이상 ~ 70 미만	3
70 ~ 80	8
80 ~ 90	5
90 ~ 100	4
합계	20

[도수분포표]

➡

점수(점)	상대도수
60 이상 ~ 70 미만	0.15
70 ~ 80	0.40
80 ~ 90	0.25
90 ~ 100	0.20
합계	1

[상대도수의 분포표]

도수의 총합이 20명이므로 각 계급의 상대도수는 $\frac{(\text{그 계급의 도수})}{20}$로 구한다.

맨 위의 계급부터 순서대로 상대도수를 구하면

$\frac{3}{20}=0.15,\ \frac{8}{20}=0.40,\ \frac{5}{20}=0.25,\ \frac{4}{20}=0.20$

이므로 상대도수의 분포표는 위와 같다. 이때, 상대도수의 총합은 항상 1이다.

상대도수의 그래프

도수분포표를 히스토그램, 도수분포다각형과 같은 그래프로 나타내면 자료의 분포 상태를 한눈에 알아볼 수 있듯이 상대도수의 분포표 역시 그래프로 나타내면 분포 상태를 한눈에 알아볼 수 있다.

도수분포표를 그래프로 바꿀 때 세로축은 도수를 나타내었지만 상대도수의 분포표를 그래프로 바꿀 때에는 세로축이 상대도수로 달라진다. 그러나 그리는 방법은 똑같다.

45 대푯값 - 평균, 중앙값, 최빈값

중학교 3학년, 대푯값과 산포도 단원

대푯값은 자료를 대표하는 값으로 평균, 중앙값, 최빈값 등 여러 가지가 있다. 따라서 자료의 성질이나 경향을 파악하기에 알맞은 값을 대푯값으로 정해야 한다.

잠깐 자료마다 필요한 대푯값이 다르다.

평균

평균은 변량의 총합을 도수의 총합으로 나눈 값으로, 가장 대표적인 대푯값이다. 한 집단의 자료 분포를 하나의 값으로 나타낼 때, 가장 공정한 값이기 때문이다.

자료의 개수가 많을 때는 변량을 하나하나 더한 후 총 개수로 나눠서 평균을 구하면 실수하기도 쉽고 계산하기도 오래 걸리므로, 도수분포표를 이용하여 구한다.

도수분포표에서 평균 구하기

1. 각 계급마다 계급값을 구하여 (계급값) × (도수)를 계산한다.
2. 1에서 구한 (계급값) × (도수)를 모두 더한 다음 (도수의 총합)으로 나눈다.

$$(\text{평균}) = \frac{\{(\text{계급값}) \times (\text{도수})\}\text{의 총합}}{(\text{도수의 총합})}$$

물론 도수분포표에서는 각 자료의 정확한 값을 알 수 없기 때문에 실제 변량을 모두 더해서 구한 평균과는 아주 약간 차이가 있다. 하지만 이 차이는 무시한다.

앞에서 정리한 도수분포표에서의 평균을 구해 보자.
각 계급의 계급값과 (계급값)×(도수)를 계산하여 표로 나타내면 다음과 같다.

점수(점)	학생 수(명)	계급값(점)	(계급값)×(도수)
60 이상 ~ 70 미만	3	65	$65 \times 3 = 195$
70 ~ 80	8	75	$75 \times 8 = 600$
80 ~ 90	5	85	$85 \times 5 = 425$
90 ~ 100	4	95	$95 \times 4 = 380$
합계	20		1600

이때, (계급값)×(도수)의 총합이 1600, 총 학생 수가 20이므로 수학 성적의 평균은 $\frac{1600}{20} = 80$(점)이다.

중앙값

간혹 평균으로는 자료의 특징을 정확히 파악하기 어려울 때가 있다. 만약 다섯 명의 몸무게가 44kg, 42kg, 45kg, 80kg, 41kg이라면 평균은 $\frac{44+42+45+80+41}{5} = \frac{252}{5} = 50.4$(kg)이다. 네 명의 몸무게가 모두 45kg 이하인데, 한 명의 몸무게가 80kg이므로 평균이 45kg보다 높게 나타난다. 이때는 평균으로 네 명의 몸무게의 경향성을 나타내기 어렵다. 이와 같이 자료 중에 매우 크거나 작은 극단적인 값이 있으면 평균은 그 극단적인 값에 영향을 받기 때문에 이 자료의 대푯값으로 쓰기에 부적절하다. 이때는 중앙값을 대푯값으로 이용한다.
중앙값은 말 그대로 중앙에 있는 값을 말한다. 자료를 작은 값부터 큰 값 순서로 나열한 다음, 자료의 총 개수가 홀수일 때는 가장 가운데 값, 짝수일 때에는 가장 가운데의 두 값의 평균을 중앙값으로 정한다.

㉥ 다섯 명의 몸무게가 44kg, 42kg, 45kg, 80kg, 41kg일 때
몸무게를 크기 순서로 나열하면 41kg, 42kg, 44kg, 45kg, 80kg이므로,
가장 가운데 값 44kg이 중앙값이다.

㉥ 네 명의 몸무게가 44kg, 42kg, 80kg, 40kg일 때
몸무게를 크기 순서로 나열하면 40kg, 42kg, 44kg, 80kg이므로,
가운데의 두 값, 즉 42kg과 44kg의 평균 43kg이 중앙값이다.

최빈값

최빈값은 '최고'라는 뜻의 한자 '최(最)', '자주'라는 뜻의 한자 '빈(頻)'으로 이루어진 말이다. 즉 가장 자주 나타나는 값이라는 뜻이다. 자료의 총 개수가 적을 때에는 경향성이 크게 드러나지 않기 때문에 그다지 쓸모가 없는 대푯값이지만 자료가 아주 클 때에는 유용하다.
예를 들어 가장 지지율 높은 후보를 조사할 때, 가장 많이 팔린 자동차나 소비자의 만족도가 가장 높은 제품 등을 찾을 때, 옷의 표준 치수를 결정할 때 최빈값이 유용하다.

최빈값은 없거나 두 개 이상일 수도 있어!

46 산포도 - 분산과 표준편차

중학교 3학년, 대푯값과 산포도 단원

자료의 분포 상태는 표와 그래프뿐만 아니라 수치로도 알 수 있다. 바로 이 수치가 산포도이다. 산포도는 자료들이 어떻게 흩어져 퍼져 있는지 알려 주는 값이다. 단순히 '넓게 퍼졌다.' 또는 '좁게 퍼졌다.'가 아니라 자료의 분포 정도를 값으로 나타내어 비교할 수 있게 한다. 산포도에는 범위, 분산과 표준편차가 있다.

범위

생활에서 가장 쉽게 접하는 산포도는 범위이다.
범위는 자료의 최솟값과 최댓값만 알면 구할 수 있는데, 계산이 간단하고 쉽게 이해할 수 있기 때문에 자료의 수가 적은 경우에 사용하기 유용하다.

(범위) = (자료의 최댓값) − (자료의 최솟값)

하지만 자료 중 극단적인 값이 있으면 범위만으로 정확한 자료의 분포 상태를 알 수 없다. 즉, 자료의 분포 상태는 비슷하지만 범위는 다르거나 자료의 분포 상태는 다르지만 범위가 같을 수도 있다. 따라서 범위만으로 자료의 분포 상태를 정확히 나타내기는 어렵다.

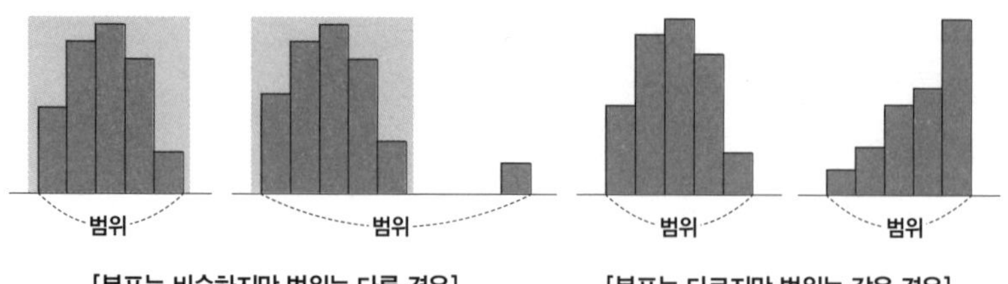

[분포는 비슷하지만 범위는 다른 경우] [분포는 다르지만 범위는 같은 경우]

분산과 표준편차

분산과 표준편차는 평균을 기준으로 해서 자료의 퍼진 정도를 하나의 값으로 나타낸 것으로, 범위보다 많이 사용된다.
전체 자료가 퍼진 정도를 알기 위해서는 우선 자료의 각 변량 하나하나가 평균으로부터 얼마나 떨어져 있는지, 즉 편차를 알아야 구할 수 있다.

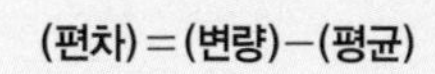

평균보다 작은 변량의 편차는 음수, 평균보다 큰 변량의 편차는 양수, 평균과 같은 값의 변량의 편차는 0이다.

어떤 자료라도 편차를 모두 더하면 0이 되어 편차만으로는 자료의 퍼진 정도를 알 수 없다. 따라서 편차를 제곱하여 모두 양의 값으로 만든 다음, 분산과 표준편차를 구하여 자료의 퍼진 정도를 알아낸다.

$$(\text{분산}) = (\text{편차의 제곱의 평균})$$
$$(\text{표준편차}) = \sqrt{(\text{분산})}$$

분산과 표준편차를 구하는 순서를 보면 각 의미를 이해할 수 있다. 편차가 커질수록 편차의 제곱도 커지고, 그 평균도 따라서 커진다. 따라서 자료가 평균으로부터 멀리 떨어져 분포하면 편차의 절댓값이 크고, 그 제곱의 평균도 따라서 커지기 때문에 분산과 표준편차가 크다. 반대로 자료가 평균 가까이에 몰려 있으면 편차의 절댓값이 작고, 그 제곱의 평균도 따라서 작아지기 때문에 분산과 표준편차가 작다.

㉮ 학생 다섯 명의 시험 점수가 다음과 같을 때, 점수의 분산과 표준편차를 구해 보자.

6점, 5점, 8점, 10점, 6점

1. 점수의 평균을 구한다.

   ⇨ $\frac{6+5+8+10+6}{5}=7$(점)이다.

2. 각 변량에서 평균을 뺀 편차를 구한다.

   ⇨ 순서대로 -1점, -2점, 1점, 3점, -1점이다. 잠깐 편차의 합은 0이다.

3. 각 편차의 제곱을 구한다.

   ⇨ 순서대로 1, 4, 1, 9, 1이다.

4. 편차의 제곱의 평균으로 분산을 구한다.

   ⇨ $\frac{1+4+1+9+1}{5}=3.2$이다.

5. 분산의 양의 제곱근으로 표준편차를 구한다.

   ⇨ 점수의 표준편차는 $\sqrt{3.2}$ 점이다.

분산과 표준편차의 단위를 봐 둬!

47 산점도와 상관관계

중학교 3학년, 상관관계 단원

우리는 일반적으로 식사량을 늘리면 몸무게가 늘어나고 식사량을 줄이면 몸무게가 줄어든다는 것을 알고 있기 때문에 체중 조절이 필요할 때 식사량을 조정하곤 한다. 식사량과 몸무게 사이의 관계와 같이 두 종류의 자료가 서로 영향을 미치는지, 영향을 미친다면 어떤 영향을 미치는지에 대하여 알 필요가 있다.

산점도

두 자료 사이의 관계를 나타내는 그림을 산점도(散點圖, scatter plot)라고 하는데 이름에 사용된 한자 산(散), 영어 'scatter'는 모두 '흩어진다.'는 의미이다.

산점도는 좌표평면에 두 종류의 자료의 변량 x, y의 값을 순서쌍으로 하는 점 (x, y)를 찍어 그린다. 식사량과 몸무게의 산점도는 다음과 같다.

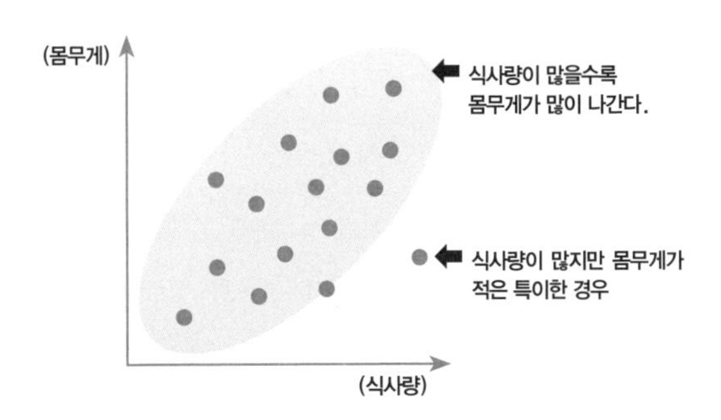

산점도를 이용하면 두 자료 사이의 관계를 한눈에 알아볼 수 있다는 장점도 있고 두 자료 사이의 일반적인 관계를 벗어난 특이한 경우를 확인할 때에도 유용하다.

상관관계

산점도를 만들었을 때, 한쪽의 값이 커짐에 따라 다른 쪽의 값이 대체로 커지거나 대체로 작아지는 관계가 있으면 두 변량 사이에는 상관관계가 있다고 한다.

앞서 그린 식사량과 몸무게의 산점도에 따르면 식사량이 커짐에 따라 몸무게가 대체로 커진다. 이와 같이 두 변량 x, y 사이에 x의 값이 커짐에 따라 y의 값도 대체로 커지는 관계가 있는 경우, 양의 상관관계가 있다고 한다. 키와 몸무게, 어느 도시의 인구수와 학교 수 등은 일반적으로 양의 상관관계가 있는 경우에 해당되며 이 경우, 산점도는 오른쪽 위를 향하는 직선 근처에 점이 찍혀 있는 그림으로 나타난다.

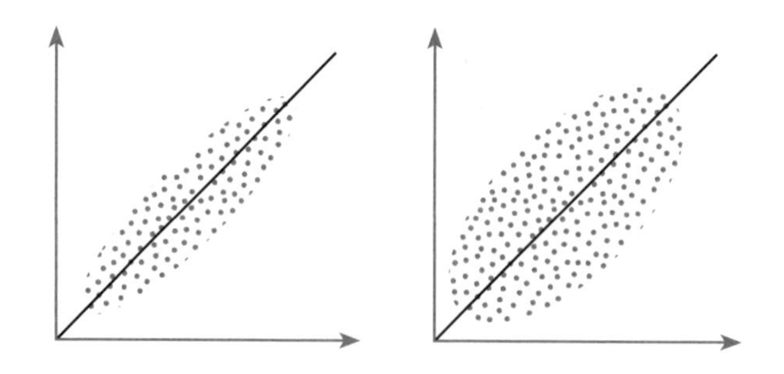

반면, 어떤 제품의 생산량과 가격, 산의 고도와 기온 사이의 관계와 같이 두 변량 x, y 사이에 x의 값이 커짐에 따라 y의 값이 대체로 작아지는 관계가 있는 경우, 음의 상관관계가 있다고 한다. 이 경우, 산점도는 오른쪽 아

래를 향하는 직선 근처에 점이 찍혀 있는 그림이 된다.

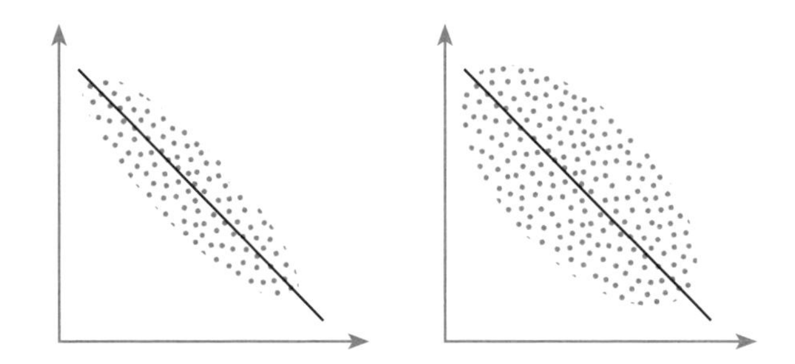

한편, 시력이 좋다고 눈이 크거나 시력이 나쁘다고 눈이 크지는 않다. 또한 키가 크다고 성적이 좋거나 키가 작다고 성적이 나쁜 것도 아니다. 이처럼 두 변량 x, y의 크기가 서로 다른 것에 영향을 주지 않는 경우, 두 변량 x, y 사이에는 상관관계가 없다고 한다. 산점도를 그렸을 때, 점들이 어떤 직선에 가까이 있다고 말하기 어렵거나 x축 또는 y축에 평행한 직선에 가까이 있는 경우가 이에 해당한다.

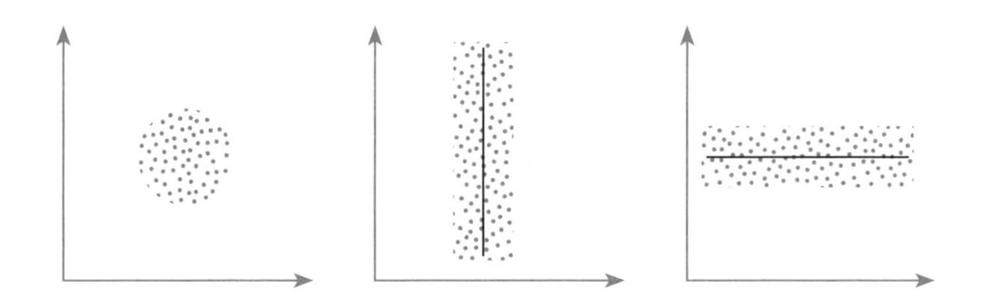

48 경우의 수

중학교 2학년, 확률과 그 기본 성질 단원

사건

우리가 일상생활 속에서 사용하는 '사건'이라는 말은 주로 사회적으로 문제를 일으키거나 주목받는 일을 의미한다. 하지만 수학의 확률 단원에서는 반복할 수 있는 실험이나 관찰에 의하여 일어나는 어떤 결과를 사건이라고 한다.

어떤 사건에 이름을 붙일 때는 영어 대문자를 사용하여 A, B, C 등으로 표시하고, 사건 A, 사건 B 등과 같이 읽는다.

예 주사위를 던지는 실험에 의해 그 결과로 3의 배수, 즉 3이나 6의 눈이 나오는 일을 '주사위를 던져 3의 배수가 나오는 사건'이라고 말한다.

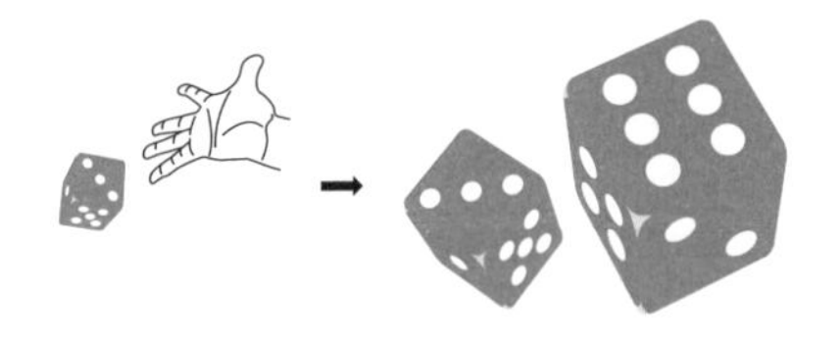

경우의 수

실험이나 관찰에 의해서 일어나는 사건의 총 가짓수를 경우의 수라고 한다. 예를 들어, 주사위를 던져 3의 배수가 나오는 사건은 3이 나오거나 6이 나오는 두 가지만 가능하므로 이 사건이 일어나는 경우의 수는 2이다.

주사위를 던지는 것과 같이 간단한 사건에서는 경우의 수를 세기가 어렵지 않다. 하지만 복잡한 사건, 특히 두 종류 이상의 사건에 대한 경우의 수는 경우의 수의 합과 곱을 사용하여 구한다.

① 경우의 수의 합

사건 A가 일어나는 경우의 수는 m, 사건 B가 일어나는 경우의 수는 n이고 두 사건 A와 B가 동시에 일어나지 않을 때, 사건 A 또는 사건 B가 일어나는 경우의 수는 $m+n$이다.

예를 들어, 파란 공 2개, 흰 공 3개, 검은 공 2개가 들어 있는 주머니에서 공을 하나 꺼낼 때, 파란 공 또는 흰 공이 나오는 사건을 사건 A라고 하자.

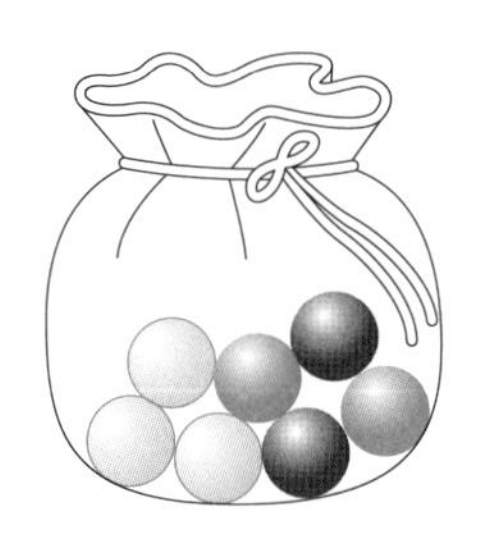

그런데 꺼낸 공이 파란 공인 동시에 흰 공일 수는 없다. 따라서 사건 A의 경우의 수는 파란 공이 나오는 경우의 수 2와 흰 공이 나오는 경우의 수 3을 더한 값, 5이다.
이처럼 동시에 일어나지 않는 두 사건의 경우의 수는 각 경우의 수의 합으로 구하기 때문에 이를 합의 법칙이라고도 한다.

② 경우의 수의 곱

사건 A가 일어나는 경우의 수는 m, 그 각각에 대하여 사건 B가 일어나는 경우의 수는 n일 때, 두 사건 A, B가 동시에 일어나는 경우의 수는 $m \times n$이다.

예를 들어, 티셔츠 3종류와 바지 2종류가 있을 때, 티셔츠와 바지를 짝지어 입으려면 3종류의 티셔츠 각각에 대하여 2종류의 바지를 짝지어 입을 수 있다.

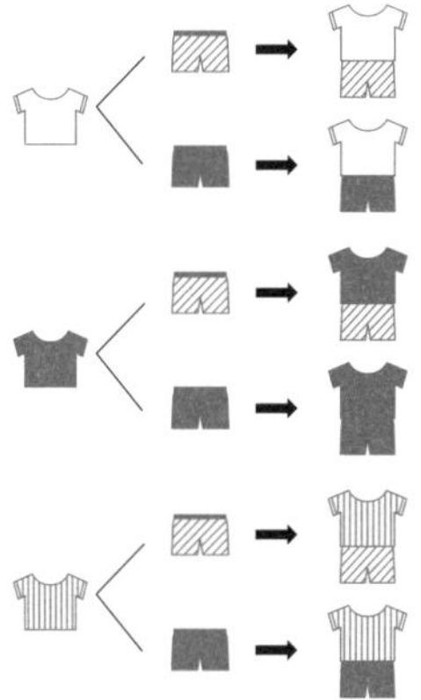

따라서 티셔츠와 바지를 짝지어 입는 경우의 수는 $3 \times 2 = 6$(가지)이다.

이처럼 두 사건이 동시에 일어나는 경우의 수는 각 경우의 수의 곱으로 구할 수 있으므로, 이를 곱의 법칙이라고도 한다.

49 확률

중학교 2학년, 확률과 그 기본 성질 단원

확률

확률은 어떤 사건이 일어날 가능성을 수로 나타낸 것이다.

어떤 실험이나 관찰에서 일어날 수 있는 모든 경우의 수가 n이고 각 경우가 일어날 가능성이 모두 같을 때, 사건 A가 일어나는 경우의 수가 a이면 사건 A가 일어날 확률은 다음과 같다.

$$(\text{사건 } A\text{가 일어날 확률}) = \frac{(\text{사건 } A\text{가 일어나는 경우의 수})}{(\text{일어날 수 있는 모든 경우의 수})} = \frac{a}{n}$$

타율은 우리가 평소에 접할 수 있는 확률의 한 예이다. 어느 프로야구 선수의 타율이 0.3이라면 이번 타석에서 안타를 칠 확률이 낮다는 뜻이 아니다. 이 선수가 이번 타석에서 안타를 치지 못해도 다음에 어느 타석에서든 안타를 쳐서 총 10번 타석에 설 때 최소한 3번은 안타를 칠 가능성이 있다는 의미다.

또, 공장에서 만든 물건의 불량률이 0.01이라면 불량품이 나올 확률이 낮기 때문에 생산한 모든 제품이 거의 정상 제품이라는 뜻이 아니다. 이 공장에서 만든 물건 100개 중에서 1개꼴로 불량품이 생길 가능성이 있다는 의미다.

이처럼 확률은 그 사건이 발생할 가능성에 대한 값일 뿐이지, 그 사건이 이번에 일어나는지 일어나지 않는지를 나타내는 값이 아니다.

확률 0과 확률 1

'주사위를 던져 7 이상의 눈이 나오는 사건'과 같이 절대 일어나지 않는 사건의 확률은 0이다. 이때, 사건이 일어나는 경우의 수가 0이기 때문에 확률이 $\frac{0}{6}=0$이다.
또, '주사위를 던져 6 이하의 눈이 나오는 사건'과 같이 반드시 일어나는 사건의 확률은 1이다. 주사위를 던지면 1, 2, 3, 4, 5, 6 중 하나가 반드시 나오기 때문에 이 사건의 경우의 수는 모든 경우의 수와 같다. 그래서 확률은 $\frac{6}{6}=1$이다.
따라서 어떤 사건이 일어날 확률을 p라 하면 이 값 p는 0 이상 1 이하, 즉 $0 \leq p \leq 1$이다.

현대 확률론의 수학적 이론을 확립한
블레즈 파스칼

블레즈 파스칼(Blaise Pascal, 1623~1662년)은 프랑스의 오베르뉴 지방에서 태어났다. 그는 물리학, 철학, 종교 사상 등 다방면에서 천재성을 드러냈는데, 특히 수학적 비상함은 아주 어렸을 때부터 나타났다.

파스칼은 12살에 기하학에 흥미를 느껴 독학으로 유클리드 기하학을 터득했고, 14살 때 프랑스 수학자 모임에 참여했다. 그리고 16살에 《원뿔곡선시론》을 발표했는데 여기에는 그 후 '파스칼의 정리'로 알려진 명제도 포함되어 있었다. 그의 눈부신 업적은 거기서 멈추지 않는다. 1642년에 최초로 계산기를 발명했는데, 이는 회계 업무를 맡은 아버지에게 도움을 주기 위한 것이었다.

1651년 아버지가 죽은 후 친교를 맺게 된 드 메레가 "일정한 점수를 따면 끝내기로 하고 도박을 시작했는데 중간에 갑자기 그만두어야 할 때, 어떻게 판돈을 나눌 것인가?"라고 파스칼에게 질문했다. 파스칼은 페르마와 편지를 나누며 이 문제를 풀어 갔는데, 이것이 현대 확률론의 수학적 이론을 세우는 출발점이 되었다. 프랑스의 유명한 수학자 라플라스는 "비록 확률이라는 학문이 천박한 도박에 대한 고찰로 시작되었지만 인간 지식의 가장 중요한 분야 중 하나로 승화되었다."라고 평했다.

1654년 파스칼은 종교적인 무아의 경지를 경험하고서는 과학과 수학을 버리고 신학에 전념하기로 결심했다. 그리고 신앙 생활에 몰두하면서 죽을 때까지 단 한 번을 제외하고는 수학계로 돌아오지 않았다. 그래서 사람들은 파스칼을 '수학사에서 가장 위대한 인물이 될 뻔한 사람'이라며 안타까워한다. 하지만 그의 저서 《팡세》나 '인간은 생각하는 갈대'라는 명언은 오늘날까지도 그 가치가 전혀 퇴색하지 않고 사람들 사이에서 이야기되고 있다.

이상하게
도형만 못해.
문제도 많이
푸는데...
도형은
용어가
기본이다!
혹시...
문제집
용어와 기호의
의미를 몰라서
도형을 못한 거야.
그래, 용어부터
다시 공부하자!

중학수학의 50%는 도형, 기초 용어와 기호

중학교 3개 학년의 2학기 수학은 대부분 도형 단원으로 이루어져 있다. 즉, 도형을 못하면 2학기 중학수학을 잘할 수 없다.

도형 단원은 다른 단원에 비해 새롭게 알아야 할 용어가 많으며, 주로 기호를 이용하여 나타낸다. 1학년 때는 점, 선, 면부터 삼각형, 사각형 등 기본 도형의 성질과 이들을 기호를 이용해서 나타내는 방법을 배운다. 이를 바탕으로 2학년 때는 삼각형과 사각형의 성질을 깊이 있게 배운다. 3학년 때는 전 학년에서 배운 내용을 바탕으로 보다 다양하게 도형을 활용하는 법을 배운다. 이처럼 이전 학년의 내용을 이해해야만 진도를 나갈 수 있으므로 만약 도형 단원에서 점수가 나오지 않으면 중학교 1학년에서 배운 도형의 용어 정의와 기호의 의미부터 파악해야 한다.

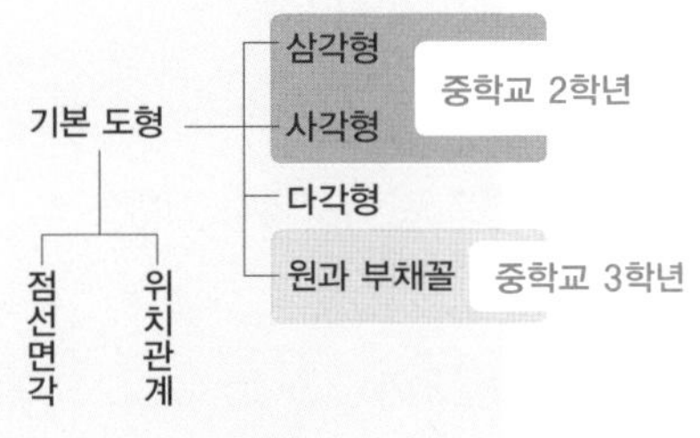

50 점, 선, 면

중학교 1학년, 기본 도형 단원

평면도형은 점, 선으로 이루어져 있고, 입체도형은 점, 선, 면으로 이루어져 있다. 점, 선, 면은 도형의 기본 요소로, 이 역시 도형이다.

1. 도형을 구성하는 기본적인 요소는 점, 선, 면이다.
2. 점이 움직인 자리는 선이 되고, 선이 움직인 자리는 면이 된다.
3. 선은 무수히 많은 점으로, 면은 무수히 많은 선으로 이루어져 있다.

면

입체도형은 몇 개의 면을 서로 이어 붙여서 만들 수 있다. 즉, 면은 모양의 차이는 있어도 입체도형을 이루는 기본 요소다.

삼각기둥을 모서리를 따라서 자르면 밑면은 삼각형, 옆면은 직사각형 모양이다. 즉, 삼각기둥은 삼각형인 밑면 2개와 직사각형인 옆면 3개, 이렇게 5개의 면으로 이루어져 있다.

원기둥 역시 모서리를 따라 자르면 원 2개와 직사각형이 되는 옆면 1개, 이렇게 3개의 면으로 이루어져 있다.

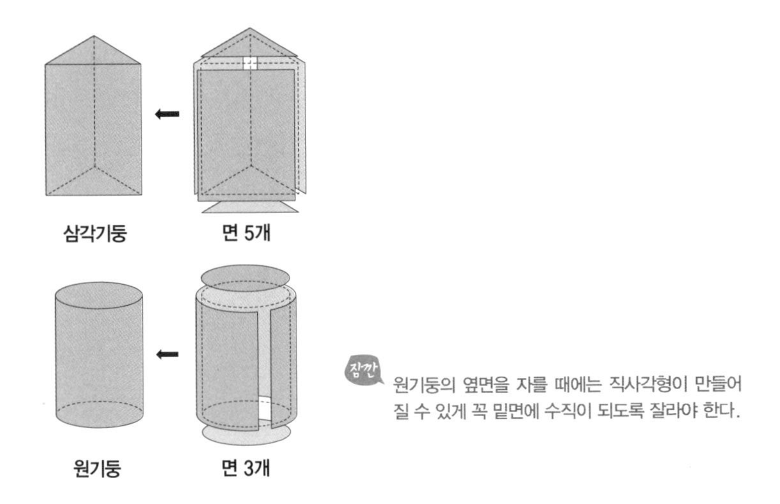

선

입체도형을 이루는 면이 되는 평면도형은 몇 개의 선을 서로 이어 붙여서 만들 수 있다. 즉, 선은 그 길이의 차이는 있어도 평면도형을 이루는 기본 요소다.

삼각기둥의 밑면인 삼각형 모양을 만들기 위해서는 변이 되는 짧은 선 3개가 필요하다. 또, 옆면인 직사각형 모양을 만들기 위해서는 변이 되는 선 4개가 필요하고, 원기둥의 밑면인 원 모양은 선 1개를 둥글려서 만들 수 있다.

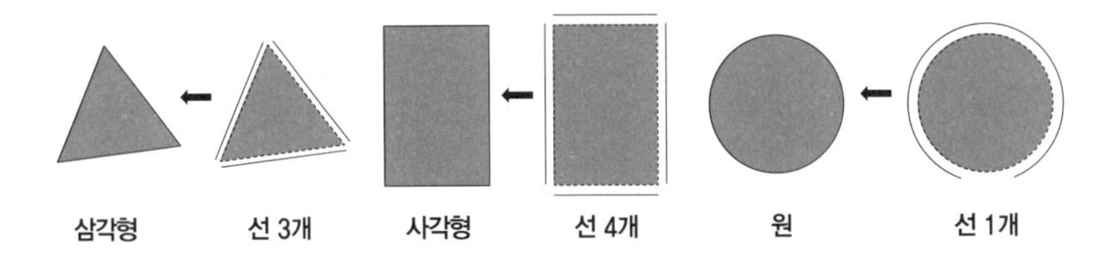

점

평면도형의 한 변을 이루는 선은 몇 개인지 알 수 없을 정도로 아주 많은 점이 빼곡하게 모여서 만들어진다. 즉, 개수의 차이는 있어도 점은 선을 이루는 기본 요소다.

교점과 교선

교점(交點)은 선과 선 또는 선과 면이 만나 생기는 점이고, 교선(交線)은 면과 면이 만나 생기는 선이다.

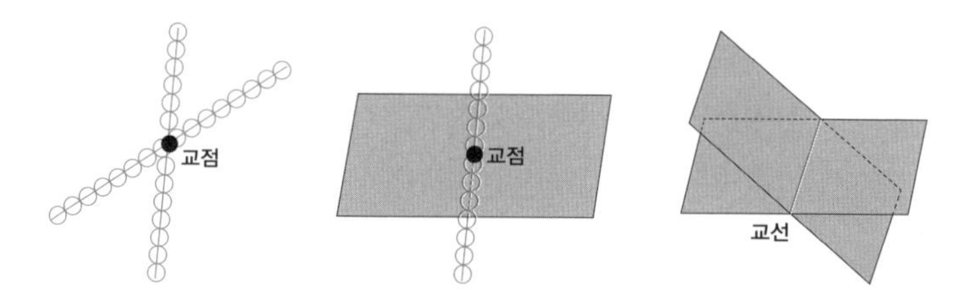

점, 선, 면의 관계를 파악해!

51 직선, 반직선, 선분

중학교 1학년, 기본 도형 단원

선도 곧은 선, 굽은 선 등 여러 종류가 있듯이 곧은 선에도 여러 종류가 있다. 곧다고 해서 모두 직선은 아니다. 각 선마다 그 쓰임새나 기호로 표현하는 방법도 다르다.

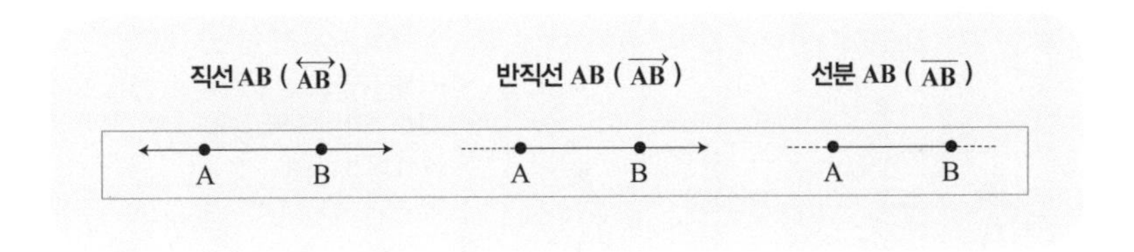

직선

곧은 선 중에서도 시작이나 끝을 알 수 없이 좌우로 한없이 뻗은 선을 직선(直線)이라고 한다.

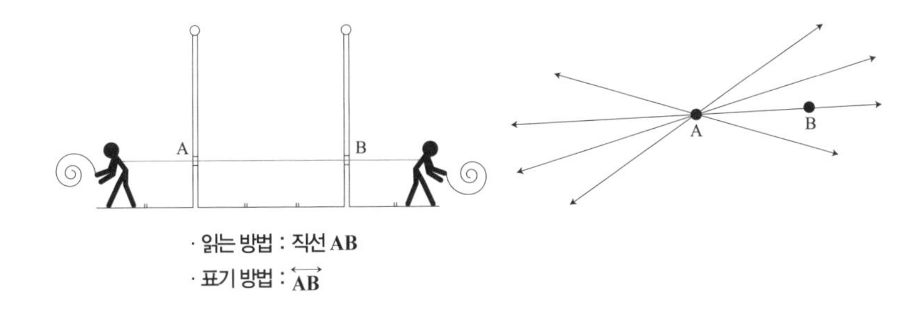

직선은 시작이나 끝을 알 수 없기 때문에, 직선의 길이를 짐작할 수 없다.

또, '좌우로 뻗어 있다.'는 뜻에서 기호 '↔'을 사용한다. 두 점을 지나는 직선은 오직 하나만 존재하기 때문에 두 점을 이용하여 직선을 표현한다.

반직선

직선 AB의 어느 한 지점을 자르면 곧은 선이지만 양쪽으로 뻗지 않고 한쪽으로만 뻗어 나간다. 직선과 달리 시작하는 위치를 분명히 알 수 있다. 직선을 반으로 자른 꼴이라서 반쪽짜리 직선이라는 뜻으로 반직선(半直線)이라고 한다.

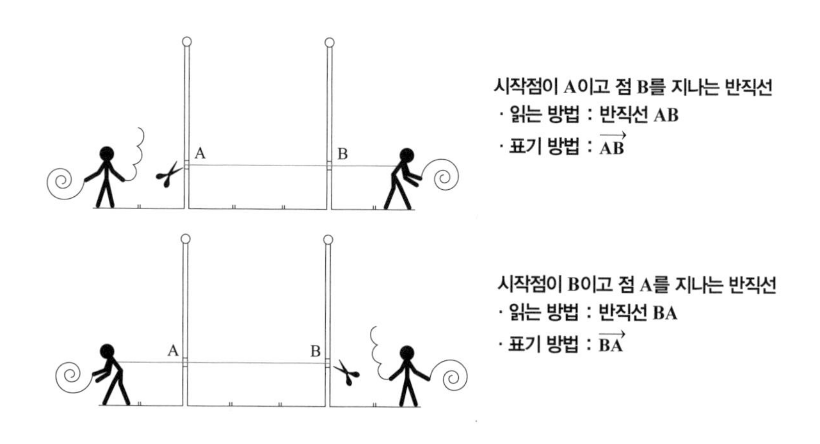

반직선을 나타낼 때에는 뻗어 나가는 방향이 중요하므로 방향을 알려주는 기호 '→'을 사용한다. 같은 두 점을 이용하여 나타낸 반직선이라도 시작점과 방향이 바뀌면 다른 반직선이다. 즉, $\overrightarrow{BA}$와 $\overrightarrow{AB}$는 서로 다른 반직선이다.

선분

직선 AB에서 A와 B 사이만 남기고 자르면 시작과 끝을 알 수 있는 곧은 선을 얻을 수 있다. 이 선은 '자른다.'는 뜻의 한자 '분(分)'을 사용하여 선분(線分)이라고 한다. 어느 쪽으로도 뻗어 나가지 않고 멈추어 있다는 의미에서 기호 ↔의 양쪽 화살 꼭지를 떼고 기호 '—'을 시작점과 끝점 위에 써서 나타낸다.

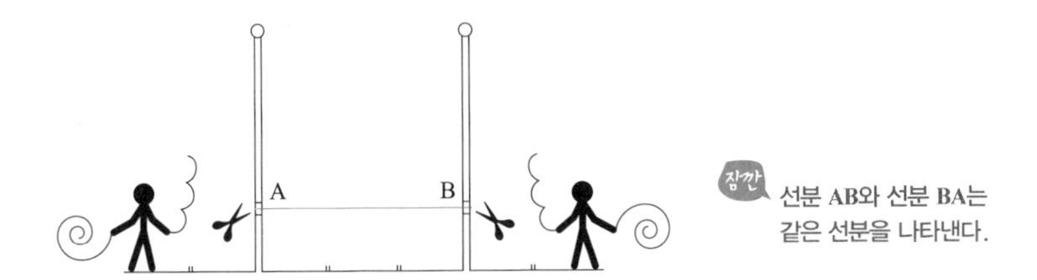

시작점이 A, 끝점이 B인 선분
- 읽는 방법 : 선분 AB
- 표기 방법 : $\overline{AB}$

시작점이 B, 끝점이 A인 선분
- 읽는 방법 : 선분 BA
- 표기 방법 : $\overline{BA}$

선분은 길이를 알 수 있어!

$\overline{AB}$ = 3cm
이므로...
움찔
무슨 뜻이야?
'선분 AB의 길이가 3cm이다.'라는 뜻이야. 선분 AB는 선분의 길이라는 의미도 있어.
선생님, 얘가 모른대요~
ㅋㅋㅋ
선분은 길이를 알 수 있어? 직선과 반직선은 길이를 모르잖아.
당연하지. 선분은 시작과 끝이 있고 나머지는 없잖아.
A B
직선 AB
A B
반직선 AB
A B
선분 AB
움찔~
쳇 난 안다구!

52 각

중학교 1학년, 기본 도형 단원

각

각은 점, 선, 면과 같이 일정한 형태를 띠고 있는 것이 아니라 선과 선, 선과 면, 면과 면이 만날 때, 그 둘이 벌어진 정도를 나타내는 것이기 때문에 도형이라고 생각하지 않을 수도 있다.

하지만 선분이 3개 모여 삼각형을 이루듯이 반직선 2개가 만나 이루어지는 각 역시 도형이다. 각을 나타낼 때는 각의 모양을 그대로 축소한 기호 '∠'을 사용한다.

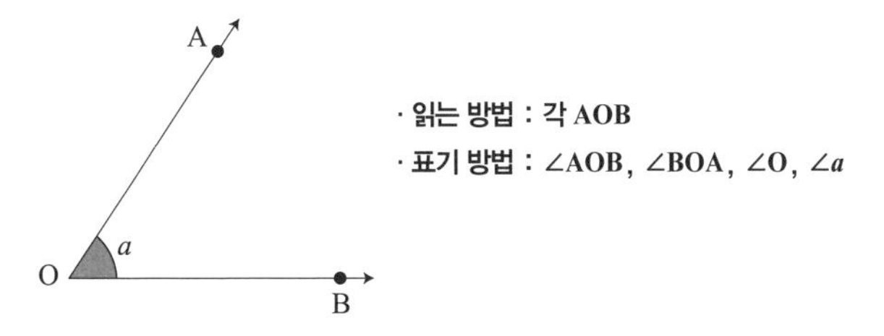

각을 이루는 요소

각을 만들기 위해서는 반드시 한 점에서 출발하는 서로 다른 두 반직선이 있어야 한다.

- 각의 변 : 각을 이루는 두 반직선
- 각의 꼭짓점 : 두 반직선의 시작점이 만나서 생기는 점 O
- 각의 크기 : 각의 한 변 $\overrightarrow{OA}$ 가 각의 꼭짓점 O를 중심으로 $\overrightarrow{OB}$ 까지 회전한 양

각도기를 이용하면 각의 크기를 잴 수 있다. 다시 말해, 각은 크기를 갖는 도형이다.

∠AOB는 각의 이름이기도 하고 그 각의 크기를 의미하기도 한다. 즉, '∠AOB의 크기가 75°이다.'를 '∠AOB = 75°'로 나타낼 수 있다.

각의 크기에 따른 종류

모든 각은 크기를 가지고 있는데, 특수한 몇 가지 각은 그 크기를 의미하는 이름이 따로 있다.

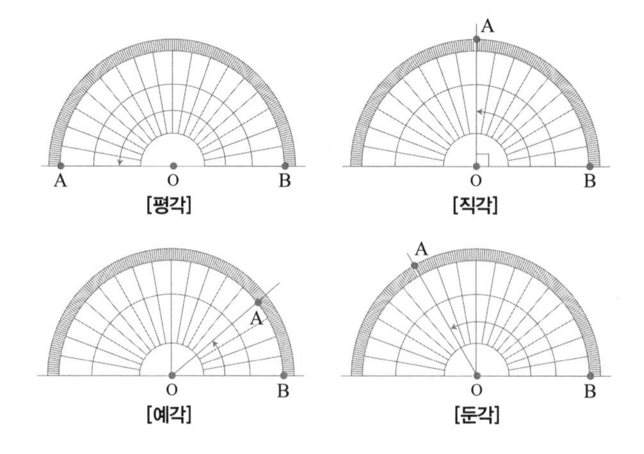

[평각] [직각]
[예각] [둔각]

① 평각 : 크기가 180°인 각

'평평하다.'는 뜻의 한자 '평(平)'을 써서 평각(平角)이라고 한다. 각의 두 변이 각의 꼭짓점을 중심으로 반대쪽에 있고 한 직선을 이룰 때를 말한다.

② 직각 : 크기가 90°인 각

'곧다.'는 뜻의 한자 '직(直)'을 써서 직각(直角)이라고 한다. 이는 바닥에 놓인 변 하나에 대해 나머지 변 하나가 위로 곧게 뻗어 있다는 의미이다.

특히, 그림에 직각인 각을 표시할 때에는 일반적인 각을 표시할 때 사용하는 동그란 모양을 쓰지 않고 'ㄱ'으로 그린다.

③ 예각 : 0°보다 크고 90°보다 작은 각

모양이 뾰족하여 '날카롭다.'는 뜻의 한자 '예(銳)'를 써서 예각(銳角)이라고 한다. 0.0000000001°나 89.99999999° 등도 0°보다는 크고 90°보다 작은 각이기 때문에 예각에 속한다.

잠깐 1°, 10°, 30°, 45°, 60°, 80° 등이 모두 예각이다.

④ 둔각 : 90°보다는 크고 180°보다는 작은 각

모양이 뭉툭하여 '무디고 둔하다.'는 뜻의 한자 '둔(鈍)'을 써서 둔각(鈍角)이라고 한다. 90.00000000001°나 179.999999999° 등도 90°보다는 크고 180°보다 작은 각이기 때문에 둔각이다.

잠깐 91°, 100°, 130°, 145°, 179° 등이 모두 둔각이다.

교각과 맞꼭지각

직선 두 개가 만나면 두 직선의 교점을 꼭짓점으로 하는 여러 개의 각이 생긴다. 이렇게 생기는 각들은 '만난다.'는 뜻의 한자 '교(交)'를 사용하여 교각(交角)이라고 한다.

특히 서로 마주 보는 각끼리 묶어서 꼭짓점을 기준으로 마주 보고 있다는 의미로 맞꼭지각이라고 한다. 서로 다른 두 직선이 만나면 반드시 두 쌍의 맞꼭지각이 생기는데, 맞꼭지각끼리는 그 크기가 서로 같다.

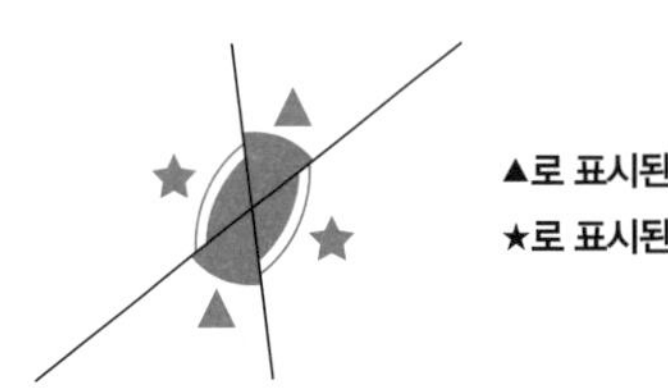

▲로 표시된 두 개의 각은 서로 맞꼭지각이다.
★로 표시된 두 개의 각도 서로 맞꼭지각이다.

수직과 수선

두 직선이 만나 생긴 교각이 90°일 때를 수직이라 하고, 수직으로 만난다는 뜻에서 직교한다고도 한다. 그리고 수직으로 만나는 모양을 그대로 축소한 기호 '⊥'을 이용하여 $\overleftrightarrow{AB} \perp \overleftrightarrow{CD}$라고 쓴다.

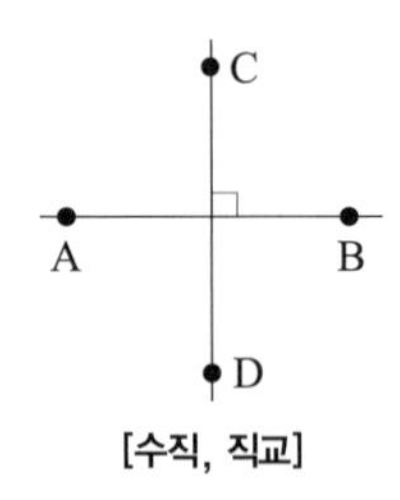

[수직, 직교]

또, 두 직선이 수직으로 만나면 한 직선을 다른 직선의 수선이라고 하는데, 다음과 같이 직선 AB 위에 있지 않은 한 점 P에서 직선 AB에 수선을 그을 때 생기는 교점 H를 수선의 발이라고 한다. 한 점 P에서 직선 AB에 그을 수 있는 선분은 무수히 많지만 그중 선분 PH의 길이가 가장 짧다. 이 선분 PH의 길이를 점 P와 직선 AB 사이의 거리로 정한다.

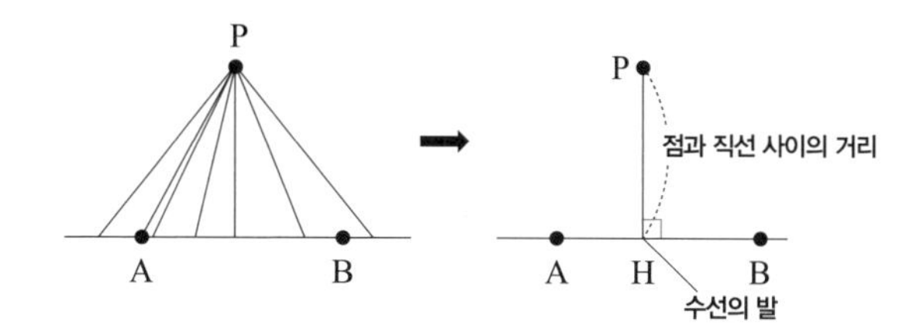

잠깐 점과 직선 사이의 거리는 점에서 직선에 이르는 가장 짧은 거리를 의미한다.

반드시 두 '직선'이 만날 때만 각이 생겨!

53 점, 직선, 평면의 위치 관계

중학교 1학년, 기본 도형 단원

점, 직선, 평면의 표현

① 점

점은 영어 대문자 A, B, C 또는 P, Q, R 등과 같이 임의로 알파벳을 붙여 표현한다. '점 A', '점 B', '점 P' 등과 같이 읽고, 그 점 가까이에 알파벳을 쓴다.

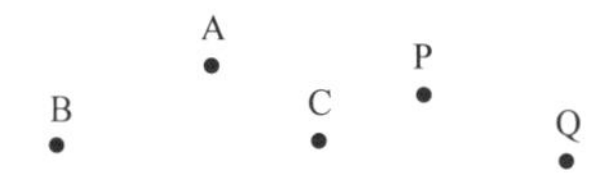

② 선

두 점 A, B를 지나는 직선은 '직선 AB', 즉 '$\overleftrightarrow{AB}$'로 나타낸다. 이는 두 점이 그 상황에서 어떤 역할을 할 때 사용하면 좋다. 반면, 단순하게 다른 직선과 구분할 때는 영어 소문자 l, m, n 등을 사용하여 '직선 l', '직선 m', '직선 n'이라고 읽고, 직선 가까이에 알파벳을 쓴다.

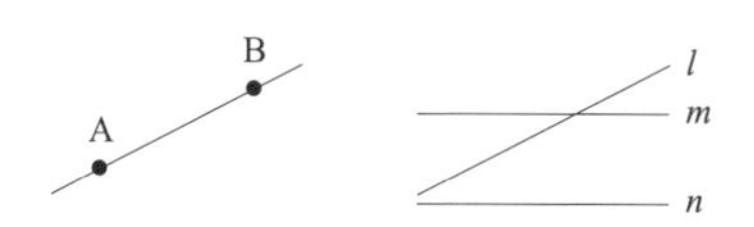

③ 평면

평면은 다각형일 경우에는 모양에 따라 읽는다. 즉, 세모 모양일 때에는 '삼각형', 네모 모양일 때는 '사각형'이라고 읽는다.

하지만 특별한 모양이 없는 평면은 영어 대문자 P, Q, R 등을 사용하여 '평면 P', '평면 Q', '평면 R'과 같이 읽거나 로마자 α(알파), β(베타) 등을 이용하여 '평면 α', '평면 β'와 같이 읽는다. 그림으로 나타낼 때에는 평면 모양을 그린 후, 그 안에 이름을 써 넣는다.

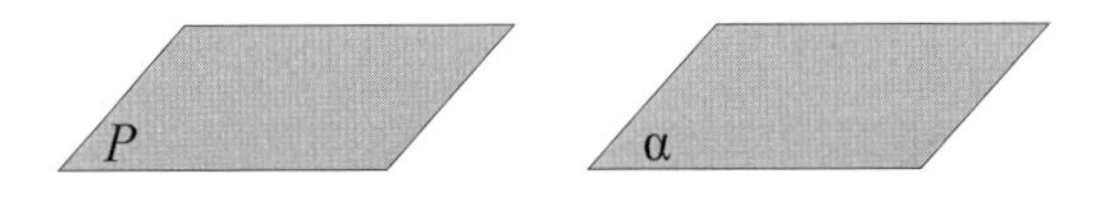

점과 직선 또는 두 직선의 위치 관계

두 도형이 서로 어떤 형태로 존재하는지를 나타내는 것을 위치 관계라고 한다.

① 점과 직선의 위치 관계

점이 직선 위에 있거나 직선 위에 있지 않은 두 가지 경우만 존재한다. 점과 직선이 공간에 있더라도 이 외의 경우는 없다.

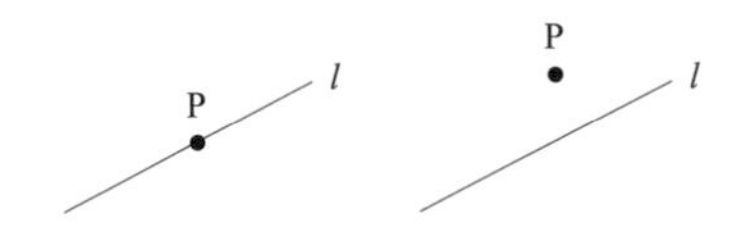

② 두 직선의 위치 관계

한 평면 위에 있는 두 직선은 한 점에서 만나거나, 평행하여 만나지 않거나, 완전히 일치하는 세 가지 경우가 있다. 이 중 한 점에서 만나거나 일치하면 두 직선이 만나고, 평행하면 두 직선이 절대 만나지 않는다.

그런데 공간에서 같은 평면 위에 있지 않은 두 직선은 만나지 않으면서 평행하지 않을 수도 있다. 이를 '꼬인 위치에 있다.'라고 한다.

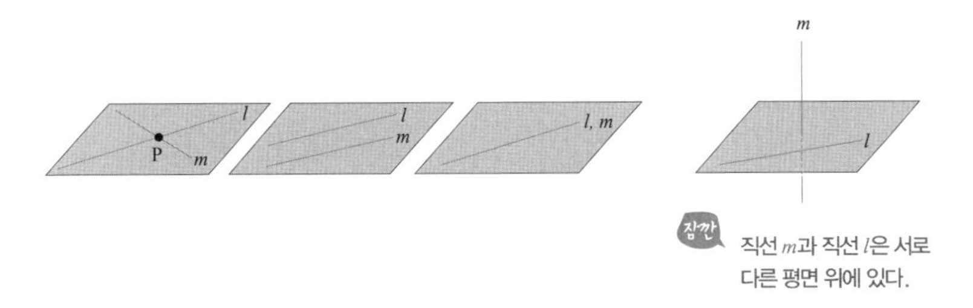

공간에서의 위치 관계

① 공간에서 직선과 평면의 위치 관계

직선이 평면에 포함되거나, 한 점에서 만나거나, 평행한 세 가지 경우가 있다. 평행한 경우를 제외하면 나머지는 직선과 평면이 만난다.

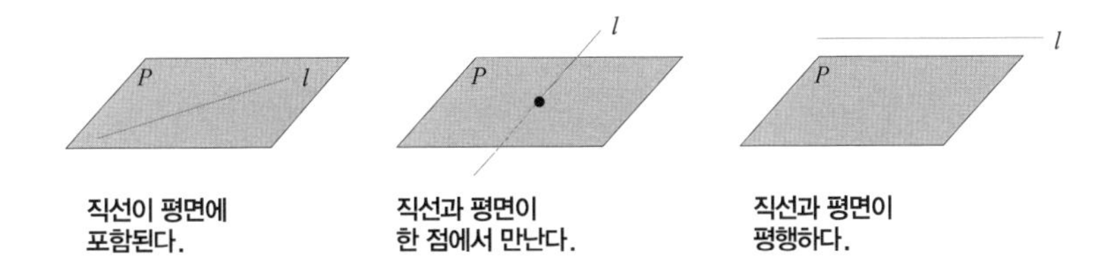

직선이 평면에 포함된다. 직선과 평면이 한 점에서 만난다. 직선과 평면이 평행하다.

② 공간에서 두 평면의 위치 관계

두 평면이 만나거나, 평행하거나, 일치하는 세 가지 경우가 있다. 이는 고등학교 수학에서 배운다.

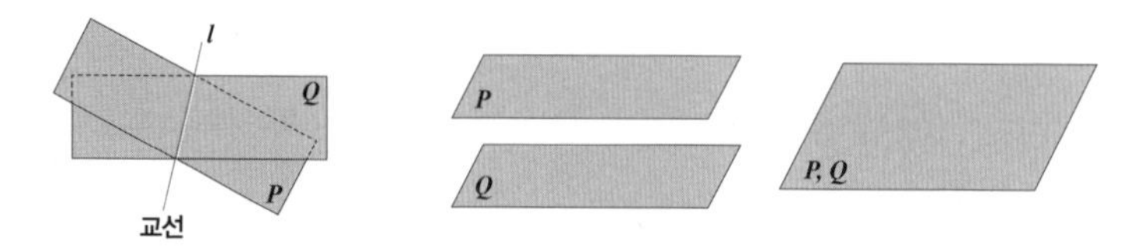

평행과 평행선

한 평면 위에 있는 두 직선이 만나지 않을 때, 두 직선은 평행하다고 하고, 이 두 직선을 평행선이라고 한다.

두 직선이 평행한 모양을 딴 기호 '//'을 이용하여 평행을 나타내는데, 두 직선 l, m이 평행하면 $l // m$과 같이 쓴다.

두 직선 l, m이 다른 한 직선과 만날 때, 다음과 같이 8개의 각이 생긴다. 서로 같은 위치에 있는 두 각을 동위각, 서로 엇갈린 위치에 있는 두 각을 엇각이라고 한다. 특히 엇각은 두 직선 안쪽에 있는 것들만 다룬다. 이때, 동위각끼리, 또 엇각끼리는 그 크기가 같다.

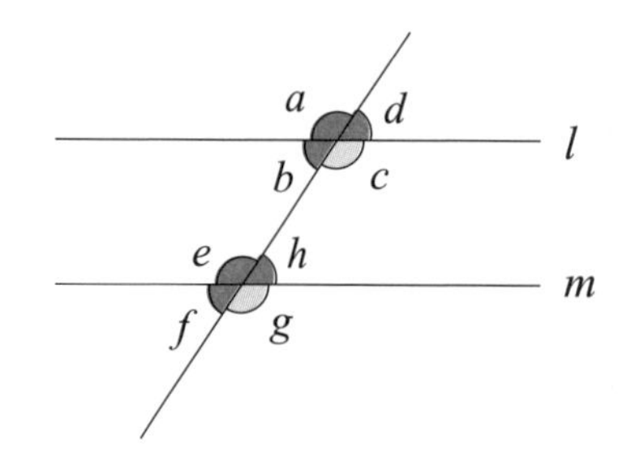

⇨ 동위각 : $\angle a$와 $\angle e$, $\angle b$와 $\angle f$,

$\angle c$와 $\angle g$, $\angle d$와 $\angle h$

즉, $\angle a = \angle e$, $\angle b = \angle f$,

$\angle c = \angle g$, $\angle d = \angle h$

⇨ 엇각 : $\angle b$와 $\angle h$, $\angle c$와 $\angle e$

즉, $\angle b = \angle h$, $\angle c = \angle e$

54 다각형 용어

중학교 1학년, 평면도형의 성질 단원

다각형의 뜻과 읽는 방법

다각형은 3개 이상의 선분으로 둘러싸인 평면도형이다. 다각형의 이름은 그 다각형을 이루는 선분의 개수에 따라 정한다. 즉, n개의 선분으로 둘러싸인 평면도형은 n각형이라고 한다.

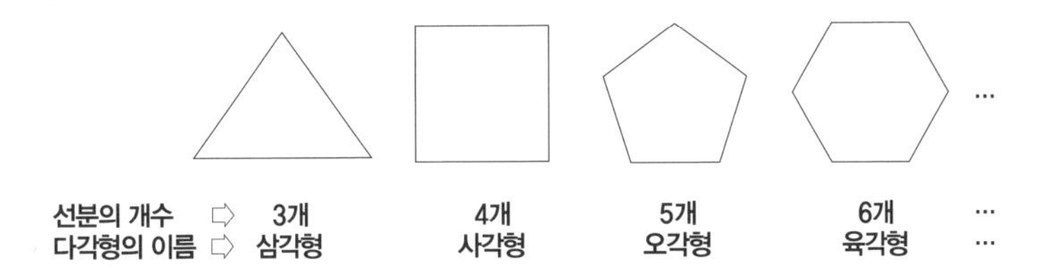

삼각형은 기호 △와 함께 꼭짓점을 순서대로 읽어서 '△ABC'와 같이 나타낸다. 또한 사각형은 기호 □와 함께 꼭짓점을 순서대로 읽어서 '□ABCD'와 같이 나타낸다. 오각형 이상은 특별한 기호 없이 '오각형 ABCDE', '육각형 ABCDEF'와 같이 읽는다.

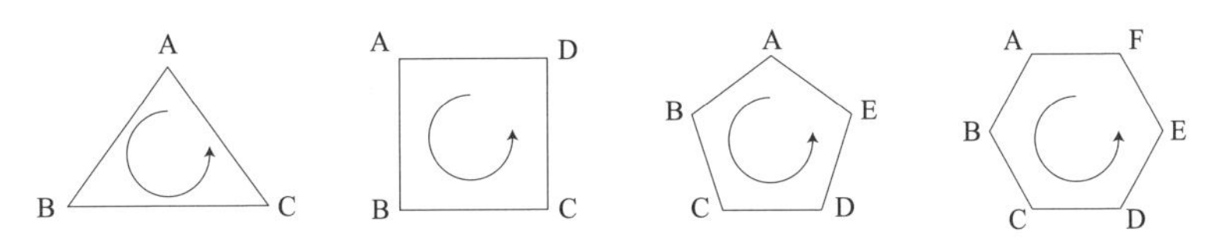

잠깐 보통은 알파벳 순서로, 시계 반대 방향으로 읽는다.

다각형의 요소

다각형을 이루는 각 선분을 변이라고 하고, 변과 변이 만나는 점을 꼭짓점이라고 한다. 또, 다각형에서 이웃하지 않는 두 꼭짓점을 이은 선분을 대각선이라고 한다.

n각형의 대각선의 개수

(1) 한 꼭짓점에서 그을 수 있는 대각선의 개수는 $n-3$

(2) 대각선의 총 개수는 $\frac{n(n-3)}{2}$

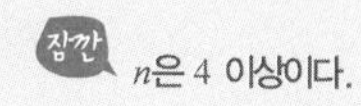

한 꼭짓점에서 이웃하는 두 변으로 이루어지는 각을 내각이라고 하고, 다각형의 한 내각의 꼭짓점에서 한 변과 그 변에 이웃하는 변의 연장선이 이루는 각을 외각이라고 한다. 내각은 반드시 도형 안에 존재하며, 한 내각과 그 외각의 크기의 합은 180°이다.

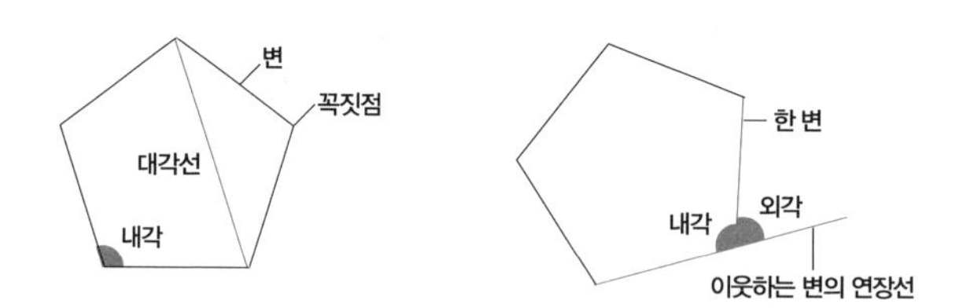

정다각형

정삼각형, 정사각형, 정오각형, …과 같이 모든 변의 길이가 같고 모든 내각의 크기가 같은 다각형을 정다각형이라고 한다. 변의 개수를 모르는 정다각형은 정n각형이라고 한다.

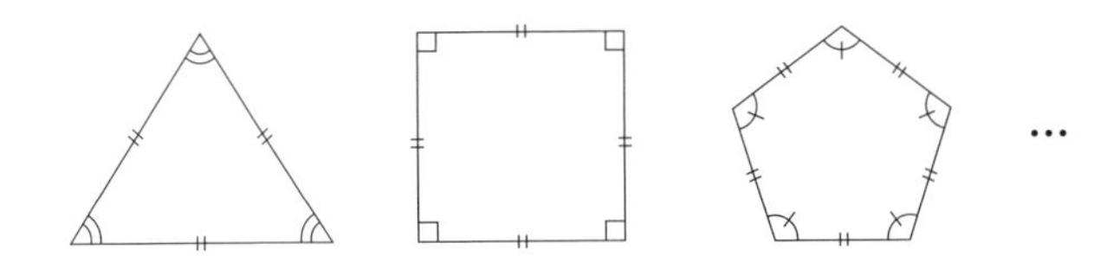

특수한 용어

다각형 중 삼각형에서만 쓰이는 몇 가지 용어가 있다.

다음과 같은 △ABC에서 ∠A와 마주 보는 변 BC를 ∠A의 대변이라고 하고, ∠A를 변 BC의 대각이라고 한다. 두 용어 모두 마주 본다는 뜻의 한자 '대(對)'를 사용하여 대변은 '마주 보는 변', 대각은 '마주 보는 각'이라는 뜻을 나타낸 것이다.

또, 한 변 BC에 대해 ∠B와 ∠C를 모두 양 끝 각이라 하고, 변 AB와 변 BC로 만들어지는 ∠B를 끼인각이라고 한다.

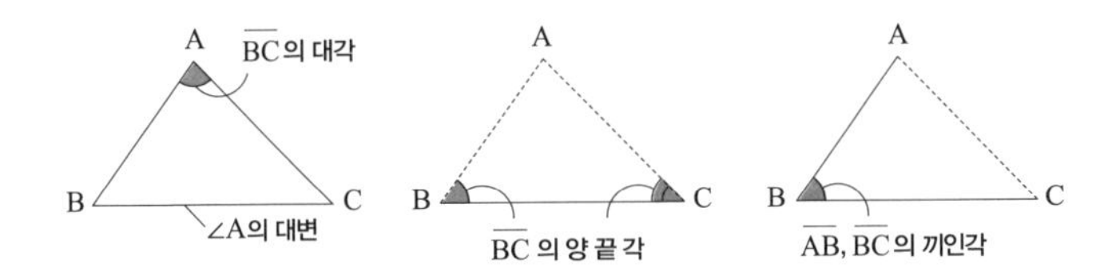

대각이라는 용어는 사각형에서도 사용된다. 다만 사각형의 꼭짓점의 개수가 짝수이므로 오른쪽 그림과 같은 □ABCD에서 ∠A와 서로 마주 보는 ∠C를 ∠A의 대각이라고 하고, 마찬가지로 ∠A를 ∠C의 대각이라고 한다. ∠B와 ∠D에 대해서도 마찬가지이다.

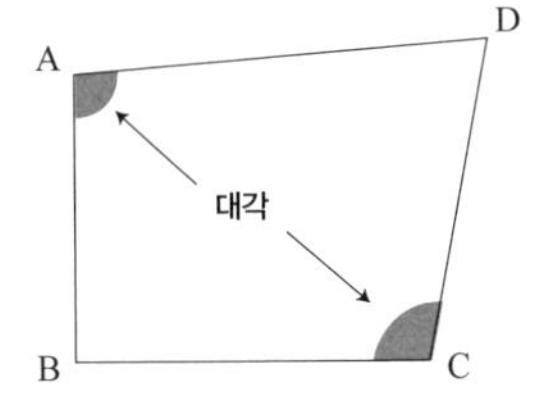

삼각형에서는 대각선을 그을 수 없어!

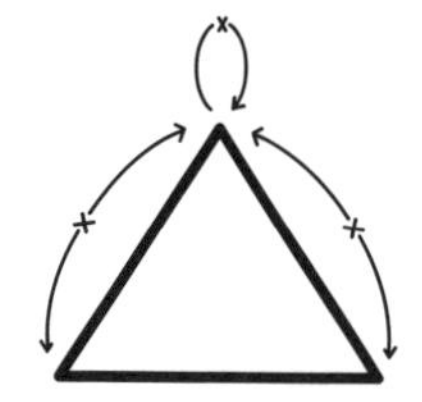

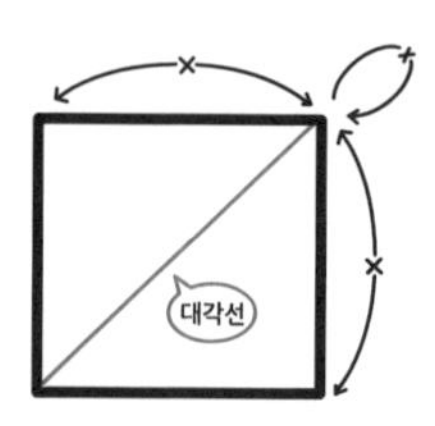

55 원 용어

중학교 1학년, 평면도형의 성질 단원

원의 기초 용어

평면 위의 한 점으로부터 일정한 거리에 있는 점들로 이루어진 도형을 원이라고 한다. 이때, 평면 위의 한 점을 원의 중심, 원의 중심과 원 위의 어느 한 점을 이은 선분을 원의 반지름이라고 한다. 간혹 원이라고 하면 원의 내부까지 모두 포함한다고 알고 있는데, 도형으로서의 원은 내부를 포함하지 않는다. 즉, 원 위라는 것은 원의 둘레 위를 의미한다.

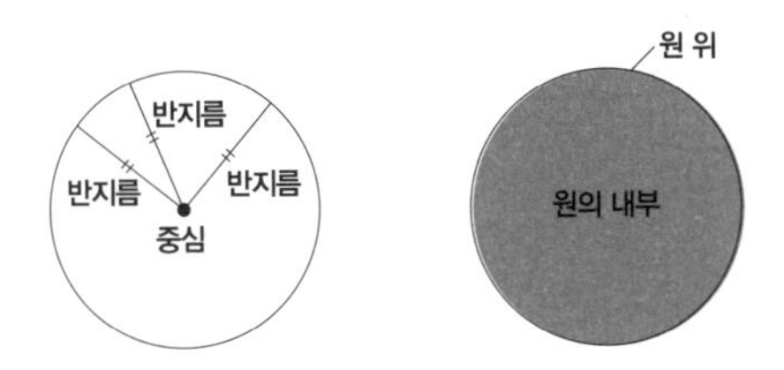

원주율

원의 둘레의 길이나 넓이를 계산하기 위하여 원주율이라는 값을 사용한다. 초등학교에서는 원주율로 3 또는 3.14를 사용했다.

실제로 원주율은 원의 지름의 길이에 대한 둘레의 길이의 비율, 즉 $\frac{(\text{원의 둘레의 길이})}{(\text{원의 지름의 길이})}$이다.

여러 수학자들이 많은 원을 가지고 계산해 본 결과, 원주율은 모두 같은 값임을 알게 되었다. 하지만 그 값은 3도 아니고 3.14도 아니었다. 정확히 말하면 3.141592…와 같이 한없이 계속되는 무한소수, 즉 무리수이다.
초등학교에서는 편리함을 위해 원의 둘레의 길이나 넓이를 계산할 때 대략적인 값인 3이나 3.14를 대입하여 계산했지만 중학교에서는 이처럼 계산하지 않는다. 무리수는 분수나 소수로 나타낼 수 없기 때문에 원주율은 실제로 값을 대입하지 않고 문자 'π'를 사용한다.
이렇게 사용하는 원주율 π는 그리스어로 둘레나 주위를 뜻하는 단어의 첫 글자인데, 읽을 때에는 '파이'라고 읽는다.

원의 일부분

원의 일부분으로, 원 위의 두 점을 양 끝으로 하는 도형을 호라고 한다. 양 끝점이 A, B인 호를 '호 AB'라고 읽는데, 도형의 모양을 그대로 축소하여 만든 기호 '⌒'를 이용하여 '$\overset{\frown}{AB}$'와 같이 나타낸다.
일반적으로 호 AB라고 하면 길이가 짧은 쪽의 호를 의미한다. 굳이 길이가 긴 쪽의 호를 말할 때는 긴 쪽의 호 위의 점 하나를 P로 정해서 '호 APB'라고 나타낸다.
또, 원 위의 두 점을 잇는 선분은 현이라고 한다. 양 끝점이 C, D인 현을 '현 CD'라고 읽고, 현은 선분이므로 '$\overline{CD}$'와 같이 쓴다.

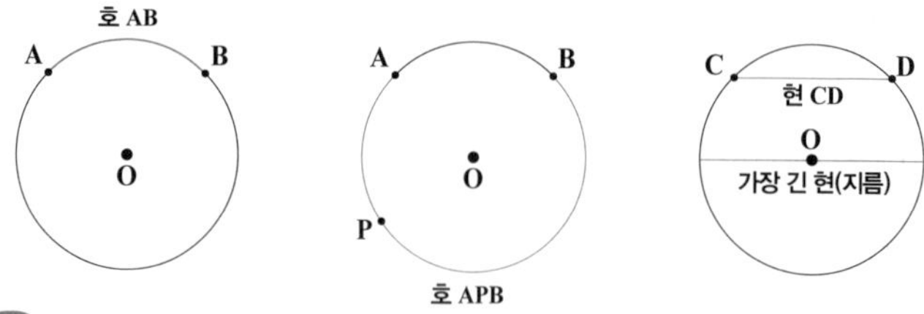

잠깐 한 원에서 만들 수 있는 현 중에서 길이가 가장 긴 현은 원의 중심을 지나는 현으로 지름이다.

원에서 잘라 낸 도형

원에서 현을 따라 잘라 낸 도형, 즉 현 AB와 호 AB로 이루어진 도형을 활처럼 생겼다 하여 활꼴이라고 한다.

또, 원에서 서로 다른 반지름 두 개를 따라 잘라 낸 도형, 즉 반지름 OA와 반지름 OB, 호 AB로 이루어진 도형을 부채 모양으로 생겼다 하여 부채꼴이라고 한다. 특히 부채꼴에서 두 반지름이 이루는 각을 부채꼴의 중심각 또는 호의 중심각이라고 한다.

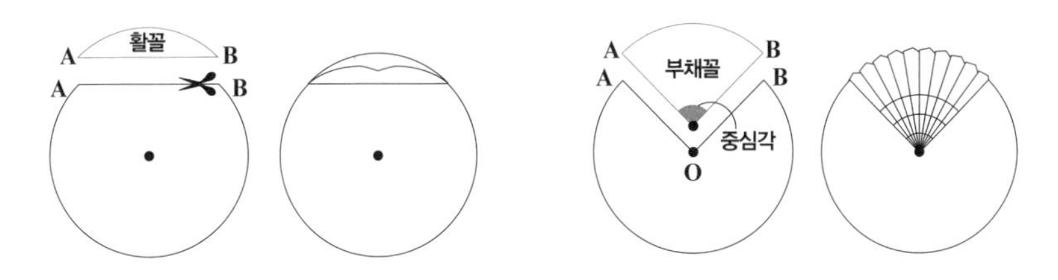

원과 직선이 만날 때

원과 두 점에서 만나는 직선은 원을 두 부분으로 나누므로, '베다.'는 뜻의 한자 '할(割)'을 써서 할선이라고 한다. 또, 원과 한 점에서 만나는 직선은 원에 '접한다.'고 하고 접선이라고 한다. 이때 원과 접선이 만나는 점은 접하는 점이라는 뜻에서 접점이라고 한다.

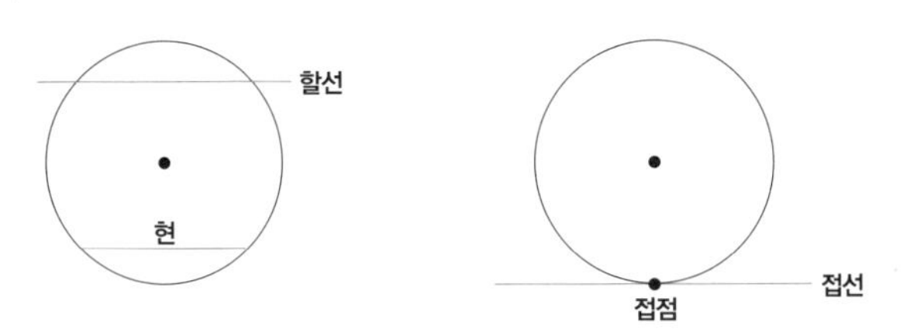

만점
공략

할선과 현을 혼동하지 마!

할선이랑 현은 같아
보이는데?
No
No
현은 원의
테두리에서
멈추는 선분이고
샥~
할선은 원을
뚫고 뻗어 가는
직선이야.
샥~
그러니까
이 말이지?
할선
현
그렇지!

56 작도

중학교 1학년, 작도와 합동 단원

작도

수학에서 도형을 그리는 것을 작도(作圖)라고 하는데, 작도할 때는 '눈금 없는 자'와 '컴퍼스'만 사용한다.

눈금 없는 자는 두 점을 연결하는 선분을 그리거나 주어진 선분을 연장할 때 사용하고, 컴퍼스는 주어진 선분을 반지름으로 하는 원을 그리거나 선분의 길이를 재어 다른 직선 위로 옮길 때 사용한다.

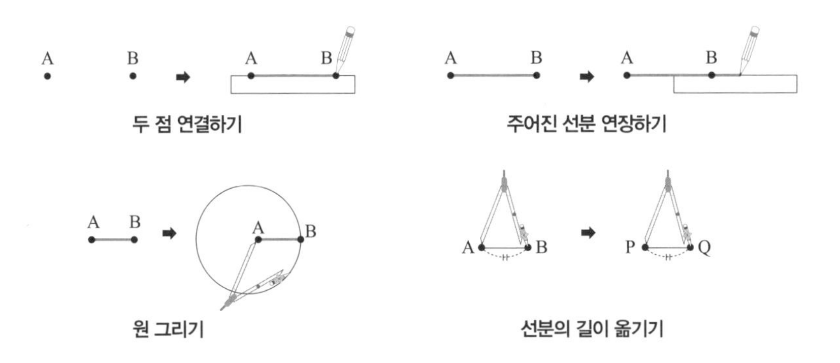

이등분선

이등분(二等分)은 두(二) 개로 똑같이(等) 나눈다(分)는 뜻이므로, 이등분선(二等分線)은 어떤 도형을 똑같이 두 개로 쪼개는 선을 의미한다. 각의 이등분선은 각을 크기가 똑같은 두 개의 각으로 쪼개는 선이다. 또한 선분의 이등분선은 선분을 길이가 똑같은 두 개의 선분으로 쪼개는 선이다. 그런데 선분의 이등분선은 무수히 많기 때문에 선분의 경우에는 하나로 정해지는 수직이등분선을 작도한다. 각의 이등분선과 선분의 수직이등분선을 작도하는 것은 작도의 가장 기본이다.

각의 이등분선의 작도 순서

이등분하려는 각 XOY에서

❶ 컴퍼스를 이용하여 중심이 O, 반지름의 길이가 $\overline{OA}$ 또는 $\overline{OB}$인 원을 그린다.

❷ 중심이 각각 A, B이고 반지름의 길이가 서로 같은 두 원을 그려서 교점을 C라고 한다.

❸ 자를 이용하여 두 점 O, C를 연결하면 ∠XOY의 이등분선이 완성된다.

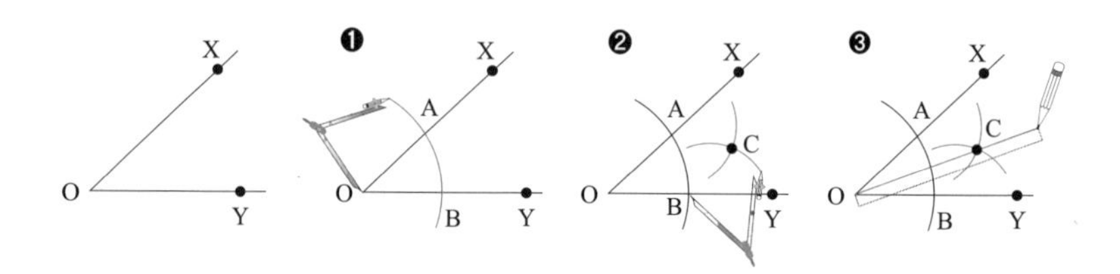

선분의 수직이등분선의 작도 순서

수직이등분하려는 선분 AB에서

❶ 두 점 A, B를 각각 중심으로 하고 반지름의 길이가 같은 두 원을 그려서 교점을 C, D라고 한다.

❷ 자를 이용하여 두 점 C, D를 지나는 직선 CD를 그으면 선분 AB의 이등분선인 동시에 수직이므로 선분 AB의 수직이등분선이 완성된다.

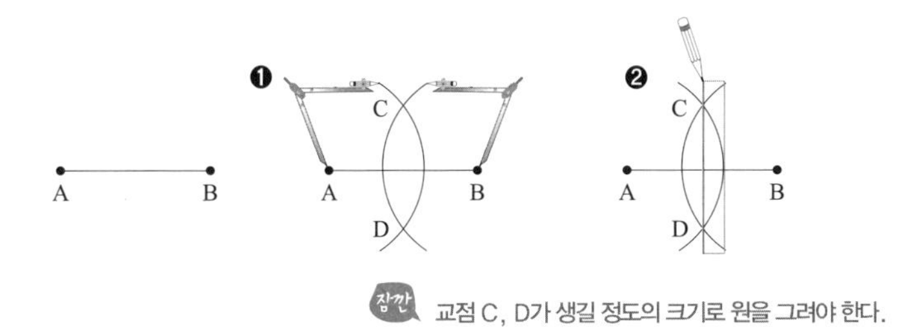

90°의 삼등분선의 작도 순서

삼등분선(三等分線)은 똑같이 세 개로 쪼개는 선을 말하는데, 크기가 90°인 각에 대해서만 삼등분선을 작도할 수 있다.

크기가 90°인 ∠XOY에서

❶ 중심이 O, 반지름의 길이가 $\overline{OA}$ 또는 $\overline{OB}$인 원을 그린다.

❷ 중심이 각각 B, A이고 반지름이 위와 똑같은 두 개의 원을 그려, 처음 그린 원과 만나는 점을 순서대로 C, D라고 한다.

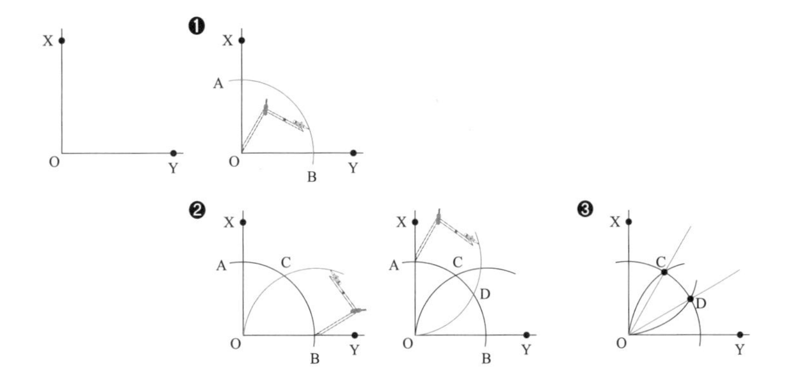

❸ 자를 이용하여 두 점 O와 C, O와 D를 이어 반직선 OC, OD를 그으면 이들이 ∠XOY의 삼등분선이 된다.

눈금 없는 자와 컴퍼스로 작도할 수 있는 각의 크기

❶ 눈금 없는 자를 대고 선분을 그으면 크기가 180°인 평각을 작도할 수 있다.

❷ ❶에서 선분의 수직이등분선의 작도를 이용하면 크기가 90°인 각을 작도할 수 있다.

❸ ❷의 각에서 각의 이등분선의 작도를 이용하여 순서대로 45°, 22.5°, …인 크기의 각을 모두 작도할 수 있다.

❹ ❷의 각에서 90°의 삼등분선의 작도를 이용하면 30°인 크기의 각을 작도할 수 있다.

❺ ❹의 각에서 각의 이등분선의 작도를 이용하여 순서대로 15°, 7.5°, …인 크기의 각을 모두 작도할 수 있다.

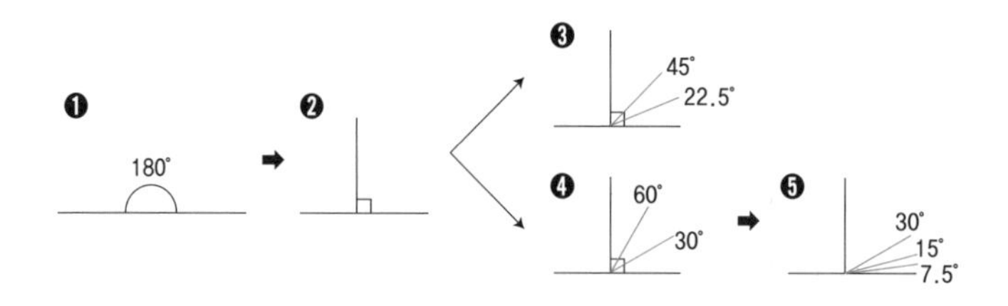

이렇게 작도할 수 있는 크기의 각을 더하거나 뺀 각의 작도도 가능하다.
같은 크기의 각을 옮기면 된다. 예를 들어 ❸의 22.5°와 ❹의 30°를 더한 각, 즉 52.5°인 크기의 각을 만들거나 ❸의 45°에서 ❺의 7.5°를 뺀 각, 즉 37.5°인 크기의 각을 만들 수 있다.

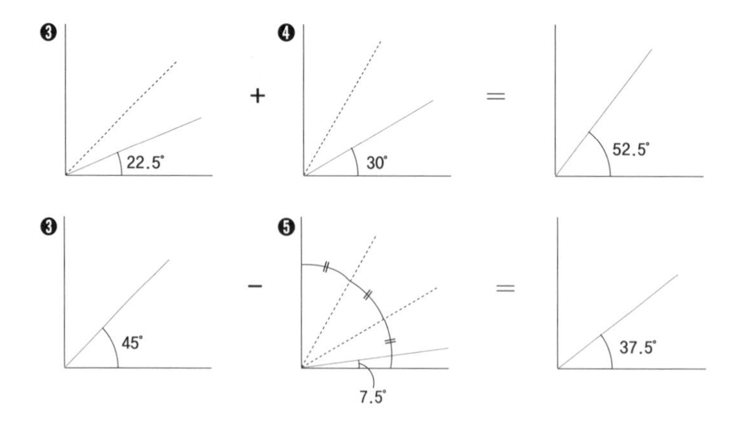

57 합동과 닮음

중학교 2학년, 도형의 닮음 단원

합동

한 도형을 모양이나 크기를 바꾸지 않고 옮기거나 뒤집어서 다른 도형에 완전히 포갤 수 있을 때, 두 도형을 서로 합동이라고 한다.

모아(합;合)보면 같다(동;同)는 뜻이다.

잠깐 모양도 크기도 같으면 합동!

합동인 두 도형에서 포개어지는 꼭짓점, 변, 각은 서로 대응한다고 한다.

합동인 도형은 서로 완전히 똑같기 때문에 대응하는 변의 길이는 서로 같고, 대응하는 각의 크기도 서로 같다.

예 □ABCD와 □EFGH가 서로 합동이면 다음과 같다.

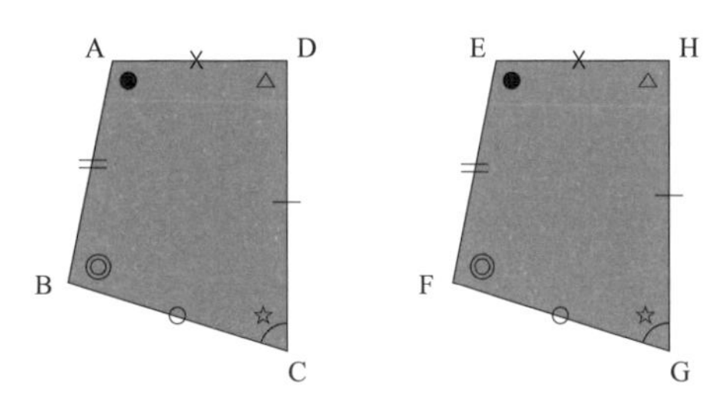

1. 꼭짓점 A, B, C, D에 대응하는 꼭짓점은 순서대로 E, F, G, H이다.
2. 대응하는 변의 길이는 서로 같으므로

   $\overline{AB}=\overline{EF}$, $\overline{BC}=\overline{FG}$, $\overline{CD}=\overline{GH}$, $\overline{DA}=\overline{HE}$이다.
3. 대응하는 각의 크기도 서로 같으므로

$\angle A = \angle E$, $\angle B = \angle F$, $\angle C = \angle G$, $\angle D = \angle H$이다.

합동의 표현

합동인 두 도형을 나타낼 때는 기호 '≡'를 사용한다. 모양이 같음을 나타낼 때는 기호 '∽'를 사용하고, 어떤 값이 같음을 나타낼 때는 등호 '='를 쓴다. 합동인 두 도형은 모양이 같고 넓이도 같다는 뜻에서 이 두 기호를 합쳐 '≌'를 쓰다가 나중에 이를 더 간단히 표현한 기호 '≡'로 바꿔 쓰게 되었다.

'≡'를 사용하여 두 도형이 합동임을 나타낼 때는 반드시 대응하는 꼭짓점끼리 순서대로 나란히 위치하도록 써야 한다.

즉, 앞의 □ABCD와 □EFGH가 서로 합동이고 꼭짓점 A, B, C, D에 대응하는 꼭짓점은 순서대로 E, F, G, H이므로 □ABCD≡□EFGH와 같이 쓴다.

닮음

두 도형이 서로 합동이거나 한 도형을 일정한 비율로 확대 또는 축소하여 얻은 도형이 다른 도형과 합동일 때, 이들 두 도형은 서로 '닮은 도형' 또는 '닮음인 관계에 있다.'라고 한다. 즉, 수학에서 닮은 도형끼리는 크기가 같을 수도 있고 다를 수도 있지만 모양만큼은 똑같다.

닮음비

닮음인 두 도형 중 어느 한쪽을 확대하거나 축소하여 합동이 되게 하면 포개어지는 꼭짓점, 변, 각을 서로 대응한다고 한다.

두 닮은 도형에서 크기를 결정하는 것은 변의 길이로, 대응하는 변의 길이의 비는 일정하다. 이 비를 닮음비라고 한다.
입체도형에서는 대응하는 모서리의 길이의 비가 닮음비가 된다.
또, 두 닮은 평면도형에서 모양을 결정하는 것은 각의 크기이므로 대응하는 각의 크기는 각각 같다. 입체도형이라면 대응하는 면이 서로 닮음이다.

㉮ △ABC와 △DEF가 닮음이면 다음과 같다.

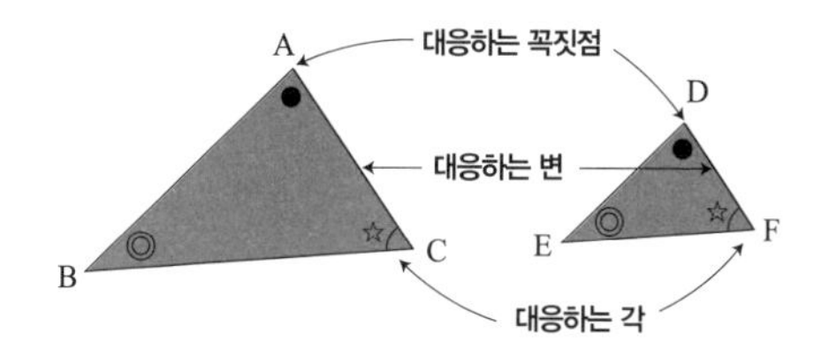

1. 꼭짓점 A, B, C에 대응하는 꼭짓점은 순서대로 D, E, F이다.
2. 닮음비는 대응하는 변의 길이의 비인

   $\overline{AB}:\overline{DE}=\overline{BC}:\overline{EF}=\overline{CA}:\overline{FD}$ 이다.

닮음의 표현

닮음을 나타내는 기호는 영어 Similar(닮은)의 첫 글자 S를 눕혀서 만든 '∽'를 사용한다. 합동의 기호를 쓸 때처럼 두 도형의 대응하는 꼭짓점끼리 순서대로 나란히 위치하도록 써야 한다. 따라서 위의 두 삼각형이 닮음임을 기호로는 △ABC∽△DEF와 같이 쓴다.

58 넓이의 비와 부피의 비

중학교 2학년, 도형의 닮음 단원

닮은 평면도형의 길이의 비와 넓이의 비

닮음비는 두 닮은 도형에서 대응하는 변의 길이의 비다.

예를 들어, 두 직사각형의 닮음비가 1:2라면, 가로의 길이의 비만 1:2이거나 세로의 길이의 비만 1:2인 것이 아니라 가로와 세로의 길이의 비가 둘 다 1:2이다.

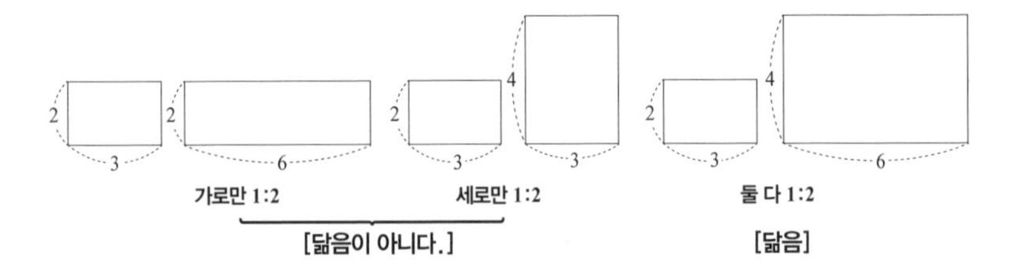

따라서 도형의 둘레의 길이의 비는 닮음비와 같고, 넓이의 비는 닮음비의 제곱의 비와 같다.

예

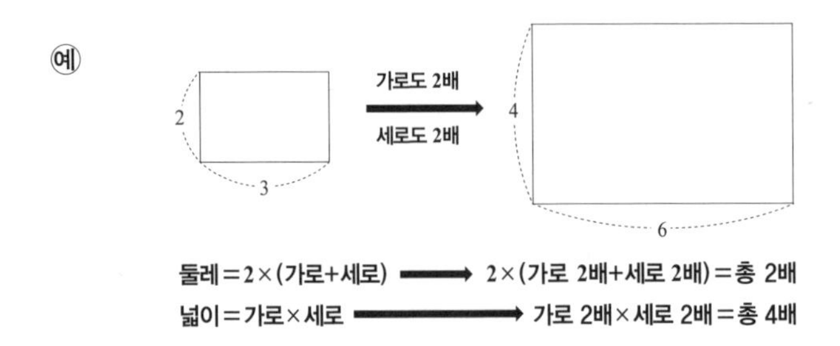

둘레 = 2 × (가로 + 세로) ⟶ 2 × (가로 2배 + 세로 2배) = 총 2배

넓이 = 가로 × 세로 ⟶ 가로 2배 × 세로 2배 = 총 4배

닮은 입체도형의 겉넓이의 비와 부피의 비

닮은 입체도형에서도 닮음비가 1:2라면 모든 모서리의 길이의 비가 1:2이다. 예를 들어, 두 닮은 직육면체의 닮음비가 1:2이면 가로의 길이, 세로의 길이, 높이의 비가 모두 1:2이다.

이때 부피는 가로의 길이, 세로의 길이, 높이의 곱이므로 부피의 비는 닮음비의 세제곱의 비와 같다.

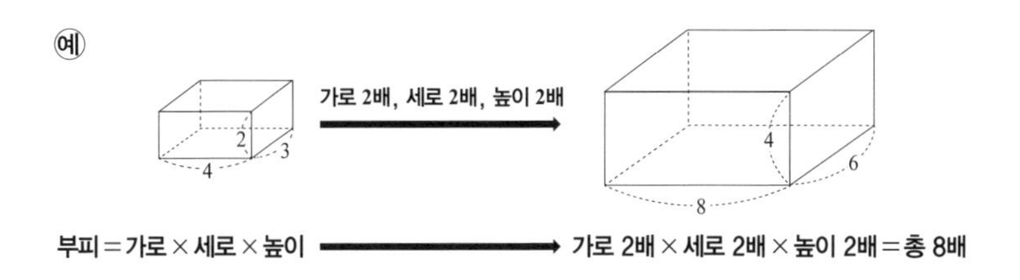

또, 닮은 두 입체도형에서 대응하는 면은 모두 닮은 평면도형이므로 겉넓이의 비는 닮음비의 제곱의 비와 같다.

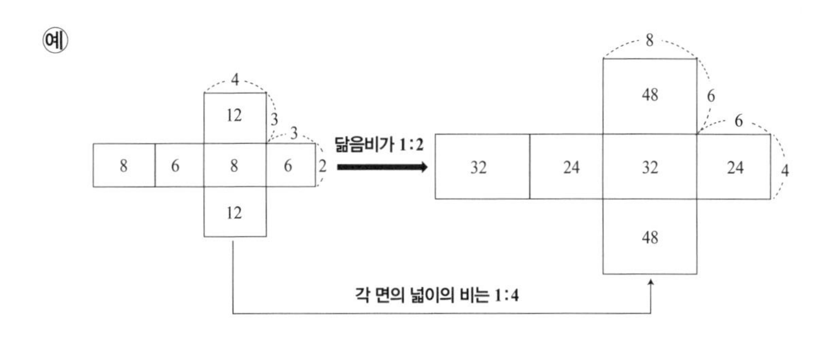

닮음비가 $m:n$이면,

둘레의 길이의 비는 $m:n$, 넓이의 비는 $m^2:n^2$, 부피의 비는 $m^3:n^3$이다.

32
51

기하학의 입문서《원론》의 저자, **유클리드**

유클리드(Euclid, B.C.330~B.C.275년경)는 고대 그리스의 수학자로 그의 삶에 대해서 알려진 것은 거의 없다. 어떤 기록에는 기원전 330년경에 태어나 기원전 275년에 세상을 떠났다고 한다. 그러나 또 다른 기록에는 기원전 356년에 태어나 기원전 330~320년 사이에 세상을 떠났다고 할 정도로 확실한 자료가 없다. 다만 전해지는 유클리드와 제자의 대화에 관한 일화를 통해, 유클리드는 학문을 통해 돈을 추구하는 것을 크게 반대했음을 알 수 있다.

한 명의 제자가 그에게 물었다.

"선생님, 제가 기하학을 배워서 무슨 소득이 있겠습니까?"

그러자 유클리드는 대뜸 동전을 주며 "자네는 배운 것에서 반드시 무엇을 얻어야 하는 사람이니, 이것이 필요할 걸세."라고 했다고 한다.

유클리드의 대저작《원론》(13권)은 그 이전의 기하학적 업적을 망라하는 입문서로, 오늘날까지도 기하학에 큰 영향을 주고 있다. 기하학을 비유클리드 기하학과 유클리드 기하학으로 나눌 정도로, 고대 수학자 가운데 유클리드만큼 근대 수학에 권위를 가지는 사람도 없다.

유클리드의《원론》에 대한 이야기도 전해진다.

어느 날, 유클리드의《원론》을 공부하던 프톨레마이오스 왕이 그에게 물었다.

"어려운《원론》을 공부하는 것 말고 더 빨리 기하학을 배울 수 있는 방법은 없는가?"

그러자 유클리드는 주저하지 않고 대답했다.

"기하학에는 왕도가 없습니다."

이 유명한 유클리드의 대답은 수학이란 한 단계 한 단계 체계를 착실히 밟으며 올라가야 하는 학문이라는 것을 가르쳐 주고 있다. 수학 공부의 지름길만 찾아 헤매는 사람이 있다면 꼭 유클리드의 가르침을 마음에 새겨 두자.

평면도형의 성질을 파악하는 게 중요하다고?
응! 삼각형은 합동 조건, 닮음 조건, 외심, 내심, 무게중심 등을 알아야 해.
재잘재잘
각과 둘레의 길이, 넓이의 관계 파악이 필수! 당연히 관련된 공식은 모두 외워야 하고.
오케이~ 그럼 평면도형 공부 끝!
쌩
빠…빠르다….

중학수학의 50%는 도형,
평면도형의 성질과 측정

도형은 평면도형과 입체도형으로 나눌 수 있는데, 입체도형의 기초가 되는 평면도형의 성질과 공식을 정확히 알아 둬야 입체도형도 수월하게 익힐 수 있다. 중학교 때는 도형의 계산보다는 도형의 성질을 확인하는 것을 중심으로 학습한다. 1학년 때는 다각형, 원, 부채꼴의 기본 성질을 이해하는 것을 목표로 한다. 2학년 때는 평면도형의 성질에 대해 집중적으로 다룬다. 특수한 삼각형과 여러 가지 사각형의 성질 그리고 닮음을 활용하여 다양한 평면도형의 성질에 대해 배운다. 3학년 때 원의 성질을 활용하는 방법을 학습한다.

	중학교 1학년	중학교 2학년	중학교 3학년
삼각형	합동 조건	이등변삼각형 직각삼각형 닮음 조건 외심과 내심 무게중심	
다각형	내각과 외각	평행사변형 사각형	
원	부채꼴 위치 관계	외접원 내접원	원과 직선 원주각

59 다각형의 내각과 외각

중학교 1학년, 평면도형의 성질 단원

삼각형의 내각과 외각

삼각형의 세 내각의 크기의 합은 실제로 삼각형 모양의 종이를 세 꼭짓점이 한 점에서 만나게 접거나 잘라 붙여 보면 알 수 있다.

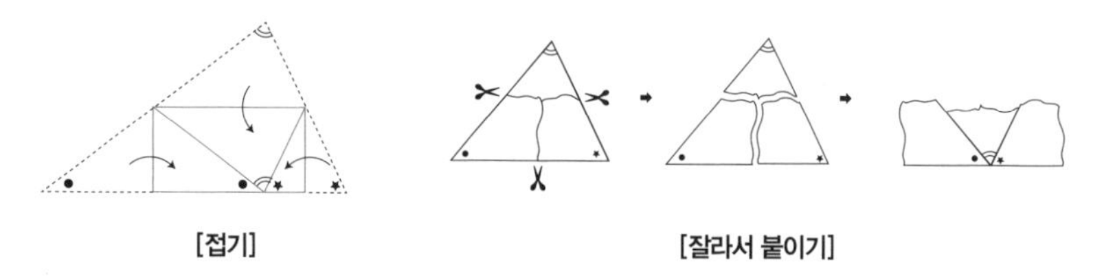

[접기] [잘라서 붙이기]

즉, 삼각형의 세 내각의 크기의 합은 180°이다.

삼각형의 세 내각의 크기의 합은 평행선을 이용해서 확인할 수도 있다.

❶ 다음 그림과 같은 △ABC에서 꼭짓점 A를 지나고 밑변 BC에 평행한 직선 DE를 긋는다.

❷ 밑변 BC와 직선 DE가 평행하므로 엇각이 서로 같다.

따라서 ∠C = ∠CAE = ●, ∠B = ∠BAD = ◎ 이다.

❸ 이때, ∠DAE는 평각, 즉 180°이므로 ◎ + ☆ + ● = 180°이다.

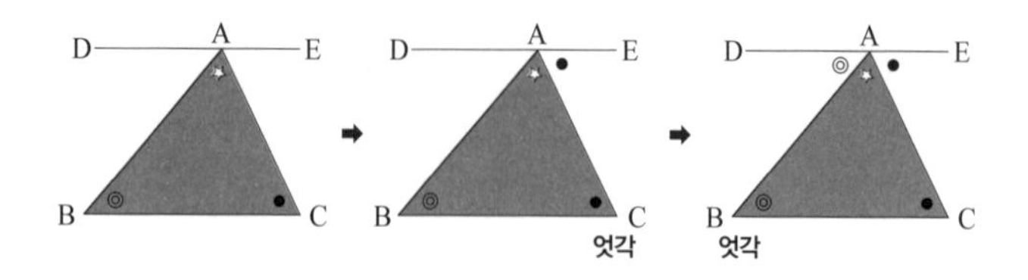

삼각형의 내각의 크기의 합을 이용하면 외각의 크기의 합도 알 수 있다. 삼각형의 한 외각의 크기는 그와 이웃하지 않는 두 내각의 크기의 합과 같다. 따라서 다음 식이 성립한다.

(●의 외각)=△=◎+☆, (☆의 외각)=◎+●, (◎의 외각)=●+☆

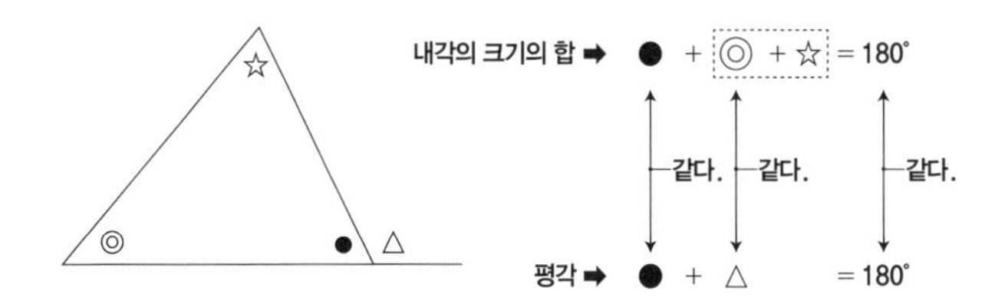

따라서

(●의 외각)+(☆의 외각)+(◎의 외각)

=(◎+☆)+(◎+●)+(●+☆)

=●+●+◎+◎+☆+☆

이므로, 삼각형의 세 외각의 크기의 합은 삼각형의 세 내각의 크기의 합 (●+◎+☆)의 2배이다. 즉, 180°의 2배인 360°이다.

1. 삼각형의 세 내각의 크기의 합은 180°이다.
2. 삼각형의 세 외각의 크기의 합은 360°이다.

다각형의 내각과 외각

다각형의 한 꼭짓점에서 그은 대각선을 이용하여 다각형을 여러 개의 삼각형으로 쪼개면 다각형의 내각의 크기의 합도 구할 수 있다.

n각형의 한 꼭짓점에서 그은 대각선으로 만들어지는 삼각형은 $(n-2)$개이

고 각 삼각형의 내각의 크기의 합은 180°씩이므로, n각형의 내각의 크기의 합은 $180° \times (n-2)$이다.

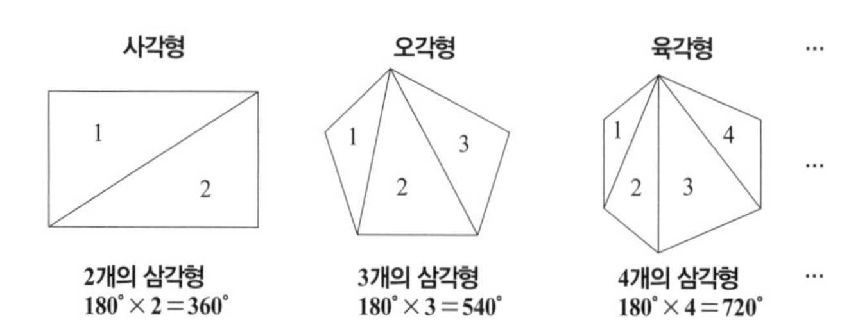

다각형의 외각의 크기의 합은 훨씬 간단히 이해할 수 있다.
어떤 다각형이라도 다음 그림처럼 카메라의 조리개가 닫히는 모양으로 생각하면 모든 꼭짓점이 한 점에서 만날 때까지 닫을 수 있으므로 다각형의 외각의 크기의 합은 항상 360°이다.

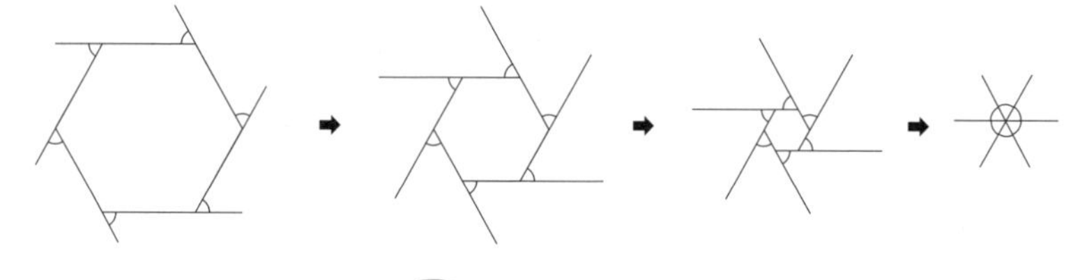

잠깐 다각형의 내각의 크기의 합은 변의 개수에 따라 달라지지만 다각형의 외각의 크기의 합은 변의 개수에 상관없다.

1. n각형의 내각의 크기의 합은 $180° \times (n-2)$이다.
2. n각형의 외각의 크기의 합은 360°이다.

정다각형의 내각과 외각

정다각형은 내각의 크기가 모두 같고, 외각의 크기도 모두 같다. 즉, 변의 개수로 내각과 외각의 크기의 합을 각각 나누면 한 내각의 크기, 한 외각의 크기를 알 수 있다.

1. 정n각형의 한 내각의 크기는 $\frac{180° \times (n-2)}{n}$이다.
2. 정n각형의 한 외각의 크기는 $\frac{360°}{n}$이다.

60 삼각형의 작도

중학교 1학년, 작도와 합동 단원

모양과 크기가 오직 하나뿐인 삼각형을 그릴 수 있는 조건은 다음 세 가지가 있다. 같은 조건이 주어지면 누구나 똑같은 삼각형을 그릴 수 있다.

1. 세 변의 길이가 주어질 때
2. 두 변의 길이와 그 끼인각의 크기가 주어질 때
3. 한 변의 길이와 양 끝 각의 크기가 주어질 때

첫 번째 조건에서 주어진 길이 세 개는 삼각형을 만들 수 있는 것일 때에만 삼각형이 그려진다. 가장 긴 변의 길이가 나머지 두 변의 길이의 합보다 작을 때 말이다.

삼각형을 그리기 위해서는 길이가 같은 선분과 크기가 같은 각을 작도할 수 있어야 한다.

길이가 같은 선분의 작도

길이가 같은 선분은 컴퍼스를 이용하여 작도할 수 있는 대표 도형으로, 컴퍼스로 선분의 길이를 측정하여 옮겨 그리면 된다.
길이가 같은 선분의 작도 방법을 이용하면 길이가 2배, 3배, 4배, … 되는 선분도 쉽게 작도할 수 있다.

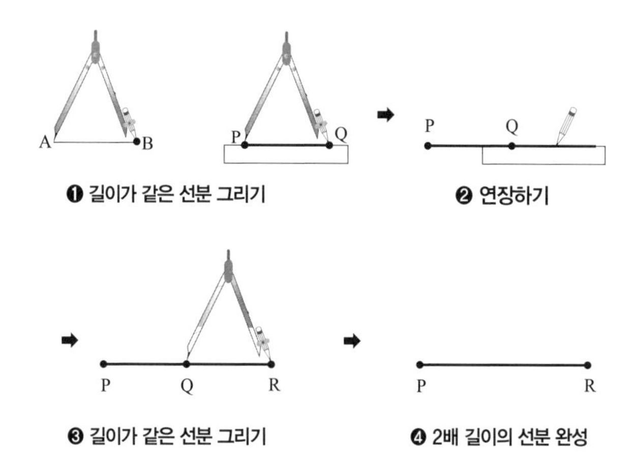

❶ 길이가 같은 선분 그리기 ❷ 연장하기

❸ 길이가 같은 선분 그리기 ❹ 2배 길이의 선분 완성

크기가 같은 각의 작도

∠XOY와 같은 크기의 각을 그리는 순서는 다음과 같다.

❶ 눈금 없는 자를 이용하여 각의 한 변 O′Y′를 긋는다.

❷ 컴퍼스로 ∠XOY에 원을 그린 후, 컴퍼스를 그대로 옮겨 변 O′Y′에도 똑같은 원을 그린다. 이때 B′는 $\overline{OB}=\overline{O'B'}$ 인 점이다.

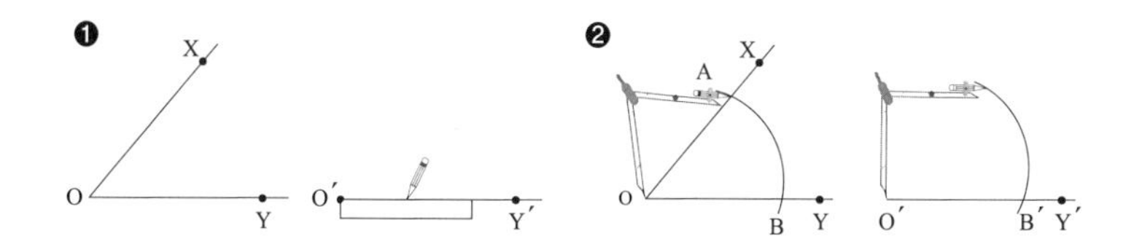

❸ 컴퍼스로 점 B를 중심으로 하고 $\overline{AB}$를 반지름으로 하는 원을 그리고 컴퍼스를 그대로 옮겨 점 B′를 중심으로 하는 똑같은 원을 그린다. ❷에서 그린 원과의 교점을 A′라고 한다.

❹ 자를 이용하여 O′와 A′를 연결하여 선분을 그리면 ∠XOY와 같은 크기의 각인 ∠X′O′Y′를 얻을 수 있다.

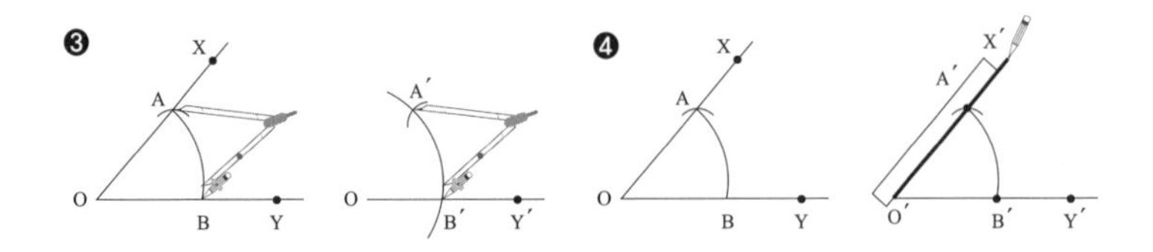

삼각형의 작도

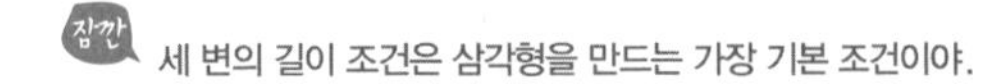

① 세 변의 길이가 주어질 때

가장 긴 한 변의 길이가 다른 두 변의 길이를 합한 것보다 짧다는 조건을 만족하는 세 변의 길이가 주어지면 길이가 같은 선분의 작도를 이용하여 삼각형을 딱 하나 작도할 수 있다.

❶ 길이가 같은 선분의 작도를 이용하여 한 변을 옮긴다.

❷ 양 끝점을 중심으로 각각 반지름의 길이가 나머지 두 변의 길이인 원을 그려 만나는 점을 표시한다.

❸ 세 점을 연결한다.

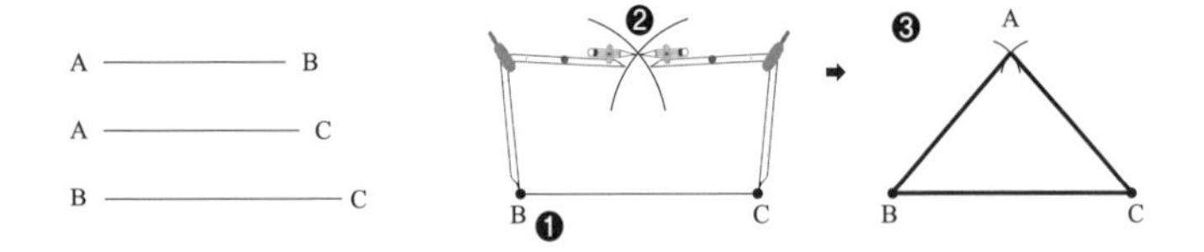

② 두 변의 길이와 그 끼인각의 크기가 주어질 때

❶ 길이가 같은 선분의 작도를 이용하여 한 변을 옮긴다.

❷ 크기가 같은 각의 작도를 이용하여 끼인각을 그린다.

❸ 길이가 같은 선분의 작도를 이용하여 나머지 한 변을 완성한다.

❹ 마지막으로 두 꼭짓점을 연결한다.

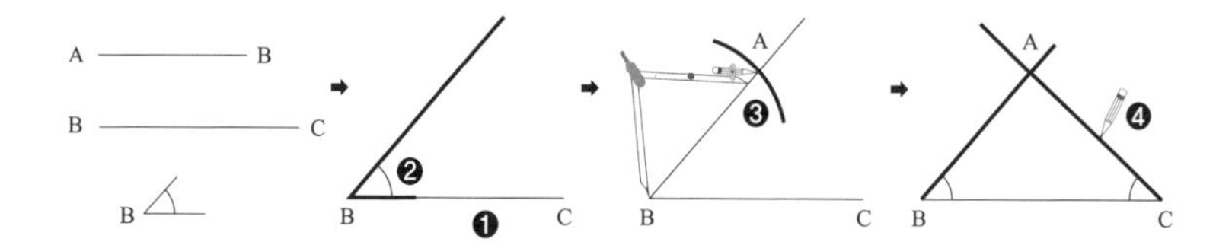

③ **한 변의 길이와 양 끝 각의 크기가 주어질 때**

❶ 길이가 같은 선분의 작도를 이용하여 변을 옮긴다.

❷ 크기가 같은 각의 작도를 이용하여 양 끝 각을 그린다.

❸ 그 연장선이 만나는 점을 꼭짓점으로 하여 세 점을 연결한다.

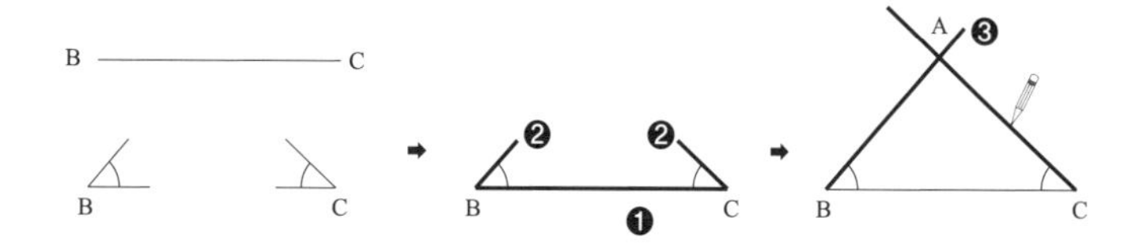

61 삼각형의 합동 조건

중학교 1학년, 작도와 합동 단원

삼각형의 작도에 의해 동일한 조건에서는 누구나 똑같은 삼각형을 작도할 수 있기 때문에 삼각형의 합동 조건이 만들어졌다.
삼각형의 합동 조건은 다음과 같이 세 가지이다.

1. 삼각형의 세 변의 길이가 각각 같을 때 ⇨ SSS 합동
2. 삼각형의 두 변의 길이가 각각 같고, 그 끼인각의 크기가 같을 때
   ⇨ SAS 합동
3. 삼각형의 한 변의 길이가 같고, 그 양 끝 각의 크기가 각각 같을 때
   ⇨ ASA 합동

합동 조건을 나타내는 문자 S는 변을 뜻하는 영어 Side의 첫 글자이고, A는 각을 뜻하는 영어 Angle의 첫 글자이다. 즉, 각 합동 조건이 무엇에 대한 것인지를 알려 주는 이름이다.

SSS 합동

SSS를 번역하면 '변변변'이 된다. 즉, SSS 합동이란 삼각형의 세 변의 길이가 각각 같아서 합동임을 의미한다.

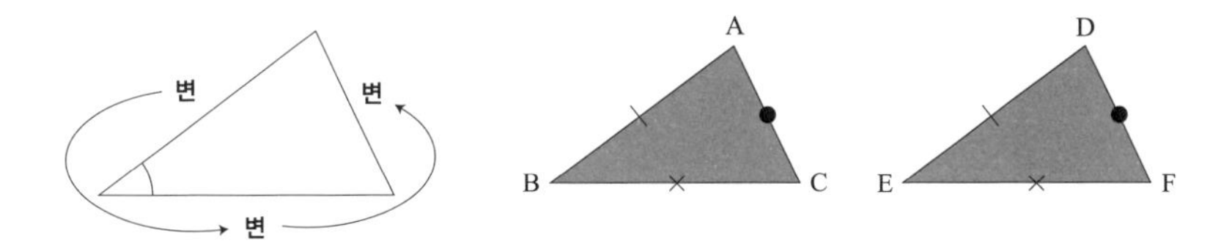

SAS 합동

SAS를 번역하면 '변각변'이다. 즉, SAS 합동이란 삼각형의 두 변의 길이와 그 사이에 끼인각의 크기가 같아서 합동임을 의미한다.

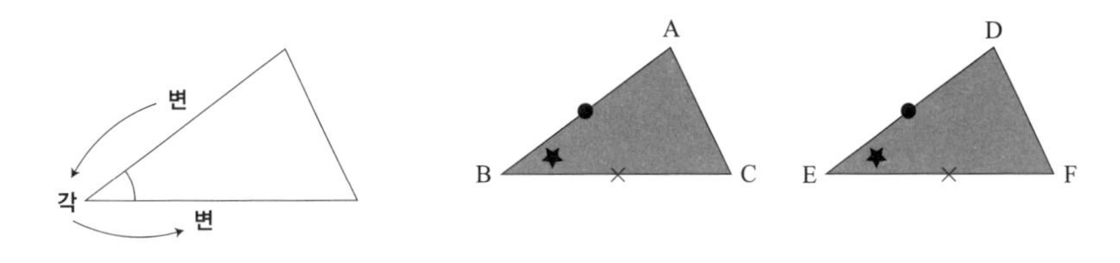

ASA 합동

ASA를 번역하면 '각변각'이다. 즉, ASA 합동이란 삼각형의 한 변의 길이와 그 변의 양 끝 각의 크기가 같아서 합동임을 의미한다.

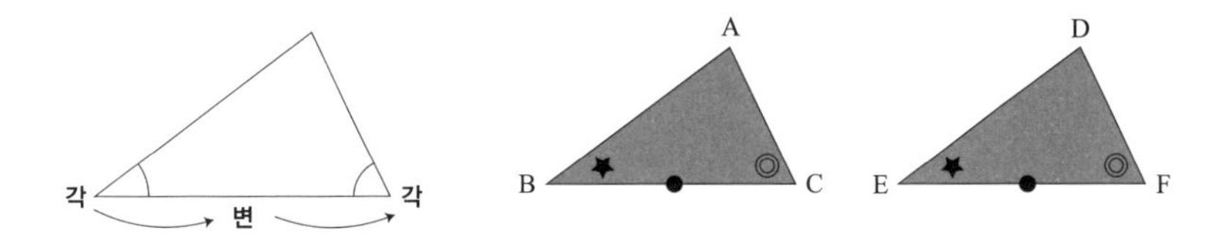

62 삼각형의 닮음 조건

중학교 2학년, 도형의 닮음 단원

두 삼각형이 닮은 도형일 조건은 다음 세 가지이다.

합동 조건과 닮음 조건을 혼동하지 마!

1. 세 쌍의 대응하는 변의 길이의 비가 모두 같을 때 ⇨ SSS 닮음
2. 두 쌍의 대응하는 변의 길이의 비가 같고, 그 끼인각의 크기가 같을 때 ⇨ SAS 닮음
3. 두 쌍의 대응하는 각의 크기가 같을 때 ⇨ AA 닮음

SSS 닮음

닮음의 정의에 의해 두 개의 삼각형의 변의 길이의 비가 모두 같으면 당연히 닮음이다.

SAS 닮음

어떤 도형을 확대하거나 축소하면 변의 길이는 달라지지만 각의 크기는 그대로이다. 닮음인 두 삼각형을 그림과 같이 한 꼭짓점에서 고정하여 겹쳐 놓으면 변의 길이의 비가 같고 끼인각의 크기가 같은 두 삼각형은 서로 닮음임을 알 수 있다.

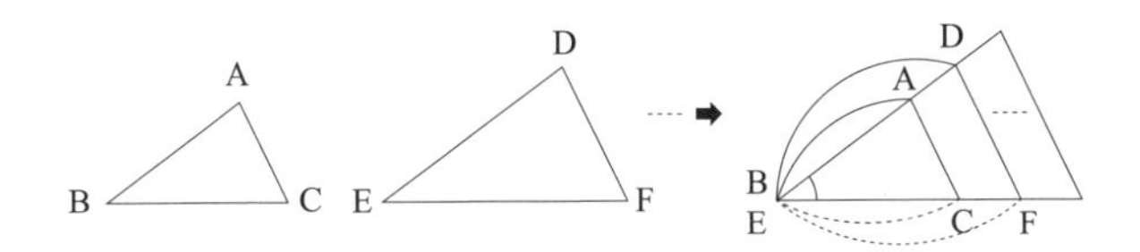

AA 닮음

삼각형의 세 내각의 크기의 합이 180°이므로 두 내각의 크기만 알면 나머지 한 내각의 크기도 알 수 있다. 내각의 크기가 모두 같은 두 삼각형이 닮은 도형인 것은 당연하다. 따라서 두 내각의 크기만 비교하면 되기 때문에 이 조건을 AA 닮음이라고 한다.

닮음과 합동을 구분할 수 있어야 해!

모양만 같으면 '닮음'이라고 하고, 모양뿐만 아니라 크기까지 같으면 '합동'이라고 한다. 합동은 닮음의 특수한 경우이다. 두 개의 도형이 닮았는지 합동인지 알기 위해서는 두 도형을 포개 보면 되는데 서로 완전히 포개지면 합동이다.

63 삼각형의 종류

중학교 2학년, 삼각형과 사각형의 성질 단원

내각의 크기에 따른 삼각형의 종류

내각의 크기에 따라 삼각형은 세 종류로 나누어진다.

① 예각삼각형

내각이 모두 예각인 삼각형을 예각삼각형이라고 한다.

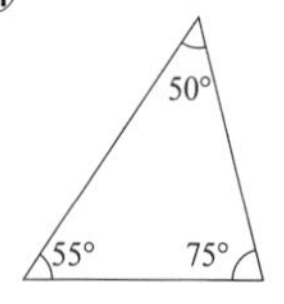

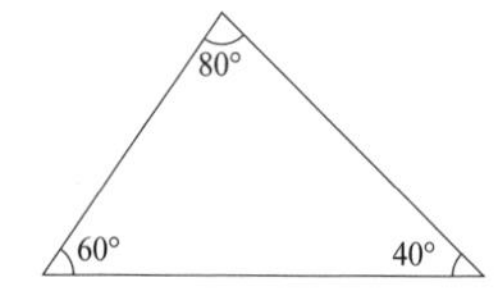

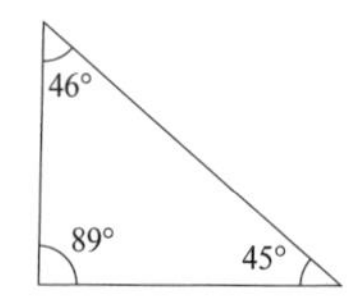

② 직각삼각형

세 내각 중 한 내각의 크기가 90°, 즉 직각인 삼각형을 직각삼각형이라고 한다. 삼각형의 세 내각의 크기의 합이 180°이므로 직각이 아닌 나머지 두 내각의 크기의 합은 90°가 된다.

예

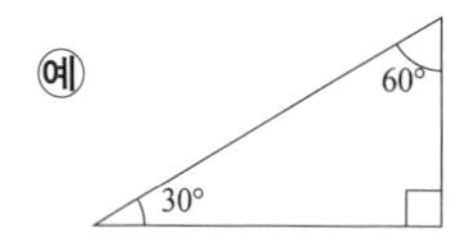

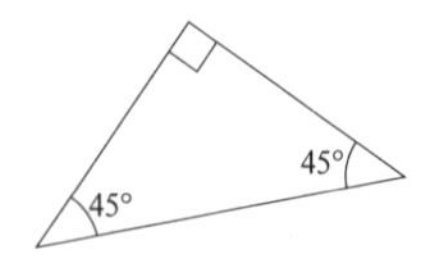

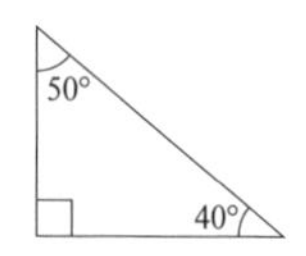

③ 둔각삼각형

세 내각 중 한 내각의 크기가 90°보다 큰, 즉 둔각인 삼각형을 둔각삼각형이라고 한다. 삼각형의 세 내각의 크기의 합이 180°이므로, 둔각이 아닌 나머지 두 내각의 크기의 합은 90°보다 작다.

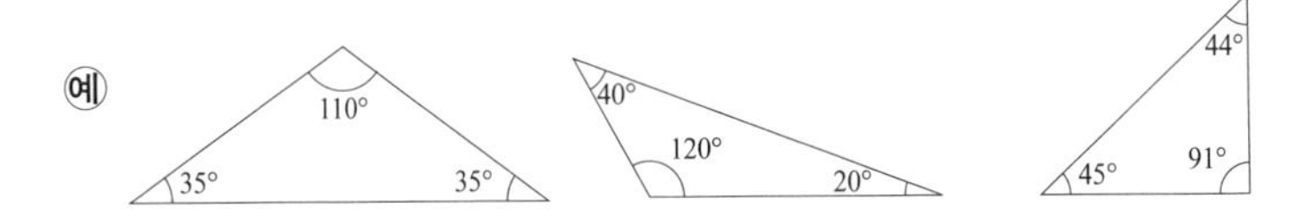

삼각형의 두 내각의 크기가 예각이어도 나머지 한 내각이 둔각이면 그 삼각형은 둔각삼각형이다. 많이 혼동하므로 주의해야 한다.

이등변삼각형

삼각형의 세 변 중 어느 두 변의 길이가 같은 삼각형을 이등변삼각형이라고 한다. '두 개'란 뜻의 한자 '이(二)', '같다.'는 뜻의 한자 '등(等)'을 사용하여 두 개의 변의 길이가 같은 삼각형이라는 뜻이다.

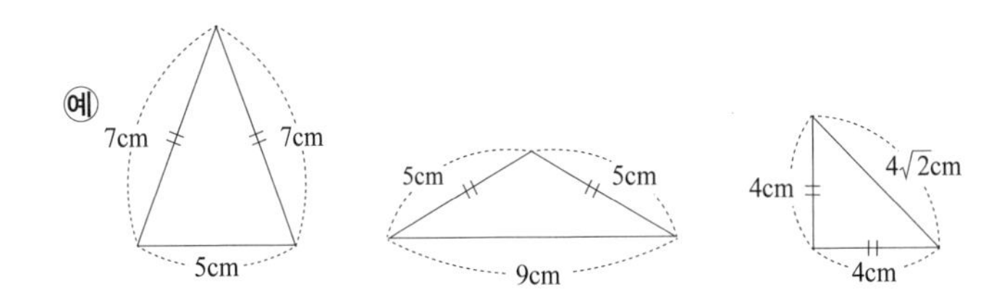

정삼각형

삼각형의 세 변의 길이가 모두 같은 삼각형을 정삼각형이라고 한다. 정삼각형은 세 내각의 크기도 모두 같다. 삼각형의 세 내각의 크기의 합이 180°이므로, 정삼각형의 한 내각의 크기는 모두 60°씩이다.

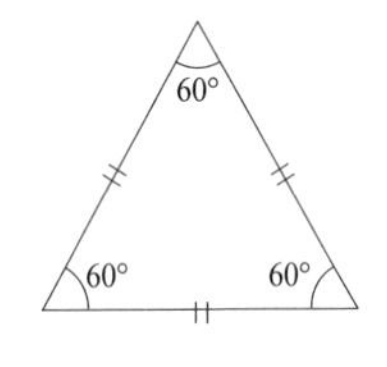

정삼각형은 예각삼각형이기도 하고 이등변삼각형이기도 해!

64 이등변삼각형의 성질

중학교 2학년, 삼각형과 사각형의 성질 단원

이등변삼각형에 사용되는 용어

이등변삼각형에서 길이가 같은 두 변 사이의 끼인각을 꼭지각이라 하고, 꼭지각의 대변을 밑변이라고 한다. 또, 밑변의 양 끝 각을 한꺼번에 밑각이라고 한다.

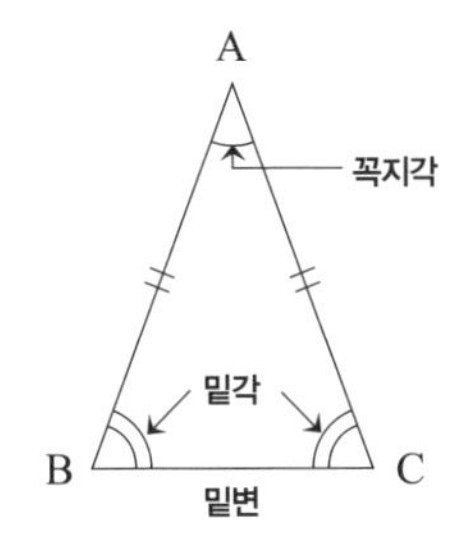

이등변삼각형의 성질

이등변삼각형은 아주 중요한 성질 두 가지를 갖고 있다.

1. 이등변삼각형의 두 밑각의 크기는 같다.
2. 이등변삼각형에서 꼭지각의 이등분선은 밑변을 수직이등분한다.

이 두 성질은 그 반대도 성립한다.

즉, 두 내각의 크기가 같은 삼각형은 두 내각이 밑각인 이등변삼각형이다.

또, 이등변삼각형의 밑변의 수직이등분선은 꼭지각의 크기를 이등분한다.

특히 다음 그림과 같이 $\overline{AB} = \overline{AC}$ 인 이등변삼각형 ABC에서 $\angle A$의 이등분선이 밑변 BC와 만나는 점을 H라고 하면 선분 AH는 '꼭지각의 이등분선', '밑변의 수직이등분선', '꼭짓점에서 밑변에 내린 수선', '꼭짓점과 밑변의 중점을 잇는 선분' 등으로 다양하게 부를 수 있다.

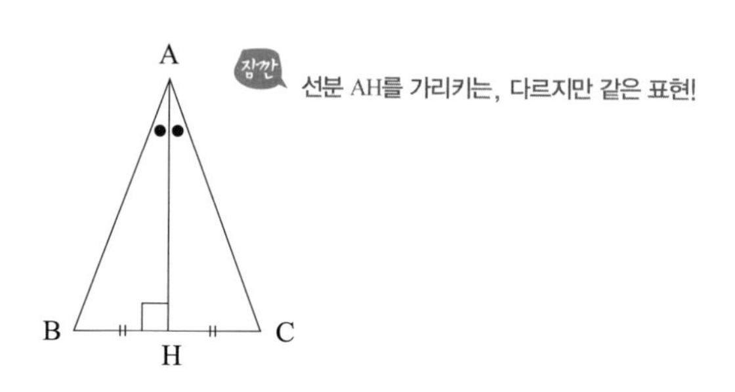

65 직각삼각형의 합동 조건

중학교 2학년, 삼각형과 사각형의 성질 단원

직각삼각형에 사용되는 용어

직각삼각형에서 직각을 낀 두 변은 직각인 꼭짓점에서 수직으로 만나므로, 나머지 한 변은 사선으로 그어진다. 따라서 비스듬히 기울어졌다는 뜻의 '빗'자를 붙여 직각삼각형의 빗변이라고 한다. 즉, 직각인 내각의 대변을 '직각삼각형의 빗변'이라고 한다.

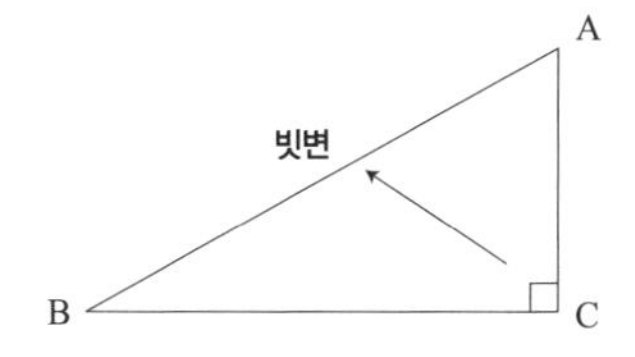

직각삼각형의 합동 조건

다른 삼각형과 달리 두 직각삼각형의 합동 조건은 조금 특이하다.

문자의 뜻을 알면 이해하기 쉽다.

1. 빗변의 길이와 한 예각의 크기가 각각 같을 때 ⇨ RHA 합동
2. 빗변의 길이와 다른 한 변의 길이가 각각 같을 때 ⇨ RHS 합동

이때, 문자 S는 Side의, A는 Angle의 첫 글자이고 R은 직각을 뜻하는 영어 단어 Right angle의 첫 글자, H는 빗변을 뜻하는 영어 단어 Hypotenuse의 첫 글자이다.

RHA 합동

RHA를 번역하면 '직각, 빗변, 각'이므로, RHA 합동이란 직각인 각, 빗변의 길이, 직각이 아닌 한 내각의 크기가 서로 같을 때 합동임을 의미한다.

빗변의 길이만 알 경우, 삼각형의 합동 조건에 의해 빗변의 양 끝 각의 크기를 알아야 삼각형이 합동인지 아닌지 알 수 있다. 그런데 직각삼각형의 한 내각의 크기는 반드시 90°이므로 직각이 아닌 한 예각의 크기를 알면 나머지 내각의 크기까지 알 수 있다. 즉, 삼각형의 세 내각의 크기를 모두 알 수 있다.

따라서 빗변의 길이와 한 예각의 크기가 각각 같으면 한 변의 길이와 그 양 끝 각의 크기가 같으므로 두 직각삼각형은 합동이다.

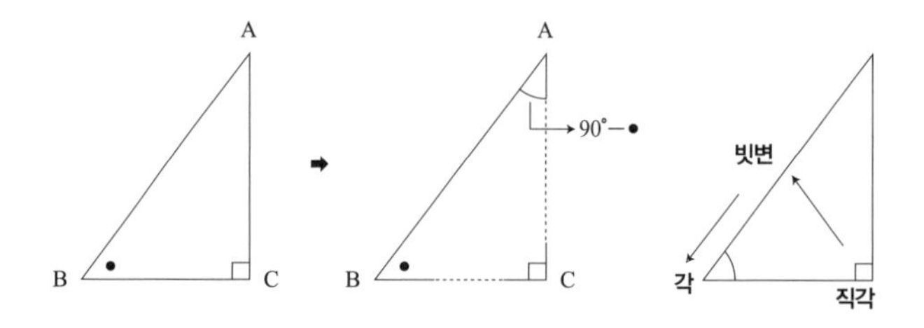

앞으로는 이와 같은 사고 과정을 생략하고 직각, 빗변의 길이, 한 내각의 크기를 확인하는 것만으로 두 직각삼각형이 합동임을 알 수 있다.

RHS 합동

RHS를 번역하면 '직각, 빗변, 변'이므로, RHS 합동이란 직각인 각, 빗변의 길이, 빗변이 아닌 한 변의 길이가 서로 같을 때 합동임을 의미한다.

두 변의 길이를 알 경우, 삼각형의 합동 조건에 의해 두 변의 끼인각의 크기를 알아야 삼각형이 합동인지 아닌지 알 수 있다. 그런데 빗변의 길이와 다른 한 변의 길이가 같은 두 직각삼각형을 길이가 같고 빗변이 아닌 변끼리 붙여 이등변삼각형을 만들 수 있다. 그러면 이등변삼각형의 두 밑각의 크기는 서로 같으므로 직각이 아닌 한 예각의 크기도 같다.
따라서 빗변의 길이와 다른 한 변의 길이가 각각 같으면 두 변의 길이와 그 끼인각이 같으므로 두 직각삼각형은 합동이다.

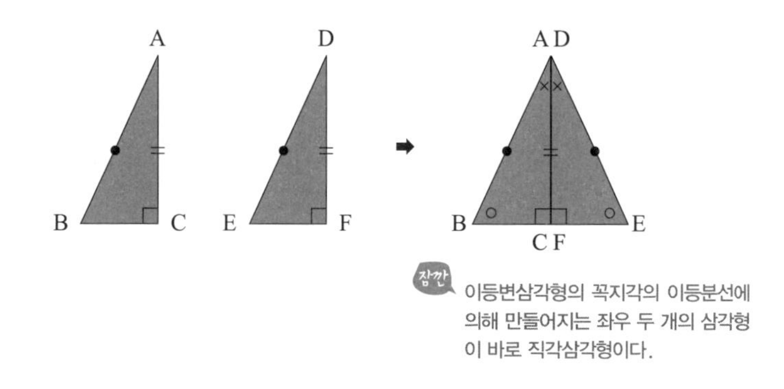

역시 앞으로는 직각, 빗변의 길이, 한 변의 길이를 확인하는 것만으로 두 직각삼각형이 합동임을 알 수 있다.

66 삼각형의 내심과 외심

중학교 2학년, 삼각형과 사각형의 성질 단원

외접과 내접

도형이 다른 도형과 접할 때, 안쪽에서 접하는 것을 내접(內接)이라 하고, 바깥쪽에서 접하는 것을 외접(外接)이라고 한다.

다각형의 내접원과 외접원

다음 그림과 같이 원이 다각형 안에 들어 있고 다각형의 모든 변이 원에 접할 때, 이 원을 다각형의 내접원이라고 한다. 다각형의 어느 한 변이라도 원에 접하지 않으면 다각형의 내접원이 아니고 다각형도 원에 외접한다고 할 수 없다.

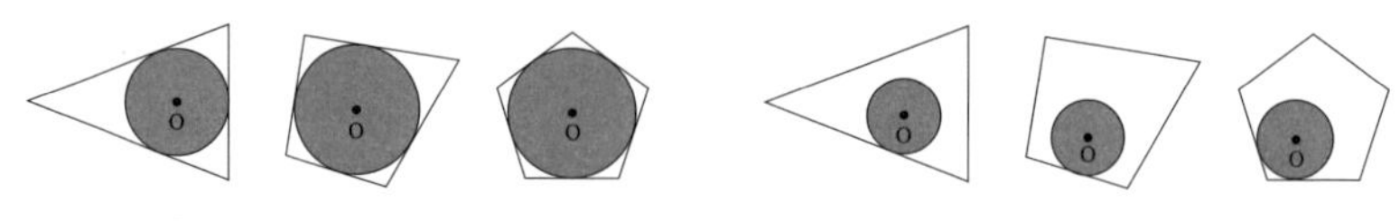

[다각형의 내접원인 경우] [다각형의 내접원이 아닌 경우]

또, 다음 그림과 같이 원 안에 다각형이 들어 있고 다각형의 모든 꼭짓점이 원 위에 있을 때, 이 원을 다각형의 외접원이라고 한다. 그런데 다각형의 꼭짓점이 모두 원 위에 있지 않고 몇 개만 원 위에 있으면 다각형의 외접원이 아니고 다각형도 원에 내접한다고 할 수 없다.

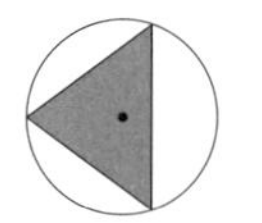 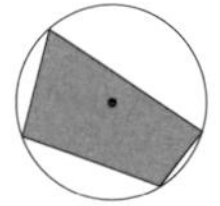 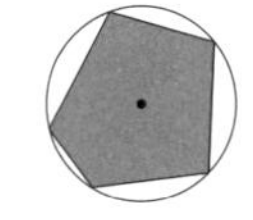

[다각형의 외접원인 경우]

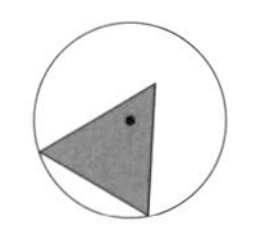 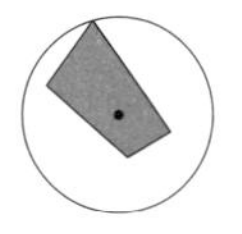 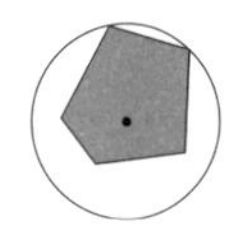

[다각형의 외접원이 아닌 경우]

삼각형의 내심

삼각형의 세 내각의 이등분선의 교점을 삼각형의 내심이라고 한다. 내심에서 삼각형의 각 변에 이르는 거리가 같아서 삼각형의 내심은 삼각형의 내접원의 중심이다.

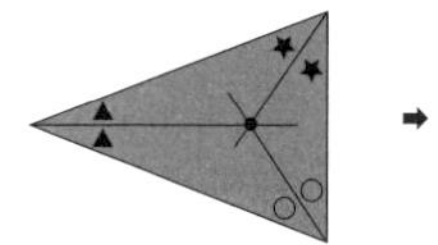

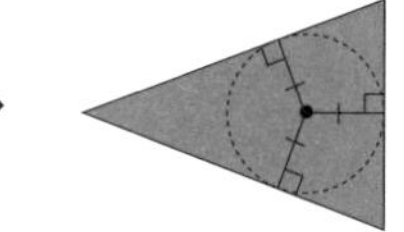

삼각형의 외심

삼각형의 세 변의 수직이등분선의 교점을 삼각형의 외심이라고 한다. 외심에서 삼각형의 각 꼭짓점에 이르는 거리가 같아서 삼각형의 외심은 삼각형의 외접원의 중심이다.

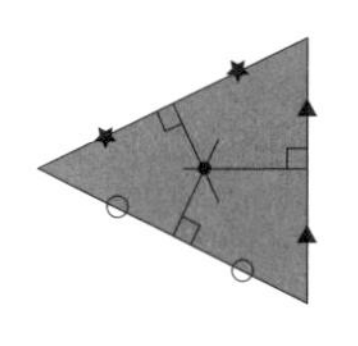

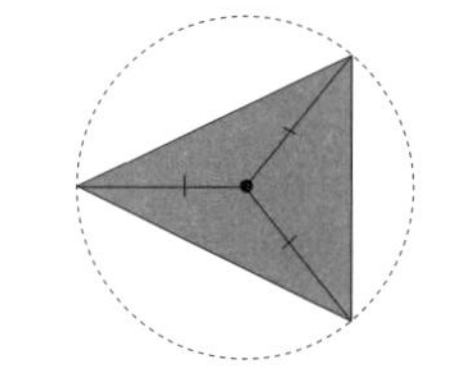

삼각형의 내심과 외심의 위치

삼각형의 내심은 내접원이 삼각형의 내부에 있기 때문에 삼각형의 종류에 관계없이 항상 삼각형의 내부에 있다. 특히, 정삼각형의 경우에는 외심과 내심이 일치한다.

반면, 삼각형의 종류에 따라 외심의 위치는 다음 그림과 같이 조금씩 달라진다. 예각삼각형의 외심은 삼각형의 내부에, 둔각삼각형의 외심은 삼각형의 외부에 있다. 특히, 직각삼각형의 외심은 빗변의 중점과 같다.

[예각삼각형] [둔각삼각형] [직각삼각형]

실생활에서 삼각형의 내심과 외심의 예를 알아 둬!

삼각형 모양으로 서 있는 세 사람 중 빨리 깃발을 뽑는 사람이 우승을 하는 게임을 할 때, 세 사람 모두에게 공평하게 깃발을 꽂으려면 어디가 좋을까?

세 사람을 각각 꼭짓점으로 하는 삼각형의 외접원을 그려서 그 중심에 깃발을 꽂으면 돼.
왜냐구? 원의 중심에서 원 위의 점까지의 거리가 모두 같으니까 세 사람이 달려야 하는 거리도 모두 같아지잖아.

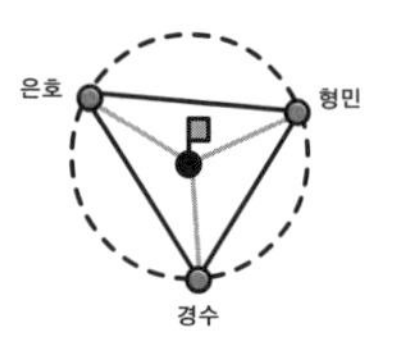

삼각형 모양의 도로로 둘러싸인 땅에 공장을 세우려고 해. 어느 도로에서 접근하더라도 같은 비용이 드는 곳으로 공장의 위치를 정하려고 할 때, 어디에 공장을 세우는 것이 가장 좋을까?

도로를 각각 변으로 하는 삼각형의 내접원을 그려서 그 중심에 공장을 세우면 돼. 왜냐구? 원의 중심에서 원 위의 점까지의 거리가 모두 같으니까 공장에서 도로까지 가는 거리도 모두 같아져서 비용이 똑같이 들어가기 때문이야.

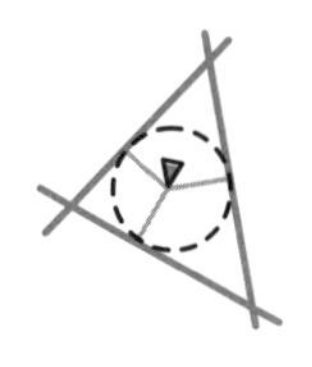

67 삼각형의 무게중심

중학교 2학년, 도형의 닮음 단원

중점과 중선

선분의 한가운데 점을 중점이라고 하고 삼각형의 한 꼭짓점과 그 대변의 중점을 이은 선분을 삼각형의 중선이라고 한다.

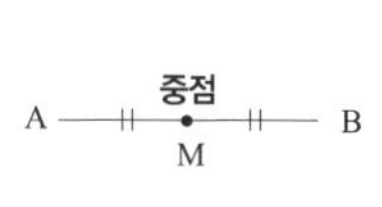

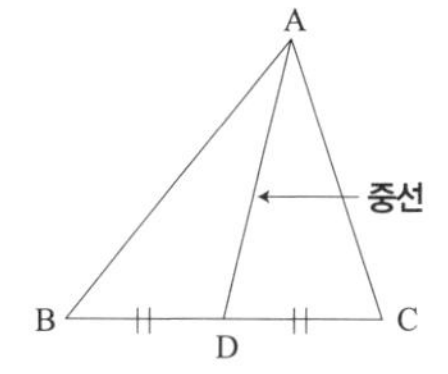

삼각형의 무게중심

한 개의 삼각형에는 꼭짓점이 3개 있으므로 중선도 각 꼭짓점마다 하나씩 그을 수 있다. 어떤 삼각형이라도 3개의 중선이 한 점에서 만나게 되는데, 이 점이 바로 삼각형에서 무게의 균형을 잡을 수 있는 점이다.

'무게'를 뜻하는 한자 '중(重)', '가운데'를 뜻하는 한자 '심(心)'을 사용하여 이 점의 이름을 무게중심이라고 한다. 영어로는 center of gravity라고 하기 때문에 gravity의 첫 글자를 따서 보통 무게중심을 점 G라고 쓴다.

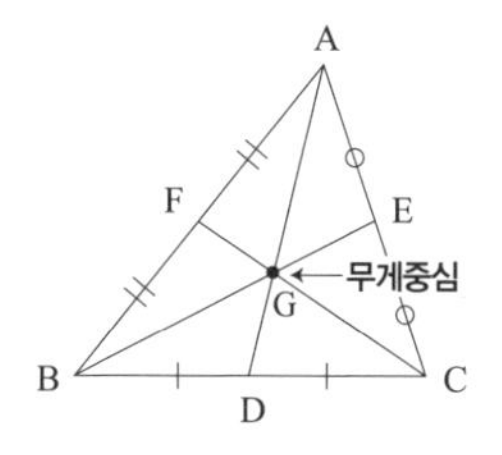

삼각형의 중선과 무게중심의 관계

삼각형을 한 중선을 따라 자르면 두 개의 삼각형으로 쪼개지는데, 이 두 삼각형의 밑변의 길이와 높이가 같으므로 넓이도 서로 같다. 같은 원리에 의해 중선 위의 점을 잡아서 생기는 두 삼각형의 넓이는 항상 서로 같다. 따라서 삼각형에서 무게중심이 중선 위에 위치한다는 것을 알 수 있다.

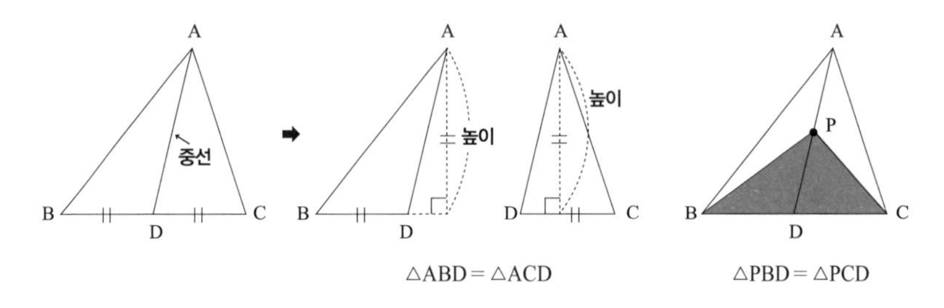

△ABD = △ACD　　　　△PBD = △PCD

삼각형의 무게중심의 성질

삼각형 ABC의 각 꼭짓점과 대변의 중점 D, E, F를 이은 중선들의 교점을 G라고 하면 점 G는 △ABC의 무게중심이다. 이때,

$\overline{AG} : \overline{GD} = \overline{BG} : \overline{GE} = \overline{CG} : \overline{GF} = 2 : 1$

이 성립한다. 즉, 삼각형의 무게중심은 세 중선의 길이를 각 꼭짓점으로부터 각각 2 : 1로 나눈다. 이는 무게중심의 가장 중요한 성질이다.

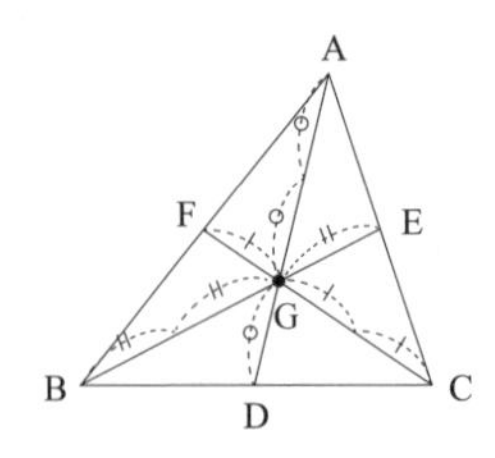

68 여러 가지 사각형의 성질

중학교 2학년, 삼각형과 사각형의 성질 단원

사각형은 네 개의 변으로 이루어진 다각형이다. 사각형의 종류는 다양하며 각 사각형마다 특징이 있다.

사다리꼴

한 쌍의 대변이 서로 평행한 사각형을 사다리꼴이라고 한다.

특히 밑변의 양 끝 각의 크기가 같은 사다리꼴을 등변사다리꼴이라고 하는데, 평행하지 않은 두 변의 길이와 두 대각선의 길이가 각각 서로 같다.

평행사변형

두 쌍의 대변이 각각 서로 평행한 사각형을 평행사변형이라고 한다.

평행사변형의 두 쌍의 대변의 길이는 각각 같고, 두 쌍의 대각의 크기도 각각 같으며, 두 대각선은 서로 다른 것을 이등분한다.

한 쌍의 대변이 평행하고 그 길이가 같은 사각형도 평행사변형이다.

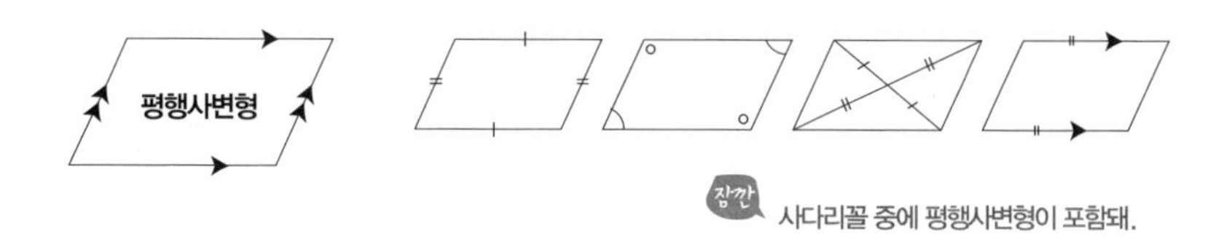

직사각형

네 내각의 크기가 모두 같은 사각형을 직사각형이라고 하는데 사각형의 내각의 크기의 합이 360°이므로 직사각형의 모든 내각의 크기는 각각 90° 이다.

직사각형은 두 쌍의 대변이 서로 평행하므로 평행사변형이기도 하다. 다시 말해, 평행사변형의 한 내각의 크기가 90°이면 직사각형이다.

직사각형은 평행사변형의 성질을 모두 가지고 있다. 특히 직사각형의 두 대각선의 길이는 서로 같다. 즉, 두 대각선의 길이가 같은 평행사변형은 직사각형이다.

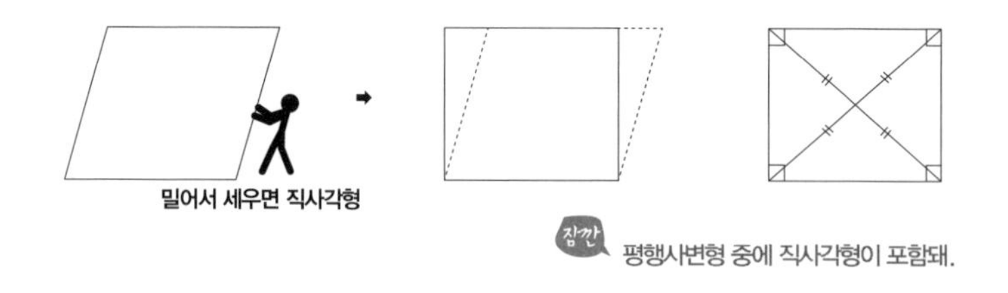

마름모

네 변의 길이가 모두 같은 사각형을 마름모라고 한다.

마름모는 네 변의 길이가 모두 같으므로 평행사변형이기도 하다. 즉, 평행사변형에서 이웃하는 두 변의 길이가 같으면 마름모이다.

마름모도 평행사변형의 성질을 모두 가지고 있다. 특히 마름모의 두 대각선은 서로 다른 것을 수직이등분한다. 즉, 두 대각선이 서로 수직으로 만나는 평행사변형은 마름모이다.

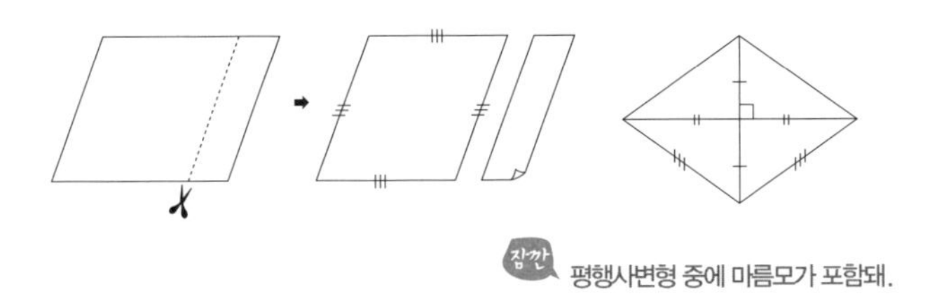

잠깐 평행사변형 중에 마름모가 포함돼.

정사각형

네 변의 길이가 모두 같고, 네 내각의 크기가 모두 같은 사각형을 정사각형이라고 한다. 즉, 마름모인 동시에 직사각형이면 정사각형이다.
정사각형은 마름모, 직사각형, 평행사변형의 성질을 모두 가지고 있다. 특히, 정사각형의 대각선은 길이가 같고 서로 다른 것을 수직이등분한다.

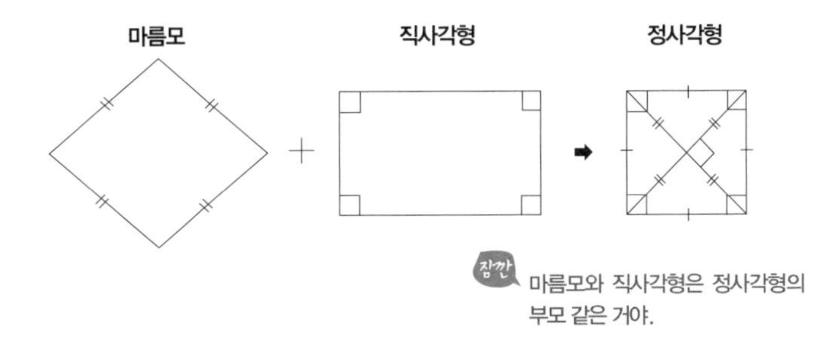

잠깐 마름모와 직사각형은 정사각형의 부모 같은 거야.

여러 가지 사각형 사이의 관계

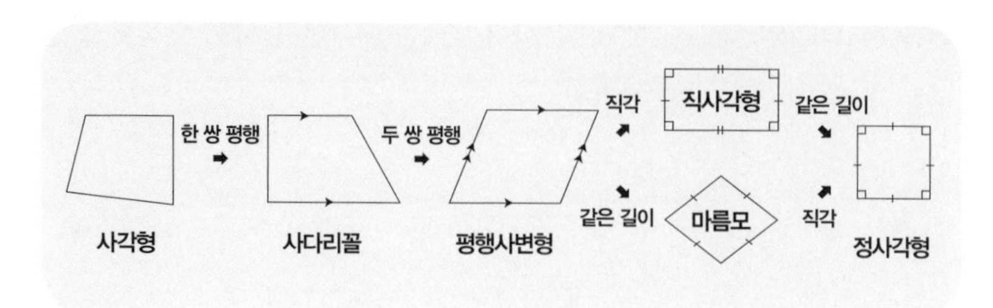

사각형의 포함 관계를 반드시 기억해!

69 원과 부채꼴의 측정 공식

중학교 1학년, 평면도형의 성질 단원

원과 부채꼴의 측정 공식에서 사용하는 문자

중학교 수학에서는 문자를 사용하여 원의 넓이나 둘레의 길이를 구하는 공식을 나타낸다. 따라서 공식에 사용되는 문자들을 반드시 알아 둬야 한다.

원의 반지름을 영어로 'radius'라고 하는데, 이 첫 글자를 따서 반지름의 길이는 'r'로 나타낸다. 또, length(길이)의 첫 글자를 따서 도형의 길이는 'l'로, Square(넓이)의 첫 글자를 따서 도형의 넓이는 'S'로 나타낸다.

원의 둘레의 길이와 넓이 공식

원의 둘레의 길이는 (지름)×(원주율)을 계산하여 구하고, 원의 넓이는 (반지름)×(반지름)×(원주율)을 계산하여 구한다.

문자를 사용하여 반지름의 길이가 r인 원의 둘레의 길이를 l, 넓이를 S라 하면 공식은 다음과 같다.

원의 둘레의 길이 ⇨ $l=2\pi r$

원의 넓이 ⇨ $S=\pi r^2$

부채꼴의 호의 길이와 넓이 공식

부채꼴의 호의 길이와 넓이는 중심각의 크기에 정비례한다는 원리를 이용하여 구한다. 예를 들어, 중심각의 크기가 60°인 부채꼴은 원의 $\frac{60}{360}=\frac{1}{6}$이고, 중심각의 크기가 150°인 부채꼴은 원의 $\frac{150}{360}=\frac{5}{12}$이다.

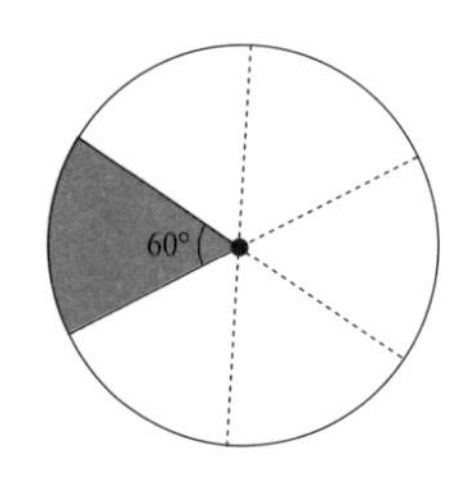

원을 똑같이 6개로 나눈 것 중 1개

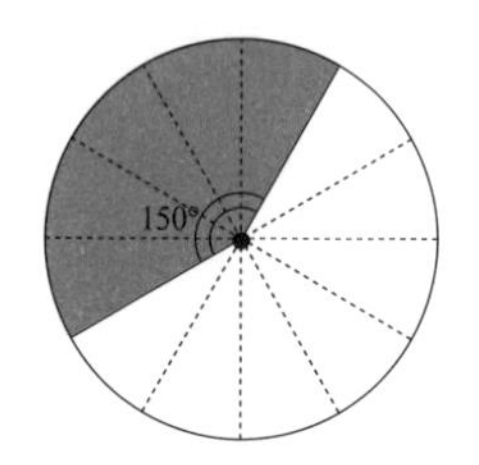

원을 똑같이 12개로 나눈 것 중 5개

따라서 반지름의 길이가 r, 중심각의 크기가 x°인 부채꼴의 호의 길이를 l, 넓이를 S라 하면 공식은 다음과 같다.

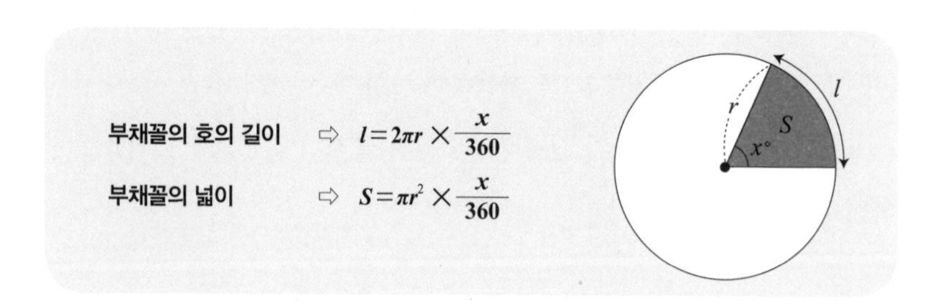

부채꼴의 또 다른 넓이 공식

반지름의 길이가 r, 호의 길이가 l일 때, 넓이를 S라 하면 부채꼴의 넓이 공식을 다음과 같이 바꿀 수 있다.

$$S=\pi r^2 \times \frac{x}{360} \Rightarrow S=\frac{1}{2}r\times 2\pi r\times\frac{x}{360} \Rightarrow S=\frac{1}{2}rl$$

$$\rightarrow l=2\pi r\times\frac{x}{360}$$

부채꼴의 넓이 ⇨ $S=\frac{1}{2}rl$

r l S

부채꼴의 중심각의 크기를 몰라도 호의 길이를 알면 부채꼴의 넓이를 구할 수 있는 공식이기 때문에 알아 두면 아주 유용하게 쓸 수 있다.

기억하면 유용한 부채꼴의 넓이 공식!

70 원과 직선

중학교 3학년, 원의 성질 단원

원의 현의 성질

원의 현이란, 원 위의 두 점을 잇는 선분을 말하는데 원의 현과 중심 사이에는 다음과 같은 관계가 있다.

> **1. 원의 중심에서 현에 내린 수선은 그 현을 이등분한다.**
> **2. 원에서 현의 수직이등분선은 그 원의 중심을 지난다.**

다음 그림과 같이 원 O의 중심에서 현 AB에 내린 수선의 발을 M이라고 하면 $\overline{AB}=\overline{BM}$이 된다. 반대로, 원 O의 현 AB의 중점을 M이라고 하면 $\overline{OM}\perp\overline{AB}$가 된다.

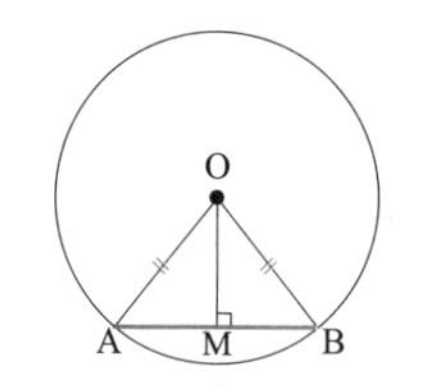

$\overline{OM}\perp\overline{AB} \Rightarrow \overline{AM}=\overline{BM}$

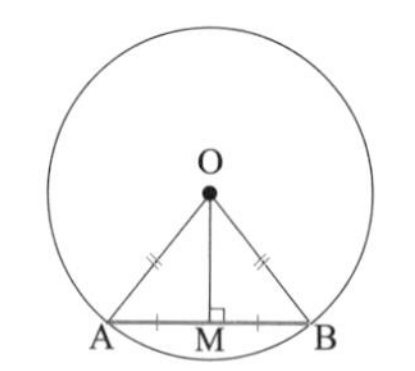

$\overline{AM}=\overline{BM} \Rightarrow \overline{OM}\perp\overline{AB}$

또한, 원의 중심과 현의 길이 사이에는 다음과 같은 관계가 있다.

1. 한 원 또는 합동인 두 원에서 원의 중심으로부터 같은 거리에 있는 두 현의 길이는 서로 같다.
2. 한 원 또는 합동인 두 원에서 길이가 같은 두 현은 원의 중심으로부터 같은 거리에 있다.

다음 그림과 같이 원 O의 중심에서 같은 거리에 있는 두 현 AB, CD에 내린 수선의 발을 각각 M, N이라고 할 때, $\overline{OM}=\overline{ON}$이면 $\overline{AB}=\overline{CD}$가 된다. 반대로, $\overline{AB}=\overline{CD}$이면 $\overline{OM}=\overline{ON}$이 된다.

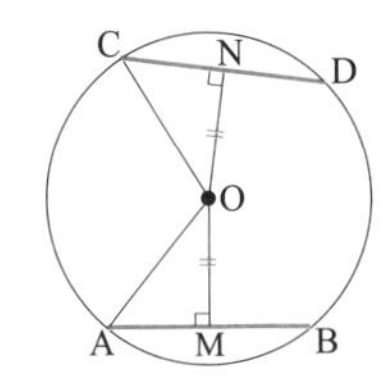

$\overline{OM}=\overline{ON} \Rightarrow \overline{AB}=\overline{CD}$

$\overline{AB}=\overline{CD} \Rightarrow \overline{OM}=\overline{ON}$

원의 접선의 성질

원의 접선이란, 원과 한 점에서 만나는 직선을 말하고, 원과 접선이 만나는 점은 접점이라고 하는데 원의 접선에는 다음과 같은 성질이 있다.

1. 원의 접선은 그 접점을 지나는 반지름과 수직이다.
2. 원의 외부에 있는 한 점에서 원에 그을 수 있는 접선은 2개이다.
3. 원의 외부에 있는 한 점에서 원에 그은 접선의 접점까지의 거리는 서로 같다.

다음 그림과 같이 원 O의 외부에 있는 한 점 P에서 원에 그은 두 접선의 접점을 각각 A, B라고 할 때, $\overline{PA}=\overline{PB}$가 된다.

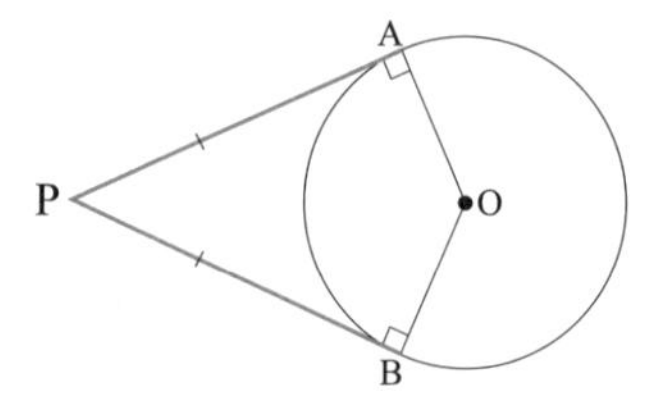

원의 접선의 이 성질은 다각형의 내접원이 존재할 때, 다양하게 이용된다. 다음 그림과 같이 내접원이 존재하는 다각형에서 각 꼭짓점으로부터 양쪽 접점에 이르는 거리가 모두 같음을 알 수 있다.

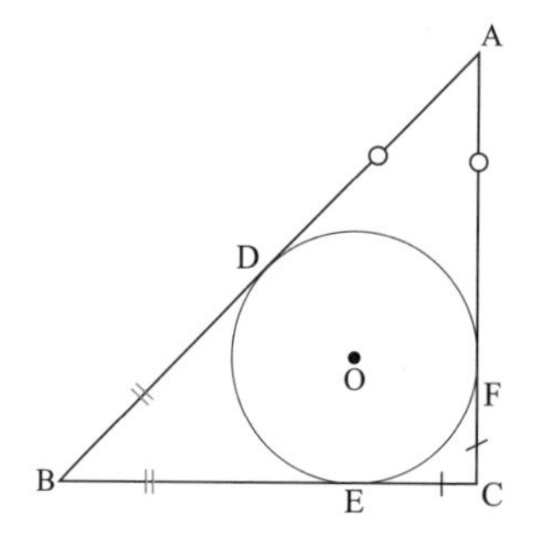

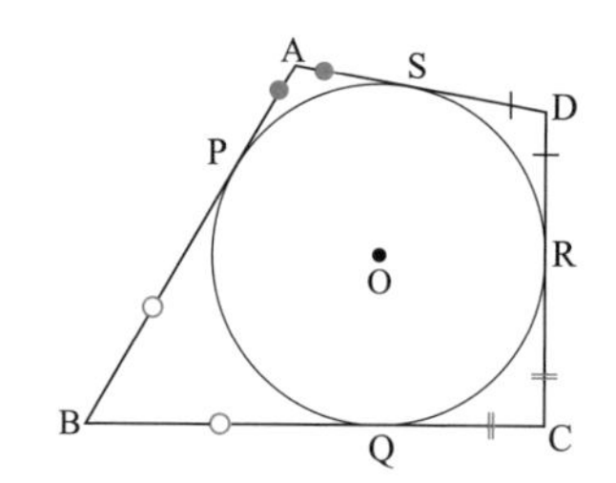

원주각

어떤 호에 대한 중심각은 원의 중심을 각의 꼭짓점으로 하고 반지름을 각의 변으로 하는 각이다. 반면, 원주각은 호의 양 끝점이 아닌 원 위의 한 점을 각의 꼭짓점으로 하고, 현을 각의 변으로 하는 각이다.

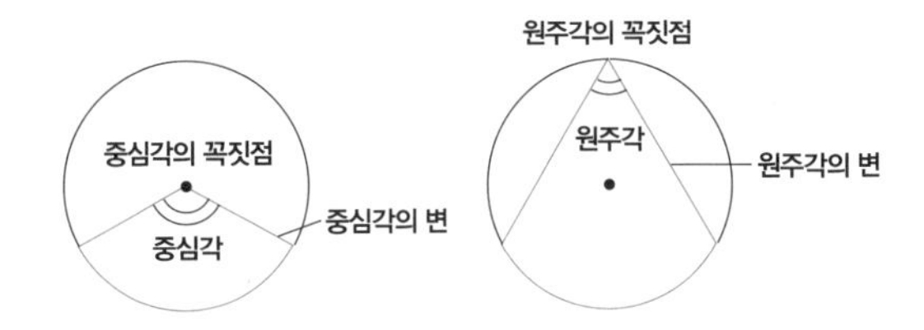

즉, 원 위의 서로 다른 세 점 A, B, P에 대하여 ∠APB를 호 AB에 대한 원주각이라고 한다. 이때, ∠AOB는 호 AB에 대한 중심각이다.

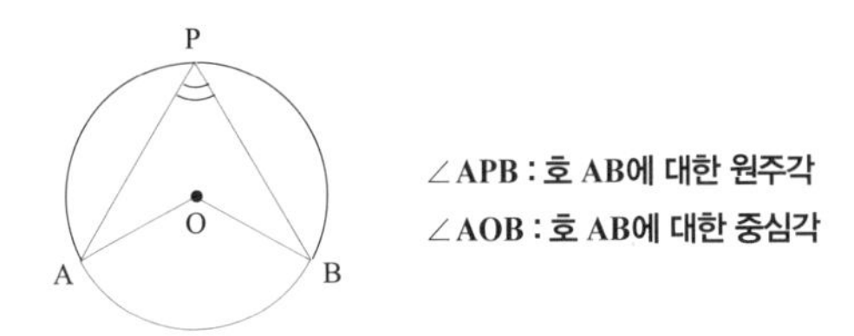

원주각의 개수

한 원에서 원의 중심은 오직 하나뿐이므로 호가 정해지면 그 호에 대한 중심각도 오직 하나만 존재한다. 하지만 원주각의 경우는 다르다. 정해진 호 위의 점이 아니면서 원의 둘레 위에 있는 모든 점이 원주각의 꼭짓점이 될 수 있기 때문에 한 호에 대한 원주각은 무수히 많이 존재할 수 있다.
그림에서 호 AB에 대한 중심각은 ∠AOB 하나뿐이지만 호 AB에 대한 원주각은 ∠APB, ∠AQB, ∠ARB, ∠ASB 등 여러 개가 될 수 있다. 물론 이 외에도 한없이 많이 만들 수 있다.
이렇게 수많은 원주각이 있다고 하더라도 한 호에 대한 원주각의 크기는 모두 같다. 즉, ∠APB=∠AQB=∠ARB=∠ASB=⋯이다.

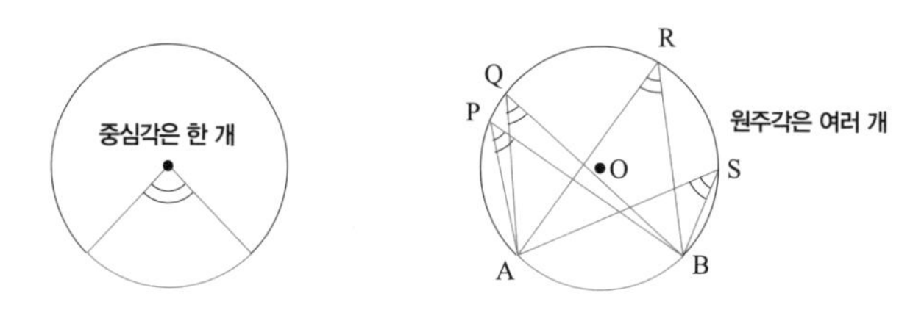

원주각과 중심각의 크기

원에서 한 호에 대한 원주각의 크기는 그 호에 대한 중심각의 크기의 $\frac{1}{2}$이다. 반대로, 원에서 한 호에 대한 중심각의 크기는 원주각의 크기의 2배이다.

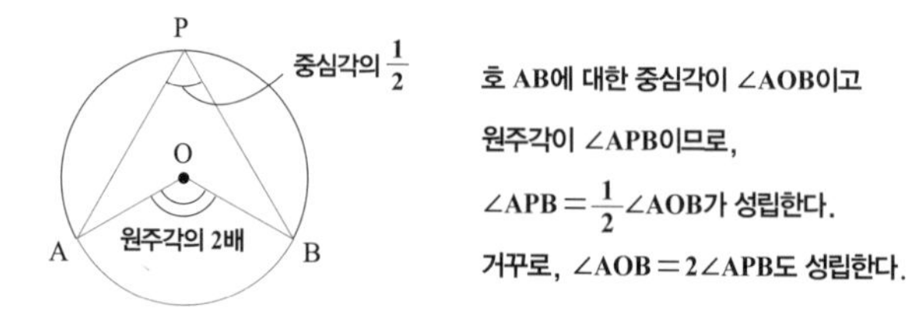

반원인 호에 대한 원주각

원주각과 중심각의 크기 사이의 관계를 이용하면 반원인 호에 대한 중심각의 크기가 180°이므로 원주각의 크기는 그 반인 90°가 된다. 즉, $\angle AOB = 180^\circ$이므로 $\angle APB = \frac{1}{2} \times 180^\circ = 90^\circ$이다.

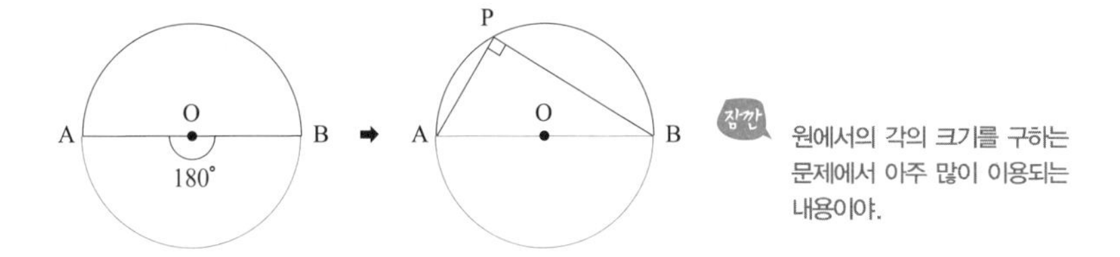

반지름의 길이가 다른 원이라 해도 반원의 중심각의 크기는 항상 180°이므로 반원인 호에 대한 원주각의 크기는 90°임을 알 수 있다.

또한, 이로부터 세 점 A, B, P를 각각 꼭짓점으로 하는 삼각형 ABP는 직각삼각형이 된다는 것도 확인할 수 있다.

원주각과 중심각의 관계는 아주 중요해!

기하학을 최초로 확립한 **탈레스**

탈레스(Thales, B.C.624~B.C.546년경)는 그리스 최초의 철학자이자 수학자로, 이오니아학파의 시조이다.

탈레스에 대한 가장 유명한 이야기는 '당나귀와 소금' 일화이다. 당나귀가 소금을 싣고 강을 건너다 그만 강물에 빠졌다. 그런데 소금이 녹아 버리는 바람에 짐은 무척 가벼워졌다. 그 후 당나귀는 매번 강을 건널 때마다 일부러 강에 빠졌다. 주인은 당나귀의 꾀를 눈치채고 어느 날 소금 대신 솜을 실었다. 이를 모르고 강을 건너가던 당나귀는 다시 물에 빠졌고, 솜은 물을 먹어 훨씬 무거워지고 말았다. 이 이야기에 등장하는 당나귀의 주인이 바로 탈레스이다.

탈레스는 하늘을 관측하는 데 뛰어난 능력이 있어, 올리브 수확량을 미리 짐작할 수 있을 수준이었다고 한다. 어느 날, 탈레스가 하늘을 보며 걷다 도랑에 빠져 옷이 홀딱 젖었다. 이를 본 그리스 사람들이 "선생님, 하늘보다 발밑을 더 관찰하십시오."라고 말했다고 한다.

또, 탈레스는 기원전 585년 5월 28일의 일식을 예언해 사람들을 놀라게 했다. 물론 그것은 당시 상당한 수준에 이른 바빌로니아의 천문학적 지식이 도움을 주었기 때문에 가능한 일이었다. 이처럼 탈레스는 다른 나라의 학문을 적극 수용하였다. 그 덕분에 이집트의 실용적 수학을 받아들여 기하학을 최초로 확립할 수 있었다.

'원은 지름에 의해서 이등분된다.' '이등변삼각형의 두 밑각의 크기는 같다.' '두 직선이 교차할 때 그 맞꼭지각의 크기는 같다.'와 같은 정리가 바로 탈레스에 의해 세워진 것이다. 또, 탈레스는 닮음을 이용하여 바닷가에서 바다 위에 있는 배까지의 거리를 측정했고, 지팡이와 그림자의 길이의 비를 이용하여 피라미드의 그림자에서 피라미드의 높이를 구했다.

각기둥은...
각뿔은...
회전체...
용어만 알면
쉽구만.
체육 시간이냐?
또...
각 입체도형별로
단면과 전개도를
그릴 수 있어야 해.
엥?
미술 시간이야?
부피와 겉넓이 공식은
당연히 외워야 하고.
수학 시간이
맞군.

중학수학의 50%는 도형,
입체도형의 성질과 측정

입체도형을 집중적으로 학습하는 것은 중학교 1학년 때이다. 다양한 입체도형의 종류와 부피와 겉넓이를 측정하는 방법에 대해 배운다.

입체도형은 눈에 보이지 않는 부분을 예상해야 하므로 평면도형보다 어렵다고 느낀다. 따라서 다양한 입체도형의 겨냥도와 전개도를 익숙할 때까지 그려서 익혀야 한다. 그래야 입체도형의 형태를 쉽게 파악할 수 있다. 입체도형의 겨냥도는 고등학교 수학에서 공간도형을 다룰 때 아주 유용하게 활용된다.

물론, 부피와 겉넓이를 구하는 문제가 가장 많이 출제되므로 공식은 반드시 외워야 한다.

중학교 1학년

- 다면체
- 회전체
- 기둥의 측정
  - 부피
  - 겉넓이
- 뿔과 구의 측정
  - 부피
  - 겉넓이

72 다면체

중학교 1학년, 입체도형의 성질 단원

다각형인 면으로만 둘러싸인 입체도형을 다면체(多面體)라고 한다.

따라서 둥근 면이 있는 입체도형은 다면체가 아니다.

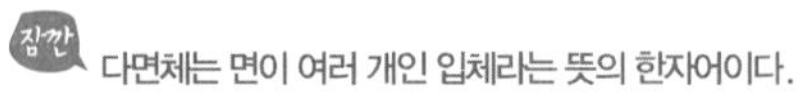

다면체의 용어

다면체를 둘러싸고 있는 다각형은 모두 다면체의 면이라고 하며, 다면체의 면과 면이 만나서 생기는 선, 즉 다각형의 변을 다면체의 모서리라고 하고, 다면체를 이루는 다각형의 꼭짓점을 다면체의 꼭짓점이라고 한다.

특히 다면체를 바닥에 놓았을 때, 바닥에 닿는 면을 밑면이라고 하는데, 밑면에 평행한 면은 '윗면'이라고 하지 않고 모두 밑면이라고 한다. 또, 밑면을 연결하면서 둘러싸여 있는 면을 옆면이라고 한다.

만약 밑면, 옆면의 구분이 어려울 때에는 그냥 면이라고 하면 된다.

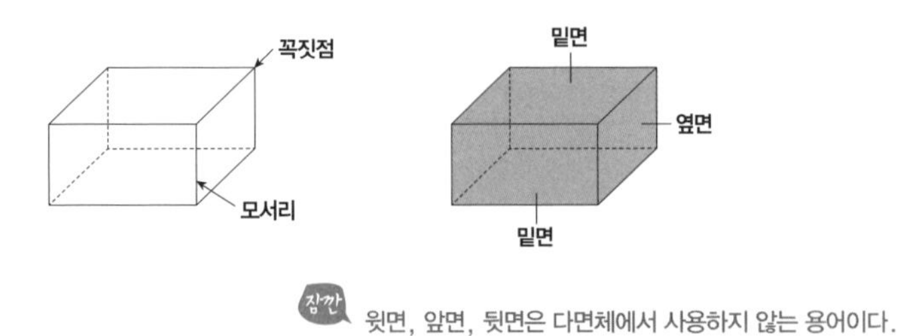

잠깐 윗면, 앞면, 뒷면은 다면체에서 사용하지 않는 용어이다.

다면체를 만드는 방법

다면체의 이름은 면의 개수에 따라서 결정된다. 면이 5개이면 '오면체', 면이 6개이면 '육면체', 면이 7개이면 '칠면체', …라고 한다.

삼각형은 변의 개수가 가장 작은 다각형이다. 따라서 밑면과 옆면이 모두 삼각형인 사면체가 면의 개수가 가장 작은 다면체이다.

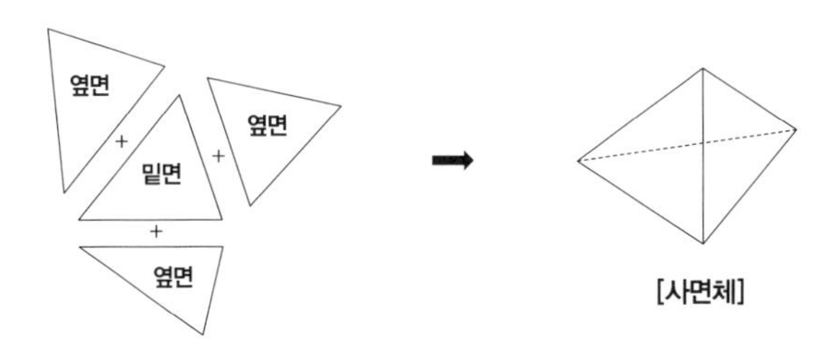

따라서 사면체에서 면을 하나씩 늘리면 오면체, 육면체, 칠면체, … 등 면의 개수에 따른 다면체를 순서대로 만들 수 있다. 예를 들어, 사면체는 모든 면이 삼각형이므로, 옆면이나 밑면을 하나 늘려서 오면체를 만들 수 있다.

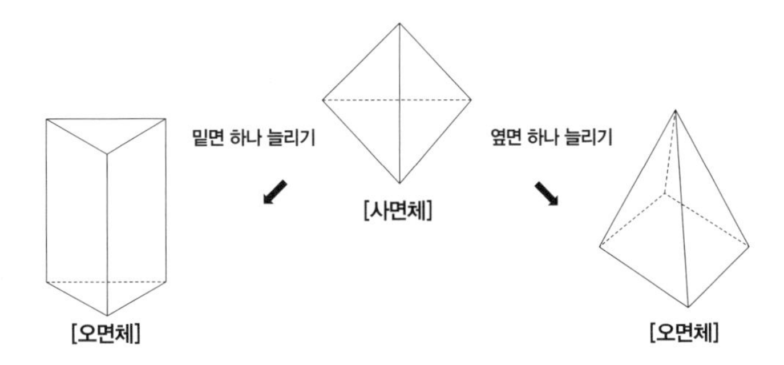

73 다면체의 종류

중학교 1학년, 입체도형의 성질 단원

각기둥, 각뿔, 각뿔대의 정의

밀면이 몇 개인지 봐.

면의 개수가 같은 다면체라도 밑면이 한 개인 다면체와 두 개인 다면체가 있다.

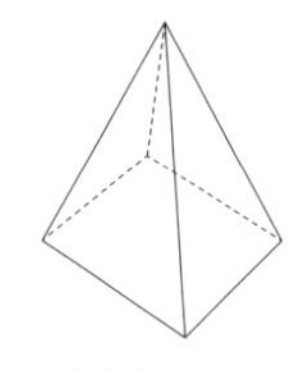

[밑면이 한 개인 오면체]

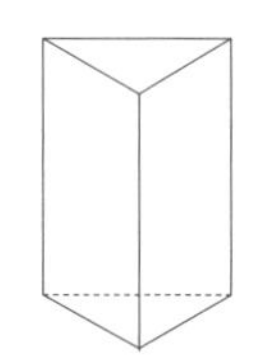

[밑면이 두 개인 오면체]

밑면이 두 개인 다면체 중에서 두 밑면이 서로 평행하면서 합동인 다각형이고, 옆면은 모두 직사각형인 것을 각기둥이라고 한다.

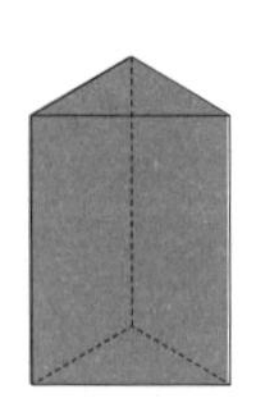

[각기둥]

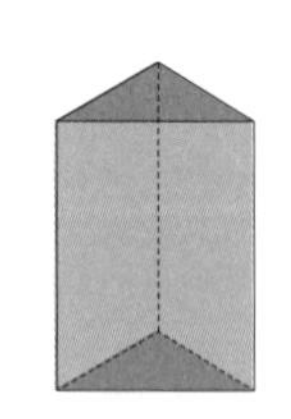

밑면은 평행, 합동

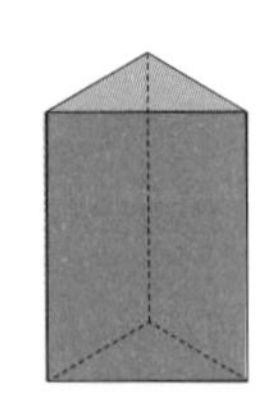

옆면은 직사각형

또, 밑면이 한 개이고 옆면이 모두 한 꼭짓점으로 모이는 삼각형인 다면체를 위로 뿔처럼 뾰족하게 솟은 모양이라 하여 각뿔이라고 한다.

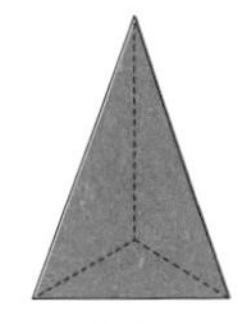

[각뿔]

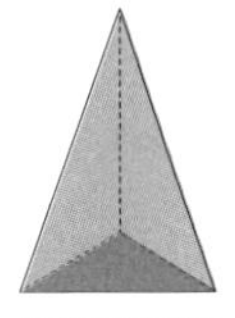

밑면은 다각형

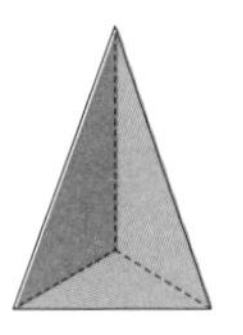

옆면은 삼각형

이 각뿔을 밑면에 평행하게 자르면 각뿔 한 개와 각뿔이 아닌 입체도형이 한 개 생기는데, 각뿔이 아닌 쪽의 입체도형을 각뿔대라고 한다.

각뿔대는 각기둥과 마찬가지로 밑면이 두 개이고 밑면끼리 평행하지만 두 밑면이 합동이 아니라 닮음이고 옆면은 모두 사다리꼴이다.

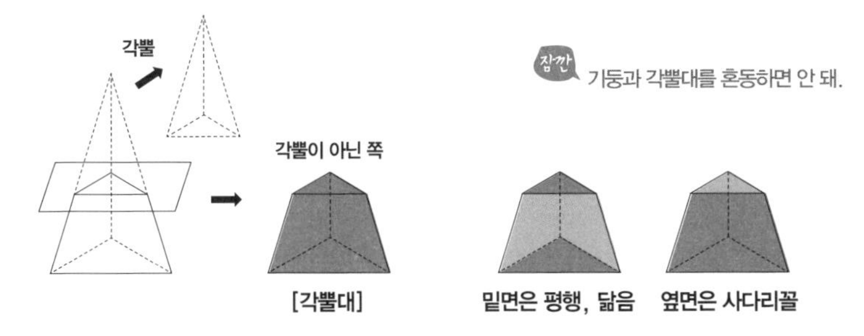

[각뿔대] 밑면은 평행, 닮음 옆면은 사다리꼴

각기둥, 각뿔, 각뿔대의 이름

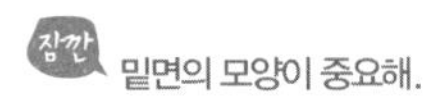

각기둥의 옆면은 모두 직사각형이므로 옆면의 모양으로 각기둥의 종류를 구분할 수 없다. 따라서 밑면의 모양에 따라 각기둥을 구분한다. 즉, 밑면이 삼각형이면 '삼각기둥', 밑면이 사각형이면 '사각기둥', … 등과 같이 각기둥 앞에 밑면의 변의 개수를 써서 부른다.

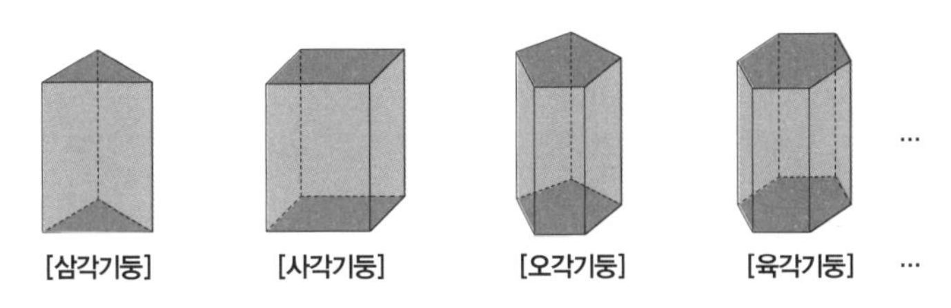

[삼각기둥] [사각기둥] [오각기둥] [육각기둥] …

각뿔과 각뿔대도 옆면은 모두 삼각형 또는 사다리꼴이므로, 각뿔과 각뿔대의 이름 역시 밑면의 모양에 따라 결정된다. 밑면이 삼각형이면 '삼각뿔'과 '삼각뿔대', 밑면이 사각형이면 '사각뿔'과 '사각뿔대', … 등으로 부른다.

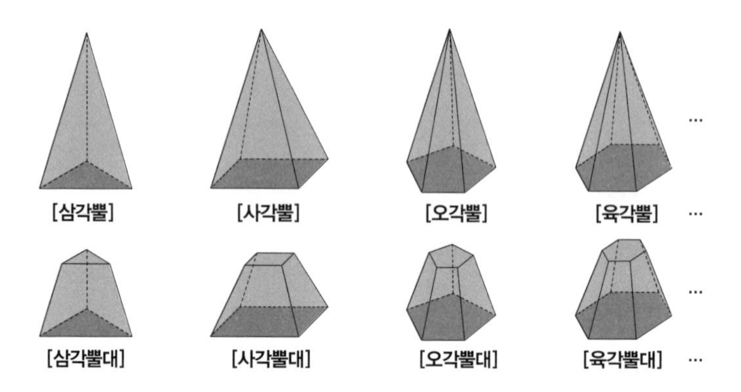

각기둥, 각뿔, 각뿔대를 구분해야 해!

	각기둥	각뿔대	각뿔
밑면의 수	2개	2개	1개
옆면의 모양	직사각형	사다리꼴	삼각형
면의 수	(밑면의 변의 수)+2	(밑면의 변의 수)+2	(밑면의 변의 수)+1

74 정다면체

중학교 1학년, 입체도형의 성질 단원

모든 면이 서로 합동인 정다각형이고, 각 꼭짓점에 모이는 면의 개수가 모두 같은 다면체를 정다면체라고 한다.
정다면체는 정사면체, 정육면체, 정팔면체, 정십이면체, 정이십면체, 이렇게 5개뿐이다.

정사면체

정사면체는 모든 면이 서로 합동인 정삼각형이고, 각 꼭짓점에 모이는 면의 개수가 3개로 모두 같은 다면체이다.
삼각뿔 모양인데, 면이 4개인 입체도형이라서 정사면체라고 한다.

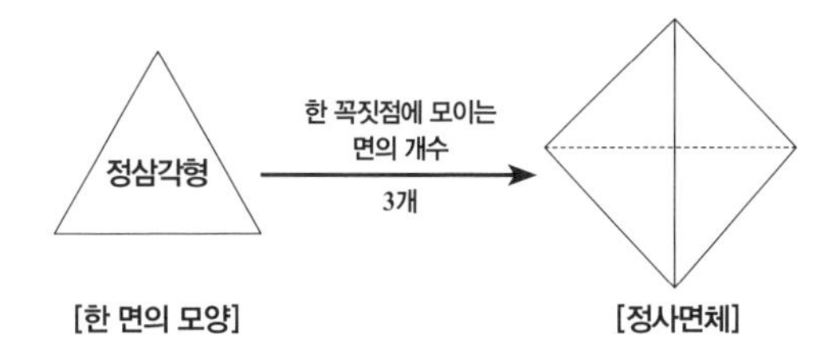

정육면체

정육면체는 모든 면이 서로 합동인 정사각형이고, 각 꼭짓점에 모이는 면의 개수가 3개로 모두 같은 다면체이다.
사각기둥 모양인데, 면이 6개인 입체도형이라서 정육면체라고 한다.

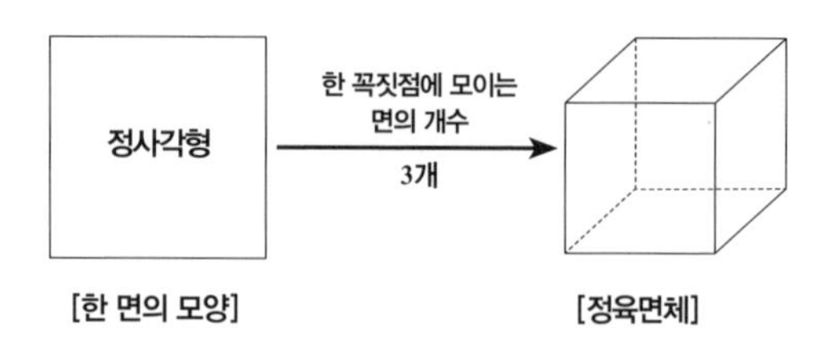

정팔면체

정팔면체는 모든 면이 서로 합동인 정삼각형이고, 각 꼭짓점에 모이는 면의 개수가 4개로 모두 같은 다면체이다.

사각뿔 두 개의 밑면을 서로 붙여 놓은 모양인데 위쪽에 있는 4개의 면, 아래쪽에 있는 4개의 면, 이렇게 총 8개의 면으로 이루어졌기 때문에 정팔면체라고 한다.

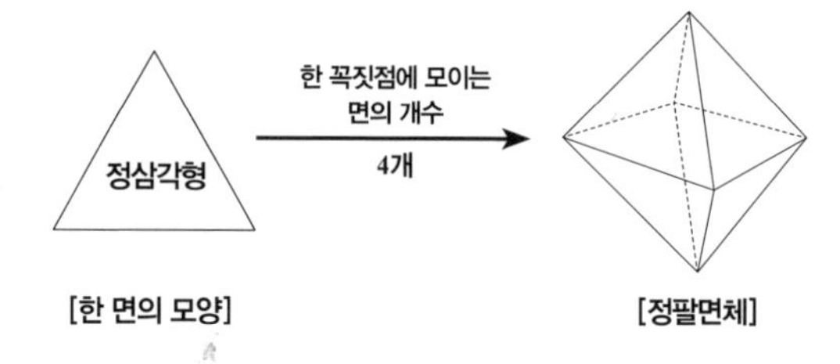

정십이면체

정십이면체는 모든 면이 서로 합동인 정오각형이고, 각 꼭짓점에 모이는 면의 개수가 3개로 모두 같은 다면체이다.

보이는 쪽 정면에 면이 1개, 그 주변으로 5개의 면이 붙어 있고 보이지 않는 쪽에 똑같은 형태로 면이 존재하여 총 12개의 면으로 이루어져 있다.

비슷한 입체도형의 변형된 형태로 축구공이 있는데 축구공은 정오각형 주변을 정육각형이 싸고 있는 모양이다. 축구공은 정십이면체가 아니므로 정다면체가 아니다.

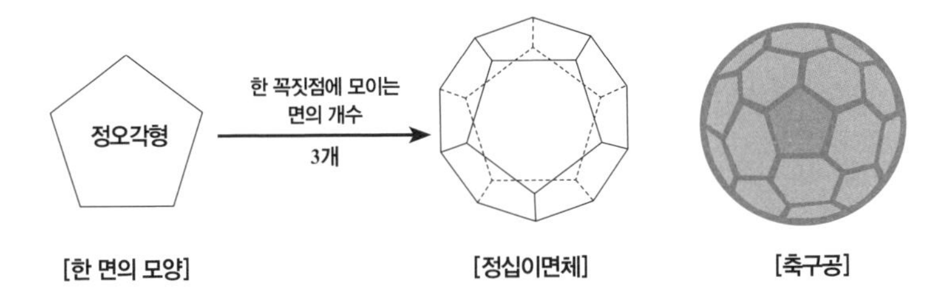

정이십면체

정이십면체는 모든 면이 서로 합동인 정삼각형이고, 각 꼭짓점에 모이는 면의 개수가 5개로 모두 같은 다면체이다.

보이는 쪽 정면에 면이 1개, 그 주변으로 9개의 면이 붙어 있고 보이지 않는 쪽에 똑같은 형태로 면이 존재하여 총 20개의 면으로 이루어져 있다.

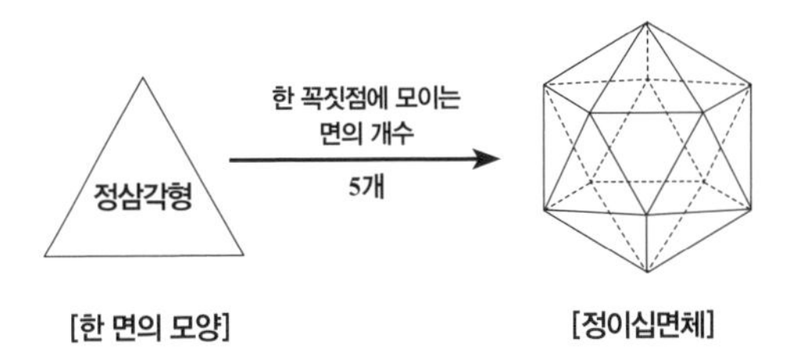

정다면체가 5개뿐인 이유

첫 번째 비밀은 면의 개수!
한 꼭짓점에서 최소한 3개의 면이 만나야 입체가 된다.

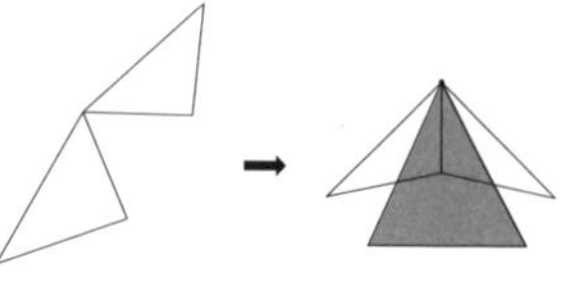

두 번째 비밀은 내각의 크기!
한 꼭짓점에 모인 다각형의 내각의 크기의 합이 360°보다 작아야 입체가 생긴다. 360°이면 평면이 되고, 360°보다 크면 안으로 푹 들어간다.

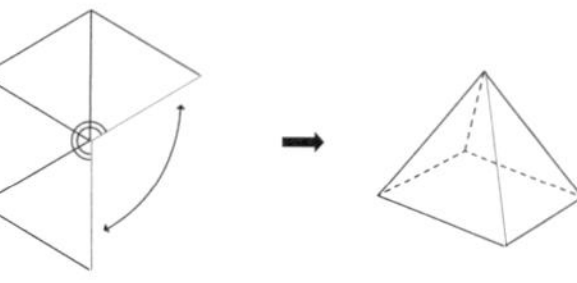

이 두 조건을 만족하면서 정삼각형으로 정다면체를 만들어 보자.
정삼각형의 한 내각의 크기는 60°이기 때문에 한 꼭짓점에 정삼각형을 이어 붙이면 3개, 4개, 5개까지만 붙일 수 있다. 그래서 한 면이 정삼각형인 정다면체는 세 종류만 가능하다.

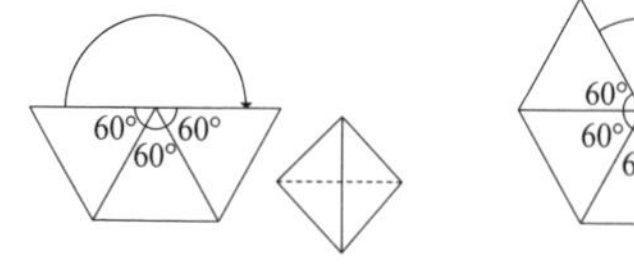

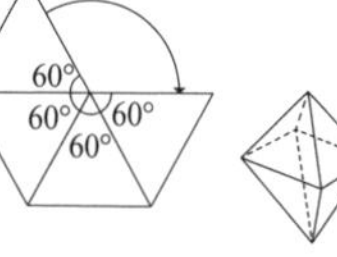

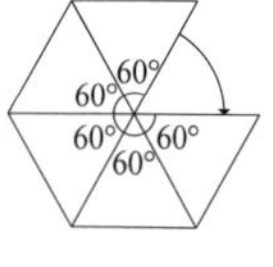

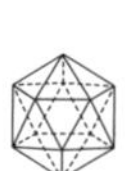

또, 두 조건을 만족하면서 정사각형, 정오각형으로 정다면체를 만들어 보자.
정사각형의 한 내각의 크기는 90°, 정오각형의 한 내각의 크기는 108°이므로 한 꼭짓점에 3개씩만 붙일 수 있다. 그래서 한 면이 정사각형인 정다면체는 오직 1개, 한 면이 정오각형인 정다면체도 오직 1개만 가능하다.

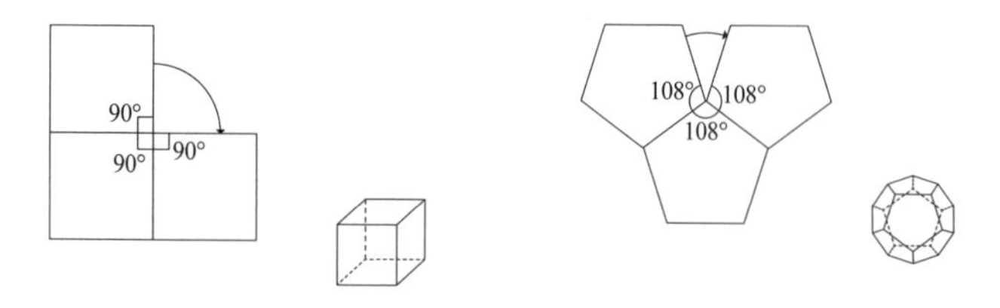

마지막으로, 정육각형의 한 내각의 크기는 120°라서 3개만 붙여도 평평해져 버리기 때문에 정육각형 이상은 붙일 수가 없다. 따라서 정다면체는 이렇게 딱 5개뿐이다.

75 회전체

중학교 1학년, 입체도형의 성질 단원

한 직선을 축으로 평면도형을 한 번 회전시킬 때 생기는 입체도형을 회전체(回轉體)라고 한다.

잠깐 회전시켜 만든 입체라는 뜻이야.

회전체의 용어

회전체를 만들기 위해 평면도형을 회전시킬 때, 축이 되는 직선을 회전축이라고 한다. 이때, 회전축에 수직인 면, 즉 회전체를 바닥에 놓을 때 바닥에 닿는 면과 이 면에 평행인 면을 모두 밑면이라고 하고, 회전체의 두 밑면을 연결하면서 둘러싸고 있는 면을 옆면이라고 한다. 특히, 회전체에서 회전하여 옆면을 이루는 선분을 모선이라고 한다.

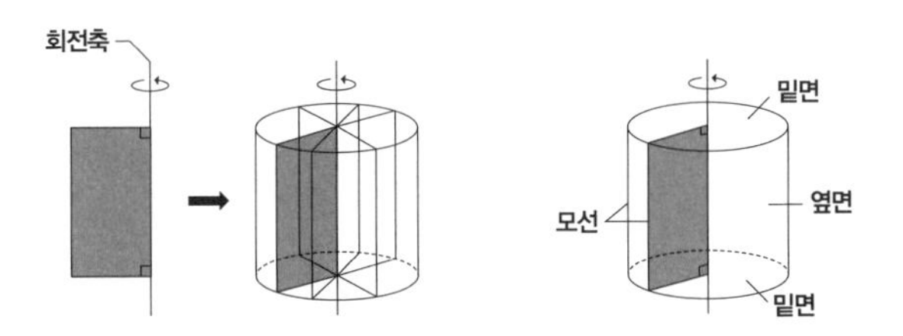

회전체의 종류

① 원기둥

대표적인 회전체는 기둥 모양의 입체도형으로, 밑면이 원 모양인 원기둥이다.

원기둥은 직사각형의 한 변을 축으로 한 번 회전시켜서 만들 수 있다.

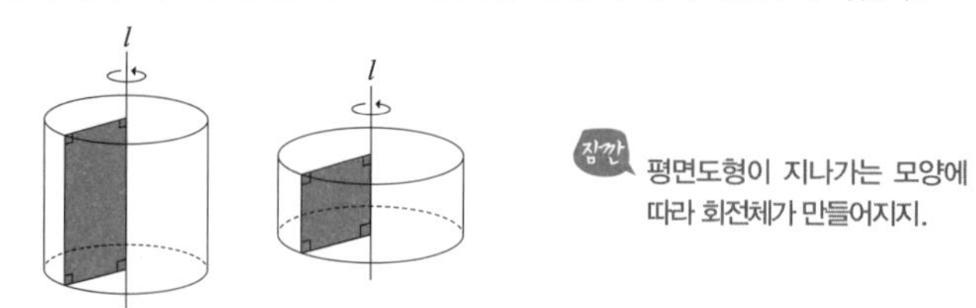

② 원뿔

뿔 모양의 입체도형으로 밑면이 원 모양인 원뿔이 있다.

원뿔은 직각삼각형의 직각을 낀 변을 축으로 한 번 회전시켜 만들 수 있다.

밑면에 평행한 평면으로 원뿔을 자르면 원뿔과 원뿔이 아닌 부분으로 나뉘는데, 원뿔이 아닌 부분을 원뿔대라고 한다. 원뿔대는 사다리꼴을 회전시켜 만드는 것과 같다.

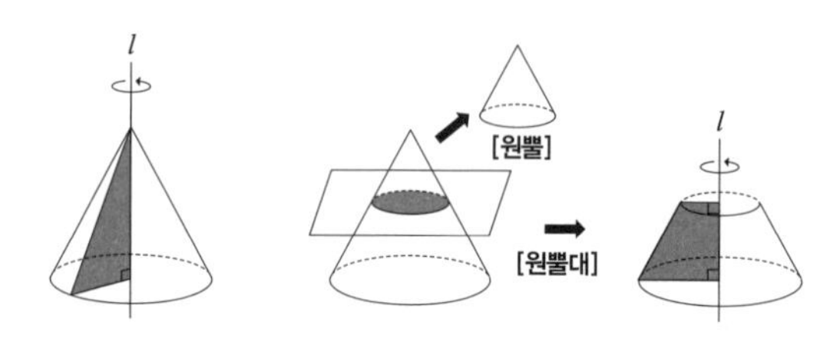

③ 구

반원을 반원의 지름을 축으로 한 번 회전시켜 만든 회전체는 구(球)라고 한다. 흔히 보는 공 모양의 입체도형이다.

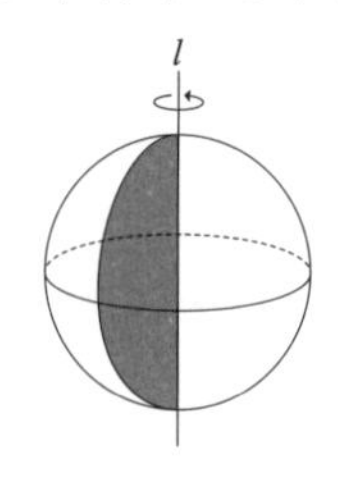

다양한 회전체

회전체는 이 외에도 아주 다양하게 만들 수 있다.

일반적인 사각형이나 삼각형이 아니라 도형이 두 개 붙어 있는 평면도형도 회전시키면 회전체를 만들 수 있다. 회전축에서 떨어져 있는 평면도형을 회전시키면 가운데가 빈 회전체가 생기기도 한다.

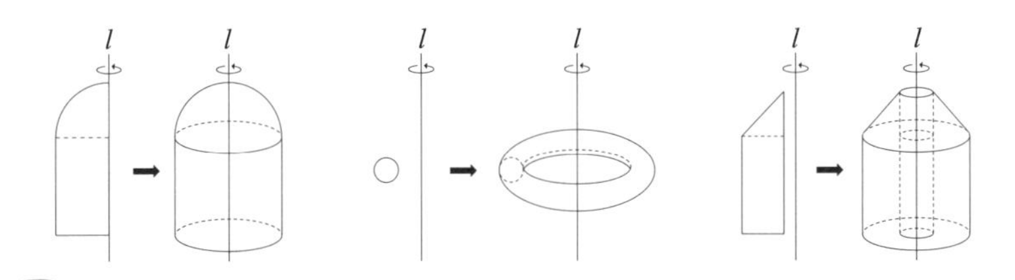

다양한 평면도형을 회전시켜서 나오는 회전체의 모양을 상상해 보는 것과 회전체로부터 어떤 평면도형을 회전시킨 것인지 거꾸로 상상해 보는 연습도 필요하다.

만점공략 원뿔의 모선의 길이를 높이로 착각하지 마!

76 입체도형의 단면

중학교 1학년, 입체도형의 성질 단원

단면(斷面)은 물체의 잘라 낸 면을 말하는 것으로, 속이 꽉 찬 입체도형을 어떤 평면으로 잘라 생기는 면을 입체도형의 단면이라고 한다.
다면체는 모든 면이 평평하기 때문에 어떻게 잘라도 다각형 모양의 단면이 생긴다.

㉦ 속이 꽉 찬 사각기둥을 자르면 삼각형, 사각형, 오각형, 육각형의 단면을 얻을 수 있다.

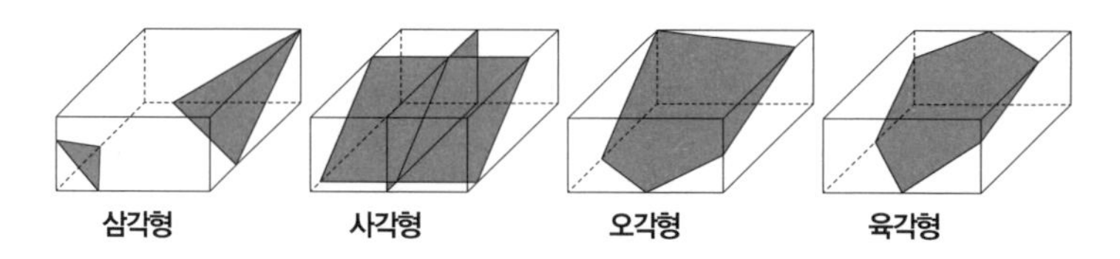

반면, 회전체는 부드러운 곡면이 있기 때문에 단면에서 곡선이 나타나기도 한다.

회전축에 수직인 단면

속이 꽉 찬 회전체를 회전축에 수직인 평면으로 자르면 그 단면은 항상 원이다.
회전축에 수직인 한 직선을 회전축을 축으로 하여 회전시키면 원이 되기 때문이다. 이때, 이 직선은 단면인 원의 반지름이다. 같은 원리에 의해 속이 빈 회전체를 회전축에 수직인 평면으로 자른 단면들은 동심원이다.

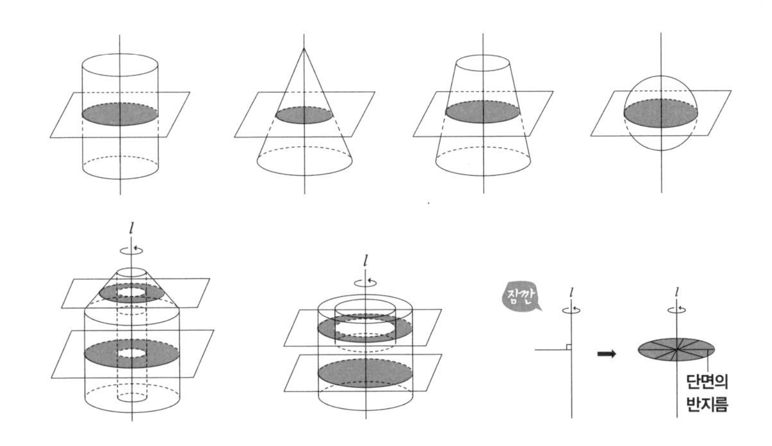

회전축을 포함하는 단면

회전체를 회전축을 포함하는 평면으로 자르면 회전시키기 전의 평면도형이 회전축을 중심으로 좌우 대칭된 도형이 생긴다.

즉, 원기둥의 단면은 직사각형, 원뿔의 단면은 이등변삼각형, 원뿔대의 단면은 등변사다리꼴이고, 구의 단면은 원이다. 단면들은 모두 회전축에 대하여 선대칭도형이다.

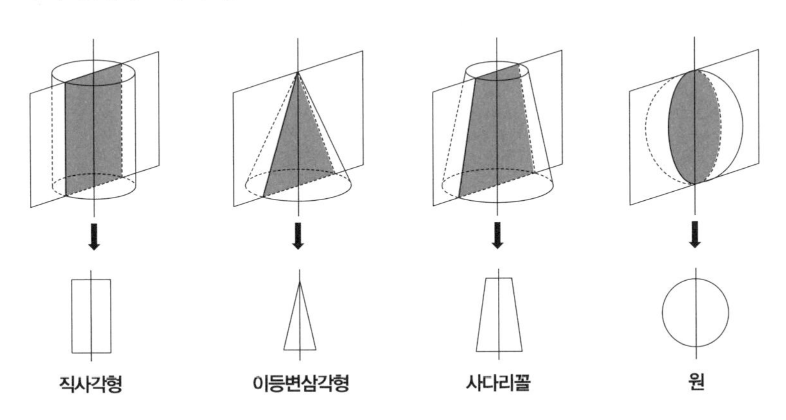

회전체의 여러 가지 단면

회전축과 관계없는 평면으로 회전체를 자르면 다양한 모양의 단면을 얻을 수 있다. 예를 들어, 속이 꽉 찬 원기둥, 원뿔, 원뿔대를 바닥에 수직인 평면, 비스듬히 누운 평면, 바닥을 지나면서 비스듬히 누운 평면 등으로 잘라 보면 다음과 같다.

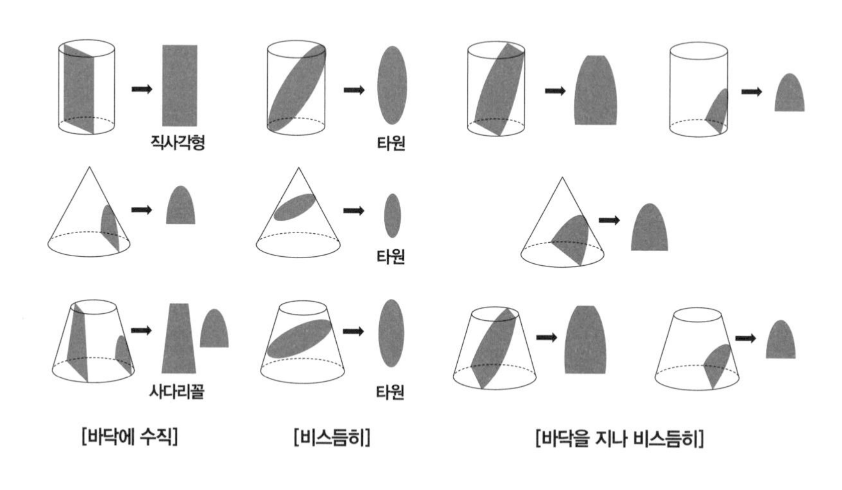

하지만 구는 어느 방향으로 잘라도 단면이 모두 원이다. 구의 중심과의 거리에 따라 원의 크기만 조금씩 달라질 뿐이다.

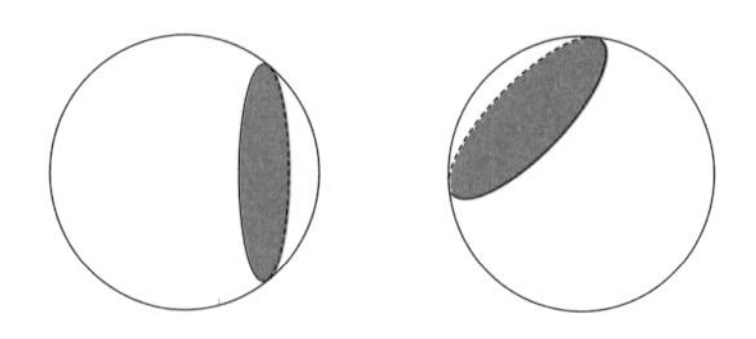

77 겨냥도와 전개도

중학교 1학년, 입체도형의 성질 단원

겨냥도

입체도형의 모양을 알기 쉽게 그린 그림을 겨냥도라고 한다.

서로 마주 보는 모서리는 평행하게 그리고, 보이는 모서리는 실선으로, 보이지 않는 모서리는 점선으로 그린다.

일반적으로 입체도형을 그릴 때 겨냥도로 그린다.

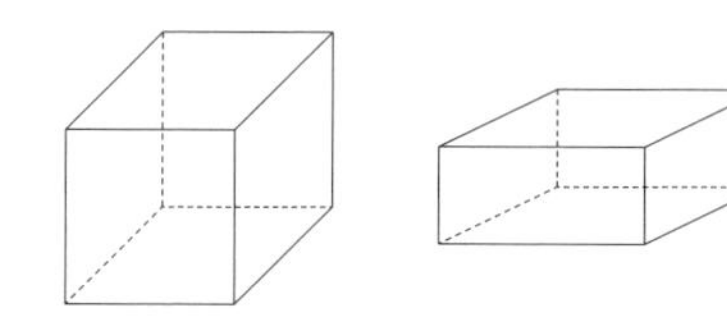

전개도

입체도형의 각 면을 펼쳐서 그린 그림을 전개도(展開圖)라고 한다.

전개도는 '펼치다.'라는 뜻의 한자 '전(展)', '열다.'라는 뜻의 한자 '개(開)'를 써서 입체도형의 모서리를 자른 다음 열어서 펼친 그림이라는 뜻이다.

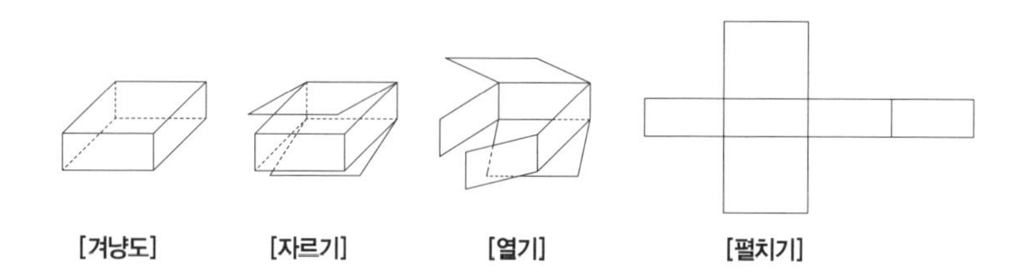

[겨냥도] [자르기] [열기] [펼치기]

다면체의 전개도

다면체는 모든 면이 다각형이므로 모서리를 따라 자르기만 하면 전개도를 쉽게 그릴 수 있다. 하지만 자르는 모서리에 따라 여러 가지 형태가 나올 수 있으므로, 여러 개의 전개도를 그릴 수 있다. 물론 펼쳐진 전개도를 다시 접었을 때 원래의 입체도형을 만들 수 있어야 한다는 것을 반드시 명심해야 한다.

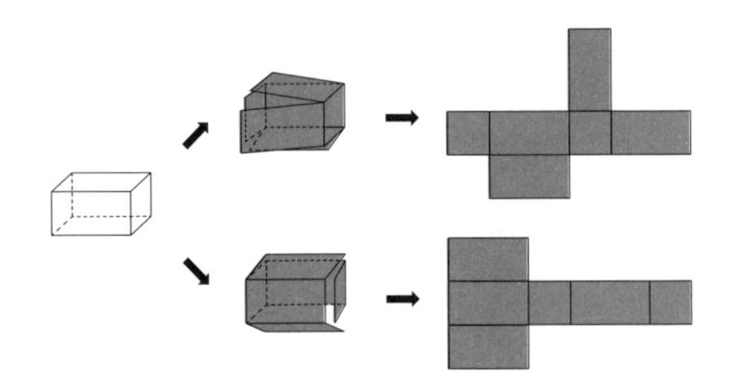

정다면체의 전개도

다섯 개의 정다면체의 전개도는 다음과 같다.

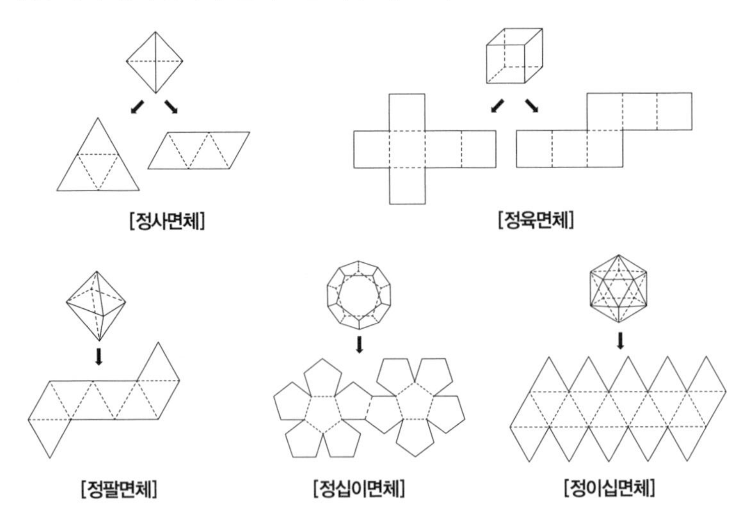

회전체의 전개도

회전체는 모서리가 없고 옆면이 곡면이므로, 아무렇게나 옆면을 자르면 안 된다. 반드시 모선을 따라 잘라서 옆면을 펼쳐야 전개도를 그릴 수 있다. 원기둥, 원뿔, 원뿔대의 옆면을 자르고 밑면의 둘레를 잘라서 펼친 전개도는 다음과 같다.

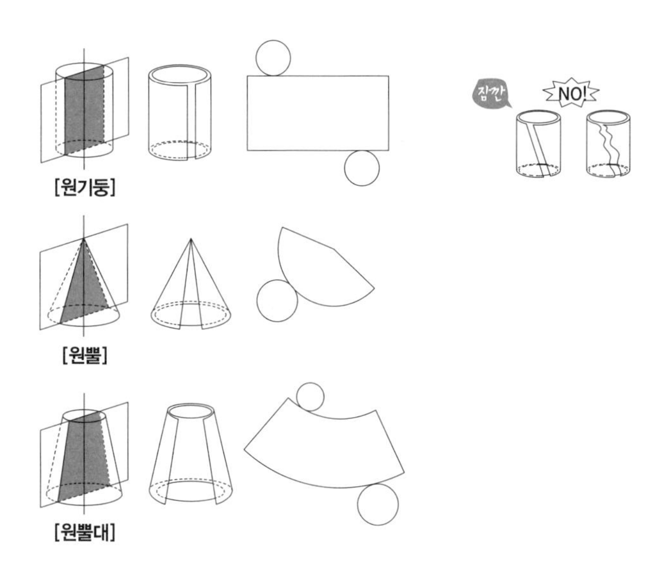

회전체 중에서 구나 도넛 모양은 어떤 선을 자르더라도 계속 곡면이 생기기 때문에 전개도를 그릴 수 없다.

78 기둥의 겉넓이와 부피

중학교 1학년, 입체도형의 성질 단원

겉넓이와 부피

겉넓이는 입체의 겉면의 넓이로 입체도형의 표면에 페인트를 칠해야 하는 넓이와 같다. 또, 부피는 입체가 공간에서 차지하는 크기로 입체도형 안에 채워지는 물의 양과 같다.

겉넓이는 영어 'Square', 부피는 영어로 'Volume'의 첫 글자를 따서 보통 S, V로 나타낸다.

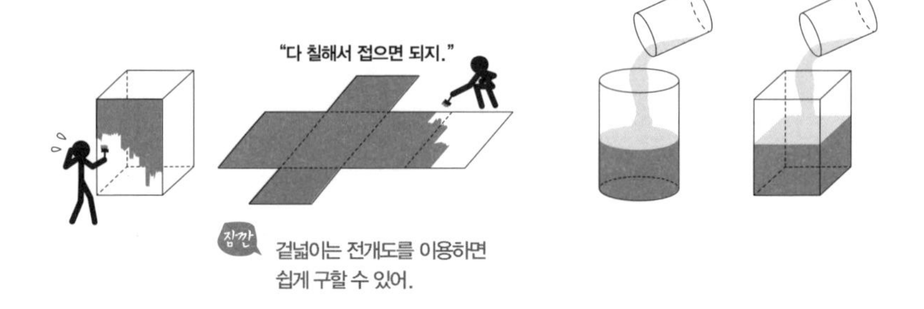

기둥의 높이와 밑넓이

각기둥이나 원기둥에서 높이는 두 밑면 사이의 거리이다. 높이는 영어로 'height'라고 하는데, 이 첫 글자를 따서 보통 h로 나타낸다.

또, 밑넓이는 밑면의 넓이로, 'Square'의 첫 글자를 따서 보통 S로 나타낸다.

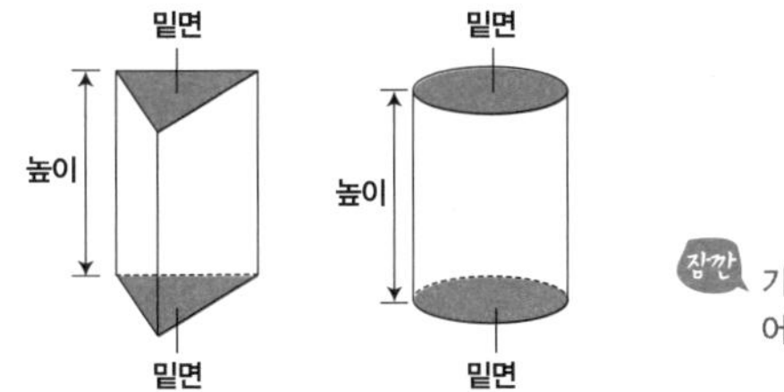

잠깐 기둥의 두 밑면은 서로 평행이고 합동이므로, 어느 쪽의 넓이를 구하든 상관없어.

기둥의 겉넓이 공식

겉넓이는 전개도에서 구할 수 있다. 각기둥과 원기둥 모두 전개도를 그리면 서로 합동인 밑면 2개와 직사각형 모양의 옆면이 생긴다. 따라서 기둥의 겉넓이는 (밑넓이)×2 + (옆면의 넓이)로 구한다.

이때, 기둥의 옆면은 밑면의 둘레의 길이를 가로의 길이로 하고, 기둥의 높이를 세로의 길이로 하는 직사각형이다. 특히, 밑면의 반지름의 길이가 r인 원기둥의 옆면의 가로의 길이는 $2\pi r$이다.

밑넓이가 S, 밑면의 둘레의 길이가 l, 높이가 h인 각기둥의 겉넓이는 $2S+lh$이다.
밑면의 반지름의 길이가 r, 높이가 h인 원기둥의 겉넓이는 $S=2\pi r^2+2\pi rh$이다.

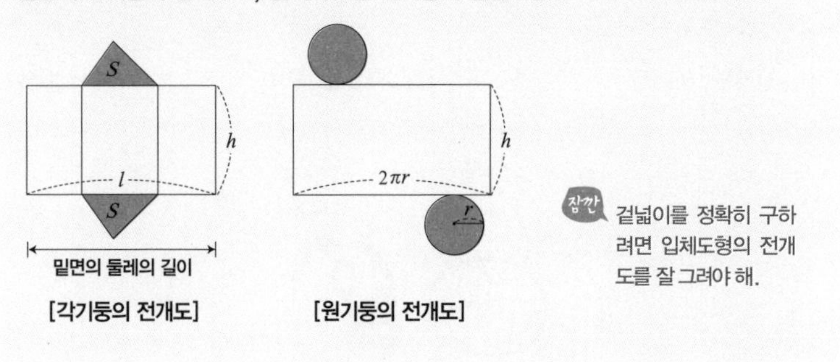

기둥의 부피 공식

각기둥이나 원기둥과 같은 기둥의 부피는 (밑넓이)×(높이)로 구한다.

즉, 각기둥 또는 원기둥의 부피를 V라고 하면 공식은 다음과 같다.

밑넓이가 S, 높이가 h인 각기둥의 부피는 $V=Sh$이다.
밑면의 반지름의 길이가 r, 높이가 h인 원기둥의 부피는 $V=\pi r^2 h$이다.

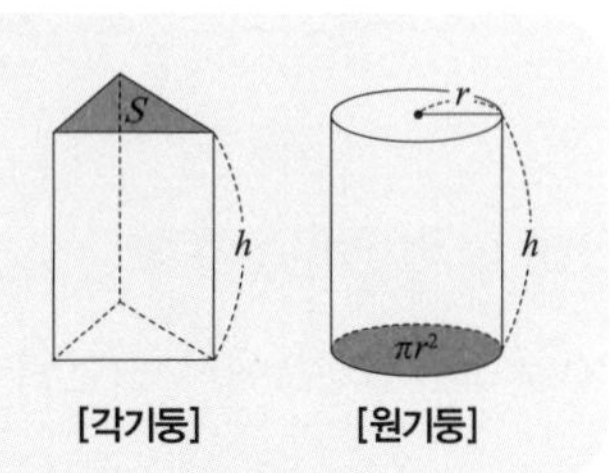

기둥의 밑넓이를 구할 때 자주 사용하는 공식

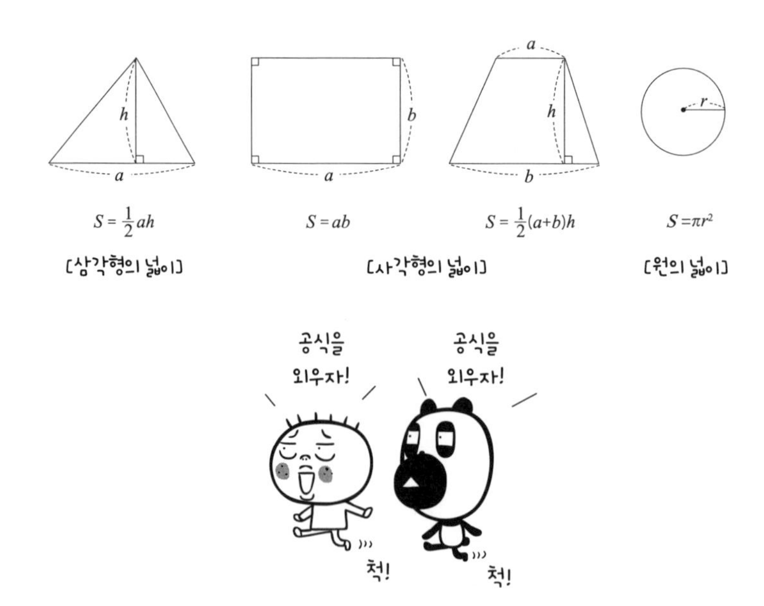

79 뿔과 구의 겉넓이와 부피

중학교 1학년, 입체도형의 성질 단원

뿔의 겉넓이 공식

뿔의 겉넓이는 전개도를 이용하여 구한다. 그런데 뿔의 밑면은 한 개뿐이므로 뿔의 겉넓이는 (밑넓이)+(옆면의 넓이)가 된다.

특히, 원뿔의 옆면은 부채꼴이므로 부채꼴의 넓이 공식을 이용할 수 있다. 옆면의 반지름의 길이는 원뿔의 모선의 길이이고, 호의 길이는 밑면의 둘레의 길이와 같기 때문이다.

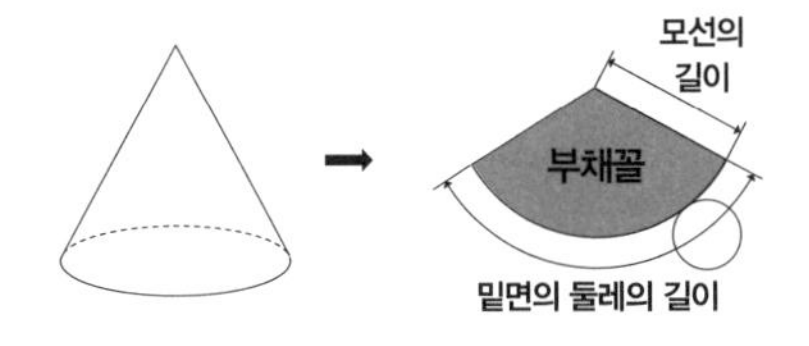

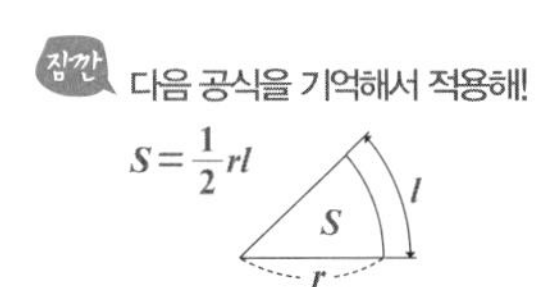

따라서 밑면의 반지름의 길이가 r, 높이가 h, 모선의 길이가 l인 원뿔의 겉넓이 S는 다음과 같다.

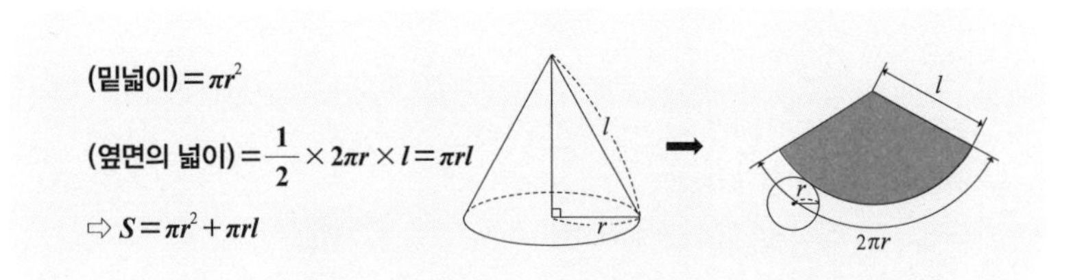

뿔의 부피 공식

뿔의 부피를 알려면 밑넓이와 높이를 알아야 하는데, 각뿔이나 원뿔의 높이는 뿔의 꼭짓점에서 밑면에 내린 수선의 길이이고, 밑넓이는 다각형과 원의 넓이 공식으로 구할 수 있다.

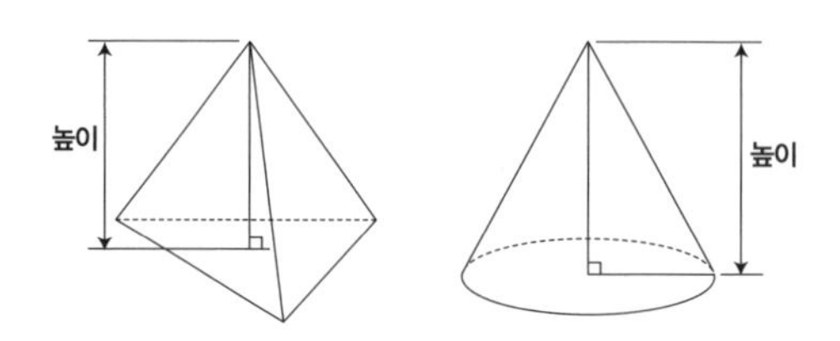

그릇에 물을 담아 부어 보면 각뿔과 원뿔의 부피는 각각 밑면과 높이가 같은 각기둥과 원기둥의 부피의 $\frac{1}{3}$ 이다.

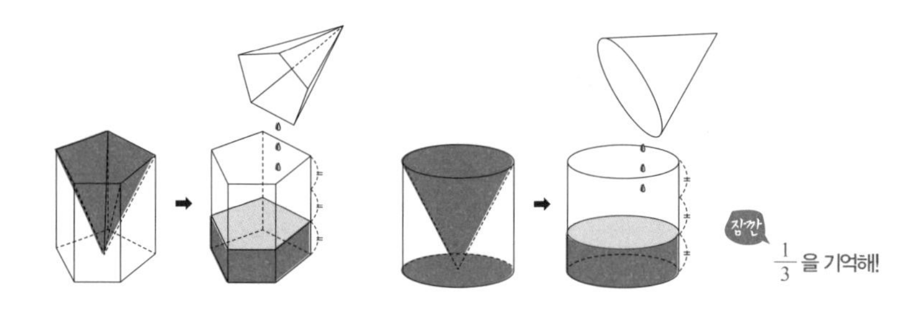

따라서 각뿔과 원뿔의 부피 공식은 다음과 같다.

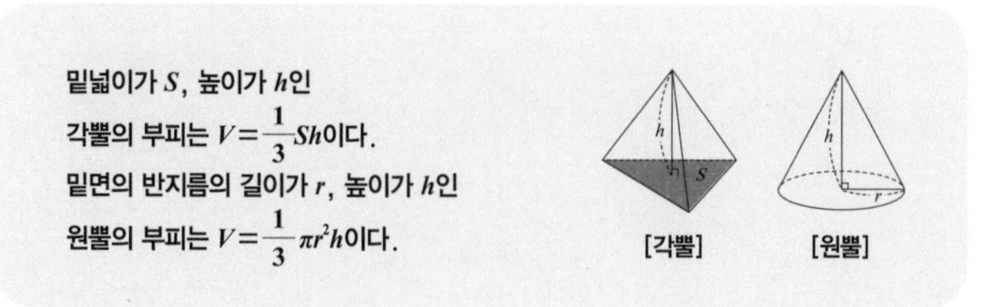

밑넓이가 S, 높이가 h인
각뿔의 부피는 $V=\frac{1}{3}Sh$이다.
밑면의 반지름의 길이가 r, 높이가 h인
원뿔의 부피는 $V=\frac{1}{3}\pi r^2 h$이다.

구의 부피와 겉넓이 공식

구 모양의 공의 꼭대기부터 빈틈없이 노끈을 감은 다음 이 노끈을 원 모양으로 바닥에 놓으면 구의 겉넓이를 구할 수 있다. 노끈을 바닥에 원 모양으로 놓으면 이 원의 반지름의 길이는 공의 지름의 길이와 같아진다.

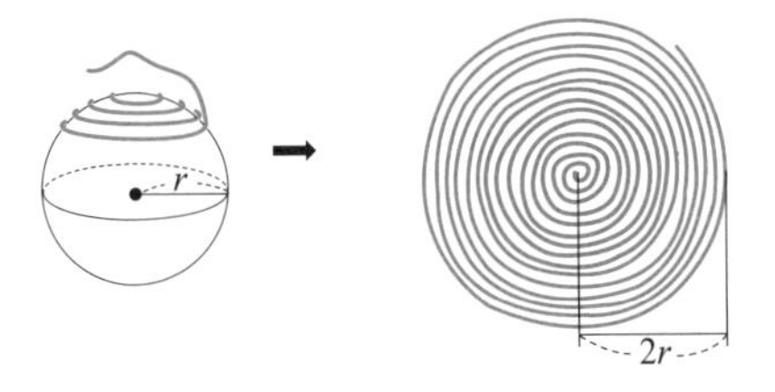

또, 구가 꼭 맞게 들어가는 원기둥과 이 구를 반으로 쪼갠 반구 모양의 그릇으로 구의 부피를 구할 수 있다. 그림과 같이 반구 모양의 그릇에 물을 가득 담아 이 원기둥 모양의 그릇에 세 번 부으면 가득 채워진다.

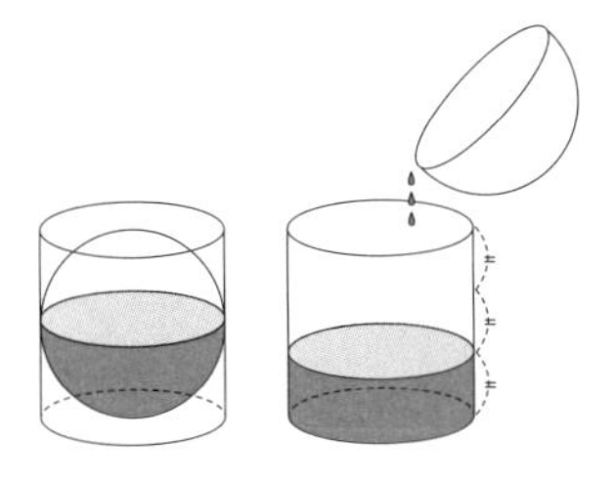

따라서 반지름의 길이가 r인 구의 겉넓이를 S, 부피를 V라고 하면 S와 V는 다음과 같다.

$$S=\pi\times(2r)^2=4\pi r^2$$

$$V=\frac{2}{3}\times(\text{원기둥의 부피})=\frac{2}{3}\times\pi r^2\times 2r=\frac{4}{3}\pi r^3$$

원뿔, 구, 원기둥의 부피의 비도 외워 둬!

죽는 순간까지도 도형을 연구한

아르키메데스

고대 그리스에는 뛰어난 수학자와 철학자들이 많았지만 그중 최고의 수학자라면 '유레카('알았다.'는 뜻의 그리스어)'를 외쳤다고 전해지는 아르키메데스(Archimedes, B.C.287~B.C.212년경)일 것이다.

그는 시칠리아의 시라쿠사에서 천문학자의 아들로 태어났다. 일찍이 이집트의 알렉산드리아에서 공부하고 돌아와 수학과 역학, 기계 연구에 전념했다.

그가 이집트에 있을 때, 나선을 응용해 만든 양수기는 '아르키메데스의 나선식 펌프'로 불리며 세계 각지에서 사용됐다. 또한 아르키메데스는 지렛대의 원리를 발견하고, 합성 도르래를 이용해 사람을 가득 태운 커다란 배를 혼자 움직였다. 그리고 "나에게 서 있을 자리를 달라. 그러면 지구를 움직이겠다!"라고 큰소리쳤다.

아르키메데스는 도형에 대한 사랑이 매우 깊었는데, 죽는 순간까지도 도형을 연구했을 정도다. 그는 한 원에 내접· 외접하는 정다각형의 변의 길이를 재어 원주율을 소수 다섯째 자리까지 구하였으며 평면도형, 구와 원기둥 연구에 상당한 업적을 남겼다.

특히 입체도형에 관해 〈구와 원기둥에 대하여〉, 〈원뿔과 회전타원체에 대하여〉란 논문을 썼는데, 그중 〈구와 원기둥에 대하여〉에서 다음 명제를 증명하였다.

'임의의 구의 겉넓이는 구의 대원의 넓이의 4배이다.'

아르키메데스는 이 결과를 아주 자랑스럽게 생각하여 자신이 죽으면 묘비에 새겨 달라는 말을 했다고 한다.

키케로가 남긴 보고서에 따르면 자신이 우연히 발견한 아르키메데스의 묘비 위에 원기둥에 내접하는 구의 그림이 새겨져 있었다고 한다. 아르키메데스의 바람이 이루어졌던 것이다. 그러나 이 보고서 외에는 오늘날 아르키메데스의 묘비에 관련된 흔적은 하나도 남아 있지 않다.

이제 도형의 마지막!
피타고라스 정리와
삼각비만
독파하면 돼.
이야~ 이제
끝이 보이는구나.
피타고라스 정리와 삼각비는
너무너무너무 중요해.
고등학교 때도 반드시 나오니까
꼭 알고 넘어가야 해.
으...응.
그러니까 긴장을
늦추지 말라고.
넵!
넵!
착
착

고등기하와의 연결 고리,
피타고라스 정리와 삼각비

도형은 전에 배웠던 것을 다음 학년에서 계속 활용하기 때문에 기초가 없으면 잘할 수 없는 영역이다. 만약 이해되지 않는 내용이 나오면 중학교 1학년 도형의 기초 단원부터 다시 공부해야 한다.

중학교 수학 교육과정을 보면, 1학년과 2학년 때는 도형의 기초와 기본적인 도형의 성질에 대해 학습하고, 2학년과 3학년에서는 도형에서의 관계식을 찾고 활용하는 학습을 하게 되어 있다. 특히 2학년, 3학년에서는 고등학교를 졸업할 때까지 끊임없이 활용되는 피타고라스 정리와 삼각비에 대해 배운다.

이 개념들은 아주 중요하므로 반드시 이해하고 기억해야 끝까지 수학에 대해서 자신감을 잃지 않을 수 있다.

중학교 2학년
- 피타고라스 정리

중학교 3학년
- 삼각비
  - 삼각비
  - 삼각비의 값

80 피타고라스 정리

중학교 2학년, 피타고라스 정리 단원

피타고라스 정리

직각삼각형에서 모르는 한 변의 길이를 구할 때, 피타고라스 정리를 사용한다. 피타고라스 정리는 직각삼각형의 변의 길이 사이의 관계를 밝히는 정리로, 고등학교까지 자주 사용되는 공식 중 하나이므로 반드시 기억해야 한다.

직각삼각형의 빗변의 길이의 제곱은 빗변이 아닌 나머지 두 변의 길이의 제곱의 합과 같다.

즉, 직각삼각형에서

(빗변의 길이)^2

=(빗변이 아닌 한 변의 길이)^2+(빗변이 아닌 다른 한 변의 길이)^2

이다. 예를 들어, 빗변의 길이가 5, 나머지 두 변의 길이가 각각 4, 3인 직각삼각형에서 $5^2=4^2+3^2$이 성립한다는 것이 피타고라스 정리이다.

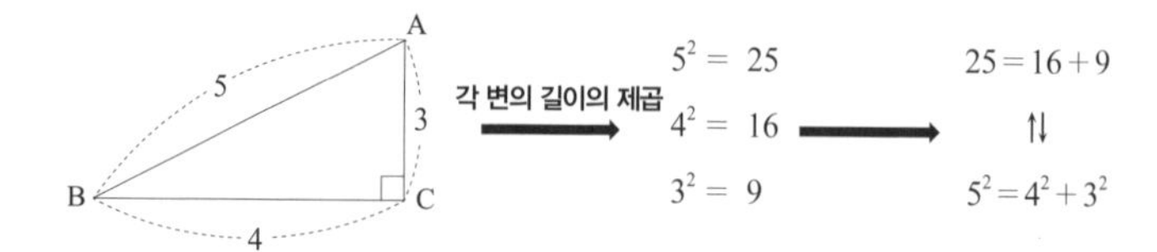

직각삼각형에서 직각을 끼고 있는 두 변의 길이를 각각 a, b라 하고, 빗변의 길이를 c라 하면 $a^2+b^2=c^2$이 성립한다.

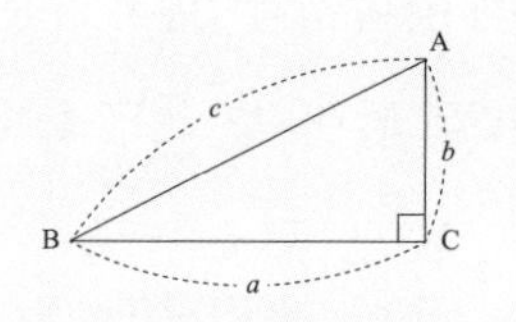

아주 옛날부터 이집트, 바빌로니아, 인도, 중국 등에서 세 변의 길이가 3, 4, 5인 직각삼각형의 변의 길이 사이에 $5^2=4^2+3^2$이 성립한다는 것은 알려져 있었다. 하지만 모든 직각삼각형에서 피타고라스 정리가 성립한다는 것을 설명한 최초의 사람들이 바로 피타고라스 학파이다. 따라서 이들의 이름을 따서 피타고라스 정리라고 부르게 된 것이다.

직각삼각형이 될 조건

다음 그림과 같이 $\overline{AC}=6$cm, $\overline{BC}=8$cm이고 $\overline{AB}$의 길이가 각각 9cm, 10cm, 11cm인 세 삼각형 ABC에서 $\overline{AB}^2$과 $\overline{BC}^2+\overline{CA}^2$의 값을 비교해 보자.

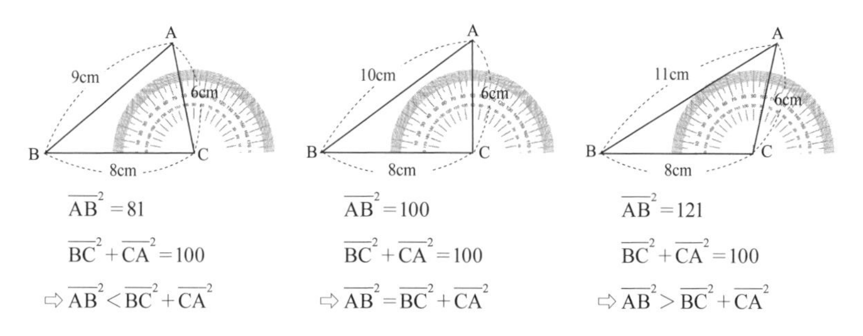

즉, 삼각형 ABC의 세 변의 길이가 6cm, 8cm, 10cm일 때에만 $\overline{AB}^2$과 $\overline{BC}^2+\overline{CA}^2$의 값이 서로 같고 이때에만 $\angle C$의 크기가 $90°$라는 사실을 알 수 있다.

이와 같이 삼각형에서 가장 긴 변의 길이의 제곱이 나머지 두 변의 길이의 제곱의 합과 같으면 그 삼각형은 직각삼각형이 된다.

세 변의 길이가 각각 a, b, c인 직각삼각형 ABC에서 $a^2+b^2=c^2$이면 이 삼각형은 빗변의 길이가 c인 직각삼각형이다.

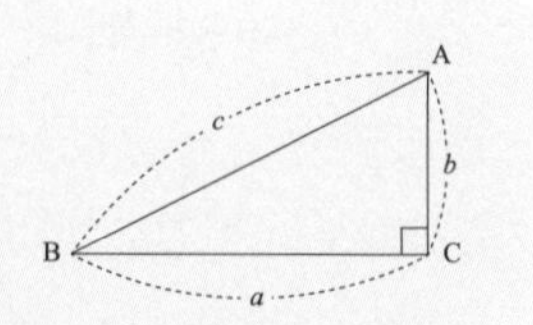

몇 가지 피타고라스의 수는 외워!

어떤 세 수가 피타고라스의 정리를 만족시키면 그 세 수를 세 변의 길이로 하는 삼각형은 직각삼각형이야. 직각삼각형의 세 변의 길이가 될 수 있는 세 수가 모두 자연수일 때, 이 세 수를 한꺼번에 피타고라스의 수라고 해.

81 삼각비

직각삼각형의 변의 길이의 비

서로 닮은 두 직각삼각형의 변의 길이의 비는 서로 같다.

예를 들어, 다음 두 직각삼각형의 크기는 서로 다르지만 대응하는 변의 길이의 비는 3 : 4 : 5로 똑같다. 이처럼 변의 길이의 비가 같은 서로 닮은 직각삼각형은 무수히 많이 그릴 수 있다.

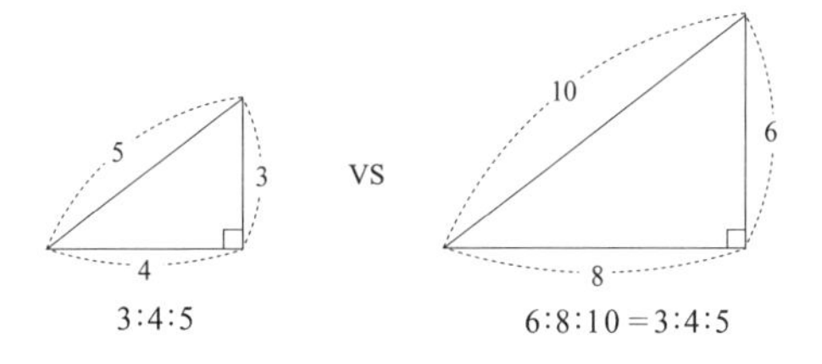

삼각비의 뜻

직각삼각형의 빗변은 고정이지만 무엇을 밑변으로 하느냐에 따라 높이가 바뀐다. 예를 들어, 똑같이 세 변의 길이가 3, 4, 5인 직각삼각형이라고 해도 밑변의 길이가 4, 높이가 3인 직각삼각형과 밑변의 길이가 3, 높이가 4인 직각삼각형의 두 종류가 생긴다.

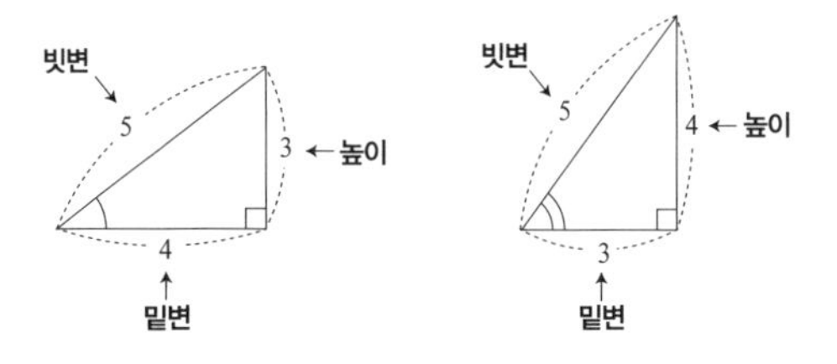

따라서 변의 길이의 비가 같은 직각삼각형끼리 비교하기 위해서는 대응하는 변끼리 같은 위치에 놓아야 하므로 직각인 각을 오른쪽 아래, 기준이 되는 각을 왼쪽 아래에 놓고 다음과 같이 이름을 정한다.

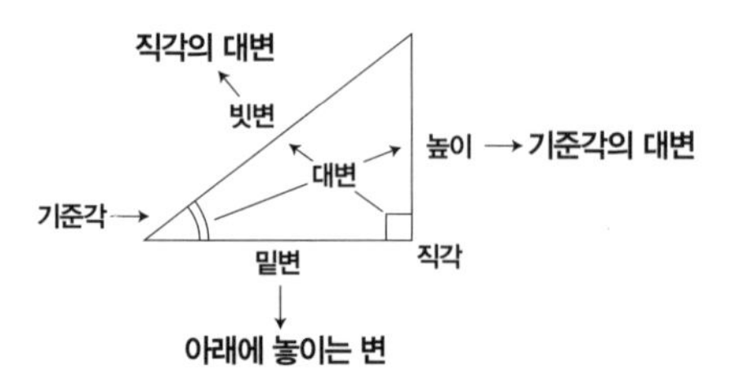

그러면 변의 길이의 비가 같은 모든 직각삼각형에 대하여 세 변 중 두 변의 길이 사이의 비가 항상 같은 값을 가진다.

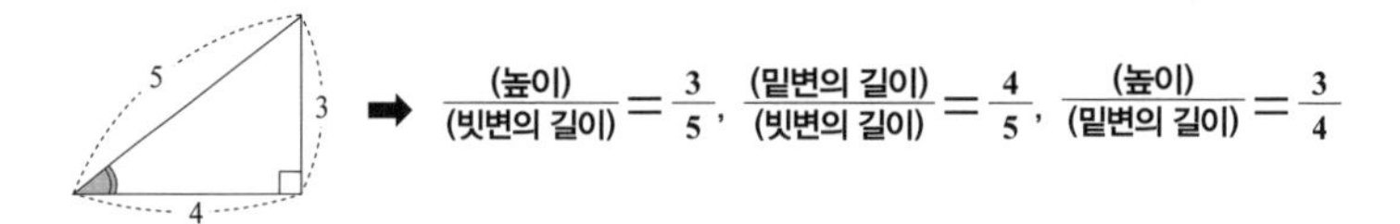

이 세 값을 한꺼번에 '직각삼각형의 변의 길이 사이의 비'라는 뜻에서 삼각비라고 부른다.

삼각비 표현 - 사인, 코사인, 탄젠트 표기

삼각비인 세 값은 각각 다음과 같은 이름이 있다.

$\dfrac{(\text{높이})}{(\text{빗변의 길이})}$	$\dfrac{(\text{밑변의 길이})}{(\text{빗변의 길이})}$	$\dfrac{(\text{높이})}{(\text{밑변의 길이})}$
⇩	⇩	⇩
사인(sine)	코사인(cosine)	탄젠트(tangent)

또, 쓸 때에는 사인을 sin, 코사인을 cos, 탄젠트를 tan로 적는데, 이 값들은 기준각에 따라 달라지기 때문에 기준각이 되는 꼭짓점의 이름을 따서 그 크기를 각 삼각비의 이름 뒤에 써서 나타낸다. 이때, ∠A의 크기를 A와 같이 쓰는데, 기준각이 ∠A이면 $\sin A$, $\cos A$, $\tan A$와 같이 나타낸다.
또, 각의 크기를 알고 있다면 그 크기를 써서 $\sin 30°$, $\cos 45°$, $\tan 20°$ 등과 같이 쓴다.

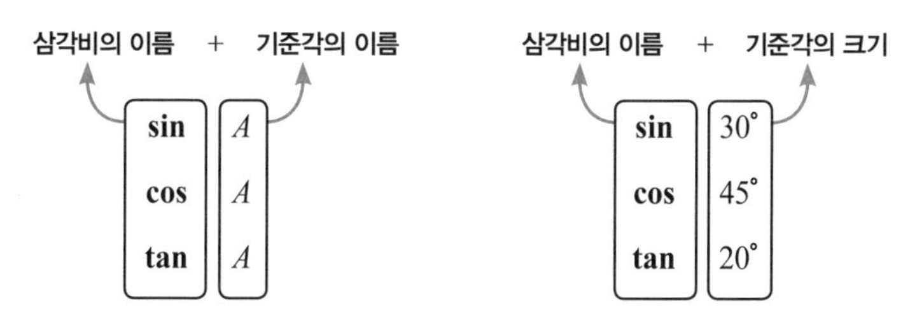

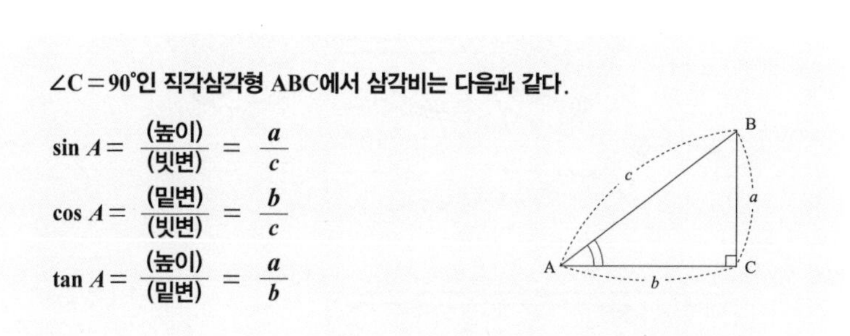

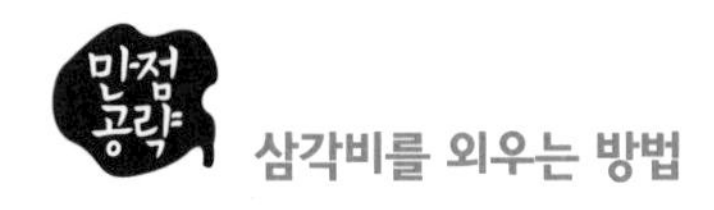
만점 공략

삼각비를 외우는 방법

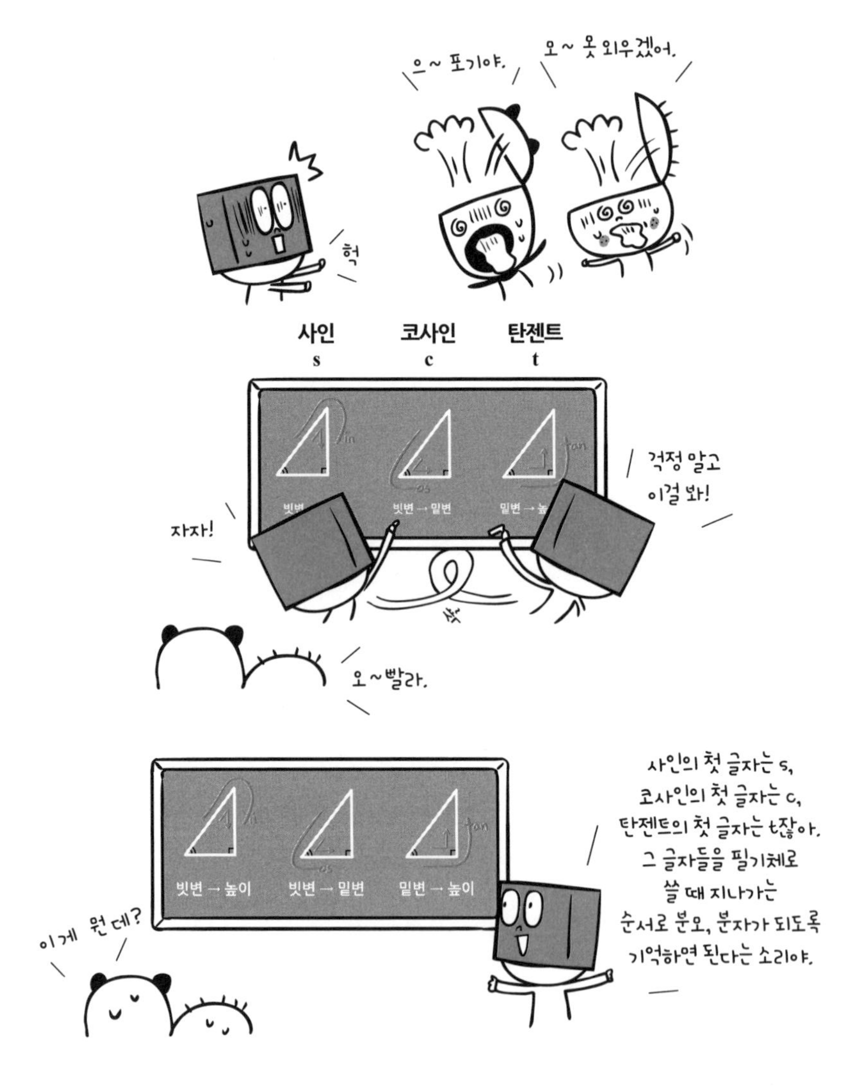
으~ 포기야.
오~ 못 외우겠어.
헉
사인
s
코사인
c
탄젠트
t
빗변 → 밑변
밑변 → 높
자자!
걱정 말고 이걸 봐!
오~빨라.
빗변 → 높이
빗변 → 밑변
밑변 → 높이
이게 뭔데?
사인의 첫 글자는 s,
코사인의 첫 글자는 c,
탄젠트의 첫 글자는 t잖아.
그 글자들을 필기체로
쓸 때 지나가는
순서로 분모, 분자가 되도록
기억하면 된다는 소리야.

82 특수한 직각삼각형

중학교 3학년, 삼각비 단원

정삼각형을 쪼개 만든 직각삼각형

정삼각형의 한 꼭짓점에서 대변에 내린 수선의 발을 따라 자르면 양쪽으로 똑같은 직각삼각형이 두 개 만들어진다. 정삼각형의 한 내각의 크기가 60°이므로, 이렇게 만든 직각삼각형은 내각의 크기가 30°, 60°, 90°인 특수한 직각삼각형이 된다.

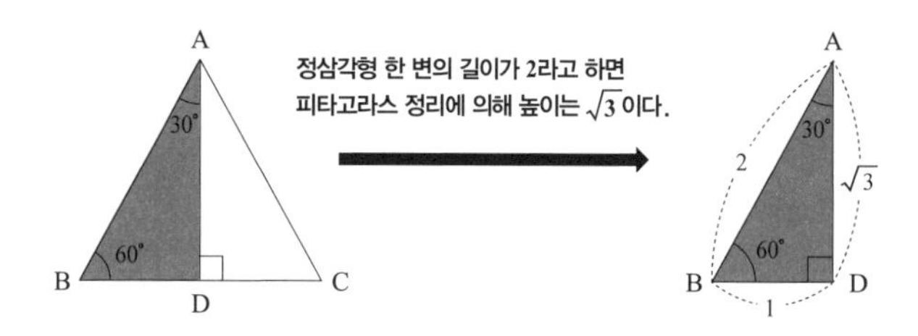

따라서 이 직각삼각형의 세 변의 길이의 비는 1 : $\sqrt{3}$: 2가 된다.
거꾸로, 세 변의 길이의 비가 1 : $\sqrt{3}$: 2인 직각삼각형은 각 변의 대각의 크기가 순서대로 30°, 60°, 90°이다.

30°와 60°에 대한 삼각비

이 삼각형을 가로로 길게 눕히면 30°에 대한 삼각비의 값을 얻을 수 있고, 세로로 길게 세우면 60°에 대한 삼각비의 값을 얻을 수 있다.

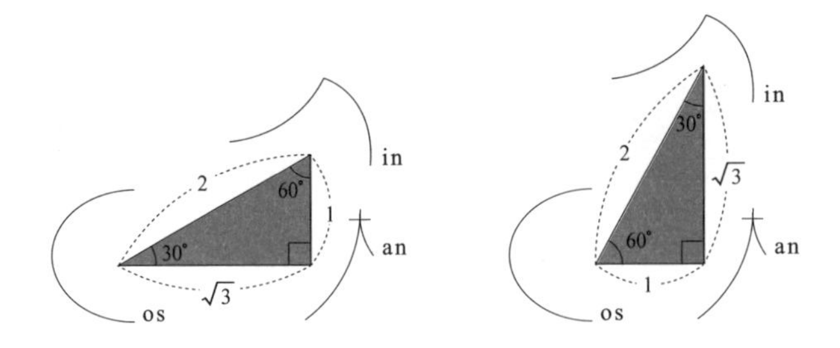

1. $\sin 30^\circ = \frac{1}{2}$, $\cos 30^\circ = \frac{\sqrt{3}}{2}$, $\tan 30^\circ = \frac{1}{\sqrt{3}}$

2. $\sin 60^\circ = \frac{\sqrt{3}}{2}$, $\cos 60^\circ = \frac{1}{2}$, $\tan 60^\circ = \sqrt{3}$

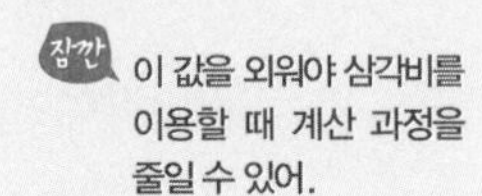

정사각형을 쪼개 만든 직각삼각형

정사각형을 대각선을 따라 자르면 똑같은 직각삼각형이 두 개 만들어진다. 정사각형의 한 내각의 크기는 90°이므로, 이렇게 만든 직각삼각형은 내각의 크기가 45°, 45°, 90°인 특수한 직각삼각형이 된다.

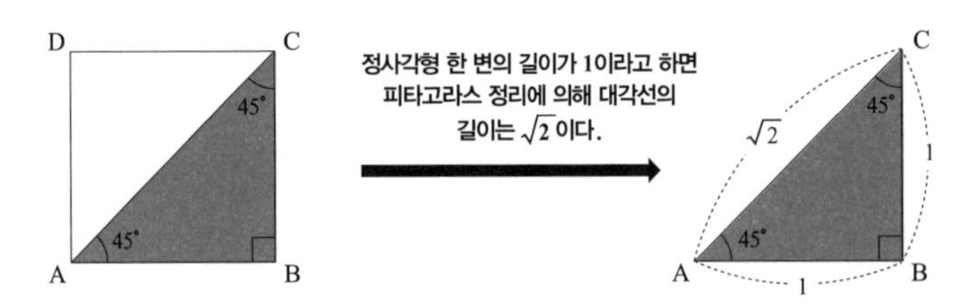

따라서 이 직각삼각형의 세 변의 길이의 비는 $1 : 1 : \sqrt{2}$ 가 된다.

거꾸로, 세 변의 길이의 비가 $1 : 1 : \sqrt{2}$ 인 직각삼각형은 각 변의 대각의 크기가 순서대로 45°, 45°, 90°이다.

특히, 이 직각삼각형은 이등변삼각형이기도 하다. 이처럼 직각삼각형인 동시에 이등변삼각형인 삼각형을 직각이등변삼각형이라고 한다.

45°에 대한 삼각비

이 삼각형은 빗변이 아닌 두 변의 길이가 서로 같기 때문에 어느 변을 밑변으로 해도 45°에 대한 삼각비의 값을 똑같이 얻을 수 있다.

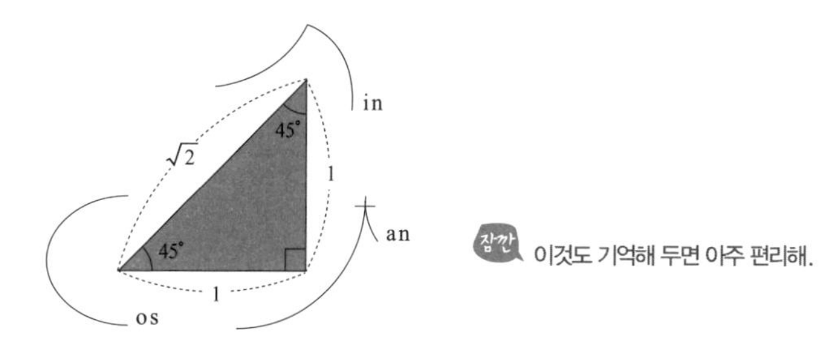

$$\sin 45° = \frac{1}{\sqrt{2}}, \ \cos 45° = \frac{1}{\sqrt{2}}, \ \tan 45° = 1$$

83 삼각비의 값

중학교 3학년, 삼각비 단원

빗변의 길이가 1인 직각삼각형

빗변의 길이가 모두 1로 같고, 기준각의 크기가 x인 직각삼각형에서 각 삼각비는 다음과 같다.

$$\sin x = \frac{(\text{높이})}{(\text{빗변의 길이})} = (\text{높이})$$

$$\cos x = \frac{(\text{밑변의 길이})}{(\text{빗변의 길이})} = (\text{밑변의 길이})$$

$$\tan x = \frac{(\text{높이})}{(\text{밑변의 길이})}$$

0°에 가까운 각의 삼각비

이 직각삼각형을 x가 점점 작아지는 순서에 따라 그리면 빗변의 길이가 모두 1이므로 밑변의 길이는 점점 길어지고 높이는 점점 짧아지는 직각삼각형들이 그려진다.

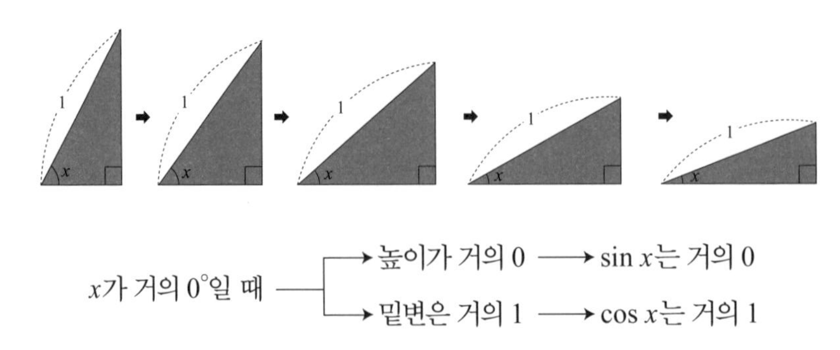

x가 거의 0°일 때
- 높이가 거의 0 → $\sin x$는 거의 0
- 밑변은 거의 1 → $\cos x$는 거의 1

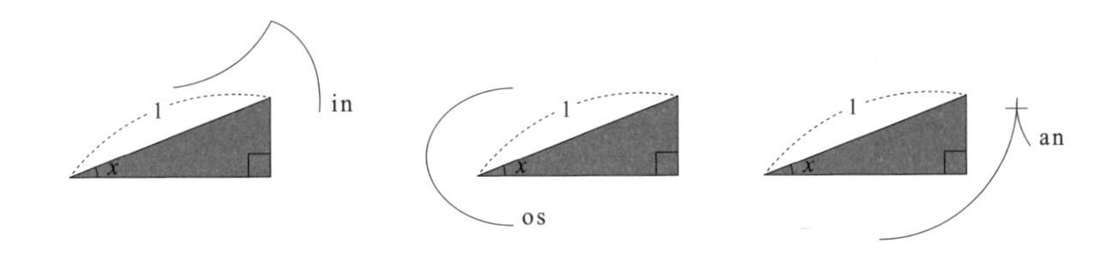

또, 밑변의 길이가 거의 1, 높이가 거의 0이기 때문에 tan x는 거의 0이 된다고 볼 수 있다.

이와 같이 생각하여 0°일 때의 삼각비의 값은 다음과 같이 정한다.

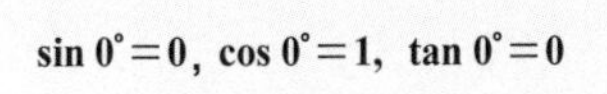

$$\sin 0^\circ = 0,\ \cos 0^\circ = 1,\ \tan 0^\circ = 0$$

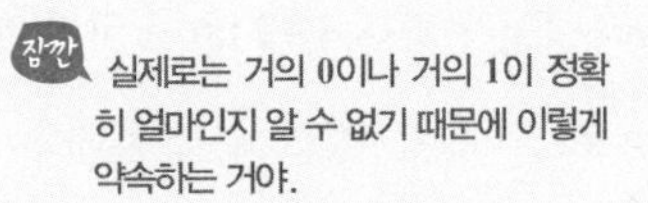

90°에 가까운 각의 삼각비

이번엔 반대로, x가 점점 커지는 순서에 따라 그리면 빗변의 길이가 모두 1이므로 밑변의 길이는 점점 짧아지고 높이는 점점 길어지는 직각삼각형들이 그려진다.

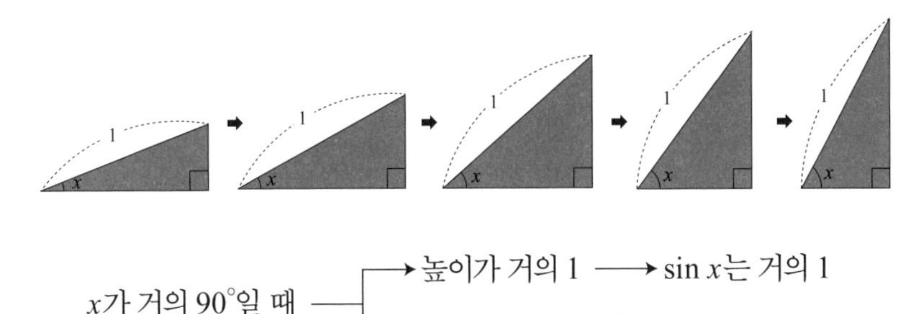

x가 거의 90°일 때 ─┬→ 높이가 거의 1 ⟶ sin x는 거의 1
　　　　　　　　　　└→ 밑변은 거의 0 ⟶ cos x는 거의 0

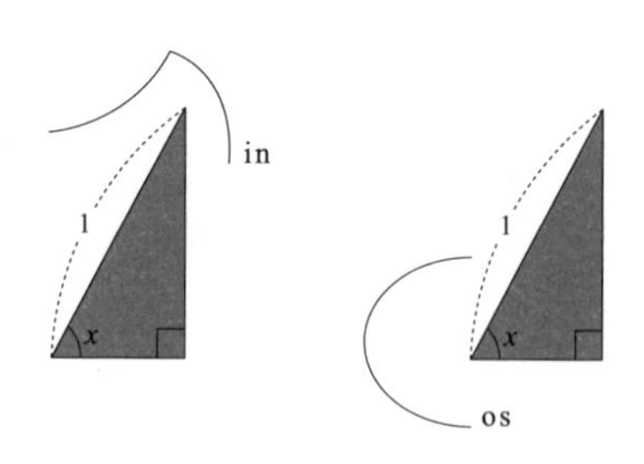

0°에 대한 삼각비를 구할 때와 정반대의 상황이 된다.

그런데 $\tan x$의 경우는 조금 다르다. 밑변의 길이가 tan의 분모가 되는데,

거의 0인 값을 분모로 하는 분수는 생각할 수가 없기 때문이다.

따라서 x가 커질수록 $\tan x$의 값도 커진다는 것만 알 수 있을 뿐,

$\tan 90^\circ$의 값은 정할 수가 없다.

그래서 90°에 대한 삼각비의 값은 다음과 같이 정한다.

$\sin 90^\circ = 1$, $\cos 90^\circ = 0$, $\tan 90^\circ$는 없다.

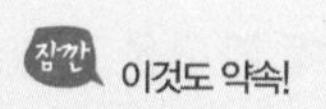

삼각비의 표 읽는 방법

0°, 30°, 45°, 60°, 90°에 대한 삼각비의 값은 알겠지만, 0°부터 90° 사이의 다른 각의 삼각비의 값은 어떻게 구할까?

직각삼각형을 만든다고 해도 그 직각삼각형의 변의 길이를 정확히 알 수 없어서 그 값을 정확히 구하기는 어렵다.

그래서 수학자들이 연구를 거듭하여 0°부터 90°까지의 각을 1° 간격으로 쪼개어서 이들의 삼각비를 구하고 소수점 아래 다섯째 자리에서 반올림한 값을 모두 모아 놓은 표를 만들어 사용할 수 있게 했다.

각의 크기를 나타내는 가로줄과 삼각비의 종류를 나타내는 세로줄이 만나는 곳을 읽으면 된다. 예를 들어, cos 51°의 값은 0.6293이고 sin 48°의 값은 0.7431, tan 52°의 값은 1.2799이다.

	사인(sin)	코사인(cos)	탄젠트(tan)
48°	0.7431	0.6691	1.1106
49°	0.7547	0.6561	1.1504
50°	0.7660	0.6428	1.1918
51°	0.7771	0.6293	1.2349
52°	0.7880	0.6157	1.2799

원의 성질을 활용하여 지구 둘레를 측정한
에라토스테네스

에라토스테네스(Eratosthenes, B.C. 273~B.C. 192년경)는 기원전 273년경에 지중해의 남쪽 연안에 있는 키레네에서 태어났다. 젊은 시절의 대부분을 아테네에서 보냈지만, 장년기에는 왕의 초청으로 알렉산드리아로 건너가 왕자의 개인교수이자 알렉산드리아 대학의 도서관장이 되었다.

에라토스테네스는 수학, 천문학, 철학, 문학 등 거의 모든 분야에서 뛰어난 재능을 발휘했다. 하지만 그에게는 '베타(그리스어 알파벳의 두 번째 문자, β)'라는 별명이 따라다녔는데, 어떤 분야에서도 동시대의 경쟁자들을 제치지 못하고 2인자에 머물렀기 때문이다.

에라토스테네스의 업적 중 가장 뛰어난 것은 지구의 둘레를 측량했다는 것이다. 정확한 측량 기술이나 측량 도구가 있을 리 만무한 시대에 그는 지구의 둘레가 약 40000km라고 주장했다. 이는 오늘날 정밀한 과학기구로 측정한 값보다 불과 수백 km 작은 값이다.

에라토스테네스가 측량에 사용한 것은 간단한 기하학과 알렉산드리아에서 시에네 사이의 거리, 해시계가 전부였다. 그는 하지 정오에 시에네의 어느 우물 바로 위로 태양이 오고, 그 시간에 우물에서 800km 떨어진 알렉산드리아에서 태양을 보면 7.2도 기울어진다는 사실을 알았다. 또, '호의 길이는 중심각의 크기에 비례한다.'는 사실, 즉 호의 둘레의 길이는 중심각이 커지면 커질수록 비례적으로 커진다는 원의 성질을 활용했다.

따라서 '7.2도 : 800km = 360도 : (지구 둘레)'라는 식을 통해 지구의 둘레를 알아낸 것이다.

중학교 과정의 수학에서 소수를 찾는 방법으로 '에라토스테네스의 체'가 소개되는데, 이 방법도 그가 처음 만든 것이다.

에라토스테네스는 노년에 시력을 잃고 장님이 되자 스스로 단식을 선택하여 생을 마감했다.